人文·智识·进化丛书
主编：黄怒波

人文地球

人类认识地球的历史

张九辰◎著

北京大学出版社
PEKING UNIVERSITY PRESS

图书在版编目(CIP)数据

人文地球：人类认识地球的历史 / 张九辰著；黄怒波主编 .— 北京：北京大学出版社，2022.4

（人文・智识・进化丛书）

ISBN 978-7-301-32943-6

Ⅰ.①人… Ⅱ.①张… ②黄… Ⅲ.①地球演化－研究 Ⅳ.① P311

中国版本图书馆 CIP 数据核字（2022）第 047406 号

书　　名	人文地球：人类认识地球的历史 RENWEN DIQIU：RENLEI RENSHI DIQIU DE LISHI
著作责任者	张九辰 著　黄怒波 主编
责任编辑	张亚如
标准书号	ISBN 978-7-301-32943-6
出版发行	北京大学出版社
地　　址	北京市海淀区成府路 205 号　100871
网　　址	http://www.pup.cn　新浪微博：@ 北京大学出版社
微信公众号	通识书苑（微信号：sartspku）
电子信箱	zyl@pup.pku.edu.cn
电　　话	邮购部 010-62752015　发行部 010-62750672 编辑部 010-62753056
印 刷 者	北京中科印刷有限公司
经 销 者	新华书店
	650 毫米 ×980 毫米　16 开本　27.25 印张　330 千字 2022 年 4 月第 1 版　2023 年 7 月第 5 次印刷
定　　价	89.00 元

“人文·智识·进化丛书”

学术委员会

“人文·智识·进化丛书”

总　序

在我国国民经济和社会发展“十四五”规划开始的时候，人文学者面临从知识的阐释者向生产者、促进者和管理者转变的机遇。由“丹曾文化”策划的“人文·智识·进化丛书”，就是一次实践行动。这套丛书涵盖了文、史、哲等多个学科领域，由近百位人文学科领域优秀的学者著述。通过学科交叉及知识融合探索人类文明的起源、人类与自然的和谐共生、人类的生命教育和心理机制，让更多受众了解中国传统文化与文学，形成独具中华文明特色的审美品格。

这些学科并没有超越出传统的知识系统，但从撰写的角度来说，已经具有了独特的创新色彩。首先，学者们普遍展现出对人类文明知识底层架构的认识深度和再建构能力，从传统人文知识的阐释者转向了生产者、促进者和管理者。这是一种与读者和大众的和解倾向。因为，信息社会的到来和教育现代化的需求，让学者和大众之间的关系终于有了教学互长的机遇和可能。在这个意义上，我们不能再教“谁是李白”了，而是共同探讨“为什么是李白”。

所以，这套丛书的作者们，从刻板的学术气息中脱颖而出，以流畅而优美的文本风格从各自的角度揭示了新的人文知识层次，展现了新时代人文学者的精神气质。

这套丛书的人文视阈并没有刻意局限，每一位学者都是从自身的学术积淀生发出独特的个性气息。最显著的特点是他们笔下的传统人文世界展现了新的内容和角度，这就能够促成当下的社会和大众以新的眼光来认识和理解我们所处的传统社会。

最重要的是，这套丛书的出版是为了适应互联网社会的到来。它的知识内容将进入数字生产。比如说，我们再遇到李白时，不再简单地通过文字的描写而认识他。我们将会采取还原他所处时代的虚拟场景来体验和认识他的“蜀道”，制造一位“数字孪生”的他来展现他的千古绝唱《蜀道难》的审美绝技。在这个意义上，这套丛书会具有以往人文知识从未有过的生成能力和永生的意境。同时，也因此而具备了混合现实审美的魅力。

当我们开始具备人文知识数字化的意识和能力时，培育和增强社会的数字素养就成了新时代的课题。这套丛书的每一个人文学科，都将因此而具有新的知识生产和内容生发的可能性。更重要的是，在我们的国家消除了绝对贫困之后，我们的社会应当义不容辞地着手解决教育机会的公平问题。因此，这套丛书的数字化，就是对促进教育公平的一个解决方案。

有观点认为，当下推动教育变革的六大技术分别是：移动学习、学习分析、混合现实、人工智能、区块链和虚拟助手（数字孪生）。这些技术的最大意义，应该在于推动在线教育的到来。它将改变我们传统的学习范式，带来新的商业模式，从而引发高等教育的根本性变化。

这套丛书就是因此而生成的。它在当前的人文学科领域具有了崭新的“可识别性”和“可数字性”。下一步，我们将推进这套丛书的数字资产的转变，为新时代的人文素质教育和终身教育的需求提供一种新途径、新范式。而我们的学者，也有获得知识价值的奖励和回报的可能。

感谢所有学者的参与和努力。今后，你们应该作为各自学术领域C2C平台的建设者、管理者而光芒四射。

“人文·智识·进化丛书”主编
黄怒波
2021年3月

目　录

第二部分　化繁为简

第三部分　悄然的革命

序言：人类眼中的地球

1957年10月4日，苏联成功发射了第一颗人造地球卫星，人类历史进入航天时代。此时人类在地球上已经生存了三百万年，进入文明时代也有了三千年。在漫长的历史长河中，探索地球一直是人类文明史的重要主题。

作为人类的基本生存空间，地球是人类最早了解也最为熟悉的天体。这个自西向东自转的蓝色星球，现在已经有四十六亿年的历史。地球表面百分之七十以上为海洋，陆地面积不到三分之一；内部由地核、地幔和地壳的结构组成；外部由水圈、生物圈、大气圈等众多圈层构成……然而，这些当代人了如指掌的信息，是人类经历了三千年才逐步掌握的。直到步入航天时代之后，人类才真正看清了地球的全貌。

第一颗人造卫星升空二十年之后的1977年9月5日，美国国家航空航天局（NASA）发射了“旅行者1号”。它是第一个提供了木星、土星及其卫星详细照片的探测器，也是目前唯一一个走出太阳系的人造卫星。1990年2月，“旅行者1号”在进入星际空间、向银河系中心前进之前，在距离地球60亿千米外拍下了太阳系的第一张“全家福”。在这张照片上，地球只是太阳系广袤空间中的一个点。1994年，美国天文学家卡尔·萨根（Carl Sagan，1934—1996）

出版了著名的科普著作《暗淡蓝点：展望人类的太空家园》。当看到照片中地球只是一个微小的点时，他感叹道：

这是家园，这是我们。你所爱的每一个人，你认识的每一个人，你听说过的每一个人，曾经有过的每一个人，都在它上面度过他们的一生。我们的欢乐与痛苦聚集在一起，数以千计的自以为是的宗教、意识形态和经济学说，每一个猎人与粮秣征收员，每一个英雄与懦夫，每一个文明的缔造者与毁灭者，每一个国王与农夫，每一对年轻情侣，每一个母亲和父亲，满怀希望的孩子、发明家和探险家，每一个德高望重的教师，每一个腐败的政客，每一个“超级明星”，每一个“最高领袖”，人类历史上的每一个圣人与罪犯，都在这里——一粒悬浮于阳光中的尘埃小点上生活……我们虚构的妄自尊大，我们在宇宙中拥有某种特权地位的错觉，都受到这个苍白光点的挑战。①

自然地球 & 人文地球

进入文明社会以后，地球有了另外一种容貌，即人类根据自身的观察与思考，用文字描述、图像绘制、科学归纳、数据统计出来的形象。与自然地球相对，我们称之为“人文地球”。自然地球有着四十六亿年的历史，人文地球却只有三千年的岁月。

在历史长河中，自然地球的演化是缓慢的，而人文地球则随着科技的进步日新月异。她的容貌不仅在不同的历史时期不一样，即便是同一历史时期，在不同地域和不同文化当中，也存在着巨大的差异。人文地球更像是万花筒，在历史长河中不断变化、丰富多彩。

① ［美］卡尔·萨根：《暗淡蓝点：展望人类的太空家园》，叶式辉、黄一勤译，上海科技教育出版社，2000，第13–14页。

文明的延续离不开地球，因此关于她的知识显得至关重要。在漫长的历史长河中，人类从未停止过认识、探索的脚步。自从三百万年前出现人类以后，出于生存的本能，人类就开始观察、认识周围的世界。但是在漫长的三百万年的时间里，99% 以上的阶段，人类对于地球的认识都处于原始、朴素的描述状态，关于地球的知识在缓慢地积累着。

大约一万年前，农耕活动开始了，人类对环境的观察逐步深入。无论在哪个民族、哪个文明国度的知识体系中，都存在着大量对于环境的记述。这种记述，有些流传于神话当中，有些保存于宗教活动当中，有些存在于器物与绘画当中，有些反映在生产实践当中。

大约五千年前，文字出现了。文字让地球知识得以记录，并以书籍等形式留存并广泛传播。尽管早期的书籍大多已经佚失，但是书籍加速了人文地球知识在空间和时间上的流传，促进了知识的进步。

大约三千年前，人类对于地球的认识进入理性发展阶段。从地中海到西亚，从尼罗河到两河流域，从印度到中国，关于地球的知识与哲学的思辨交织在一起，开启了由感性认识向理性认知的过渡。公元前 10 世纪至公元 3 世纪前后，东西方各文明古国均出现了大量描述地球的著作，人文地球的历史拉开了序幕。

观测，是认识地球的基本手段。面对宏大、复杂的地球环境，观测具有表面性和局部性的特点。哪怕只是面对一座高耸的山峰、一片辽阔的平原、一条奔流的江河，每个人看到的景象也不会完全相同。我们每个人只能察看到大千世界的某个角落，无法掌握全部特征，但是这也无法阻挡人类探求知识的脚步。人们可以在一定的空间尺度上，观察各种地理现象的分布及其空间格局，并借助不断进步的技术手段，通过分析与思考，对地球上的各种现象作出解释、尝试寻找其中的规律，并最终建立起人文地球的全貌。

人类在观测基础上尝试作出的各种解释，呈现出纷繁多样的特点。在地球上生存的所有人都会以各自的方式观察并记录周围的环境，由于其认知水平基于各自的知识体系、文化结构和理论方法，因此，历史上关于自然现象的解释也多种多样。关于地球的解说不但一直存在着争论，而且由此产生了多种假说，多种理论、定律甚至模型，最终形成了多种学科。人文地球就是在新假说否定旧假说的过程中，不断变化、进步且愈加丰富多彩的。

地球表面由多个圈层组成。人类从出现开始，就不断地改变着各个圈层。从刀耕火种，到兴修水利，到城镇建设，到环球航行，

探索地球的人类

再到飞向太空，人类对环境的影响越来越大。在人类对地球的认知愈发接近于“自然地球”时，却突然发现自身对环境的影响日益显著。地球元素中开始包含了人的因素，“自然地球”不复存在，地球最终进入了“人类世”。当人们欢呼着即将到达知识的巅峰时，才发现远处还有更高的山峰。路漫漫，不断求索的人类正在开启探索人文地球的新航程。

人文地球的知识树

与蓝色星球的自然容貌相比，人文地球的容貌更加丰富多彩且变幻莫测。中国著名历史学家钱穆（1895—1990）曾经谈到，如果我们把历史比作演戏，地理就是舞台，人物便是角色。① 人文地球就是人类以地球为舞台，在漫长的历史长河中上演的一出出大戏。人类一次次的探险与征服，造就了众多史诗级的英雄人物；一次次的技术进步与理论创新带来的认识飞跃，把这场剧目推向了高潮。

历史上人文地球的恢宏画面，通过多种形式展现在我们面前。古代的哲学著作，让我们体验了人类的观察与理性思辨；丰富的游记文学作品，让我们看到了古人眼中的新世界；浩瀚的地图典籍，以图像的形式生动展示了不同历史时期人文地球的面貌；通过地理信息系统、网络和虚拟现实等高新技术建立起来的全球数据模型，让我们看到了一个建立在海量数据之上、多分辨率、多尺度、多时空和多种类的三维虚拟数字地球；全球化视角下的众多大科学计划，为我们准确地理解地球的生存状态提供了综合自然与人文的集成性蓝图。

---

① 钱穆：《中国历史精神》，九州出版社，2016，第 109 页。

伴随着知识的积累，以科学方法和技术手段构建起来的理论模型开始完善，最终形成了系统化、理论化的知识体系，这种知识体系我们称之为科学。人文地球的科学容貌直到 19 世纪才逐渐显露出来，并在 20 世纪逐步丰富和完善，至今仍在发展与变化之中。

人文地球的内容异常丰富，从地球内部的地核、地幔、地壳、矿床、古生物化石，到其表面的河海、湖泊、冰川、沼泽、沙漠、平原、山脉、高原，再到风、雨、雷、电和大气层。除了上述自然因素之外，还需要研究人类自身及其与社会、经济和环境的关系，范围之广已非一门学科所能容纳。于是，人文地球逐步由各自独立的学科，演化为学科群，我们称之为学科体系。

学科是构成知识体系的细胞。它的划分是人为的，是人类为了便于理解和掌握复杂多样的知识信息，对一种知识领域和知识系统的分类方法。其目的就是明确方向，以便更加深入地研究。现在的人文地球究竟由多少学科构成？其实大家的认识并不一致，因为依据的划分标准不同，结果会不一样。简单来说，根据研究对象，地球科学基本上可以分成四大部分：地理学、地质学、大气科学、海洋科学。当然，每一部分下面是更加庞大的分类体系，比如地理

小贴士

对地球科学的不同分类

《地球科学大辞典·基础学科卷》(《地球科学大辞典》编委会编，地质出版社，2006)：地质学、地理学、海洋学、气象学及其相关技术学科的总称。

《地学思想史》(涂光炽主编，湖南教育出版社，2007)：广义的地学理论囊括了地表地球科学（地理学、土壤学等)、固体地球科学（地质学、地球物理学、地球化学等)、大气科学和海洋科学。

《未来 10 年中国学科发展战略·地球科学》(国家自然科学基金委员会、中国科学院编，科学出版社，2012)：地球科学分为 6 个学科组：大气科学、地理学、地质学、地球物理学、地球化学和地球系统科学。

学下面的分支学科现在就有几十个，而且新的分支学科还在不断产生。

在众多学科当中，地理学是最古老的一门学科，也被称为“科学之母”。我们先来看看地理学涉及的学科内容，从中感受一下人文地球科学体系的丰富内涵。右图是20世纪50年代英国中学课本中绘制的一棵“地理树”，生动地展示了这门学科需要关注的各种要素。

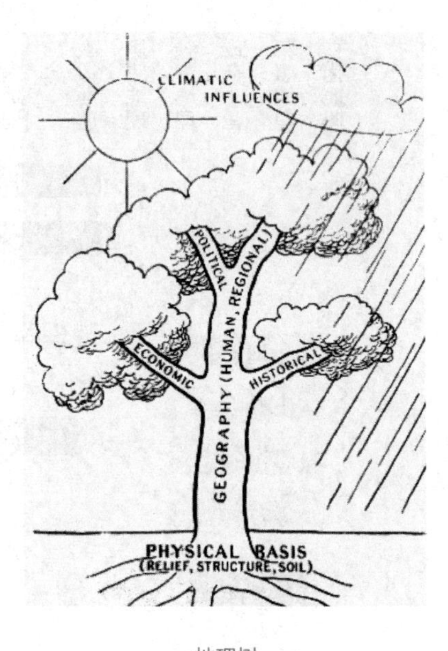

地理树

树的主干包括区域和人文的地理学，它的根深植于地势、构造和土壤等自然基础之中，并受到风、雨、雷、电等气候现象的影响；树的枝干则是由历史、政治和经济等组成的。图中展示的每一项都需要人们去探索、去研究。由这棵“地理树”，我们可以推想出人文地球关注的领域十分庞大。

历史上，以知识体系呈现出来的人文地球的容貌在不断演变。这里仍然以地理学为例，下页图展示了中国学者在20世纪30年代和90年代绘制的学科树，从中我们可以看到，仅仅五六十年间，人文地球的学科面貌已经发生了巨大的变化。地理学从30年代两个层级的十几门分支学科，在五十多年中就演化成为多层次的几十门分支学科，而且这种演化至今没有停止。

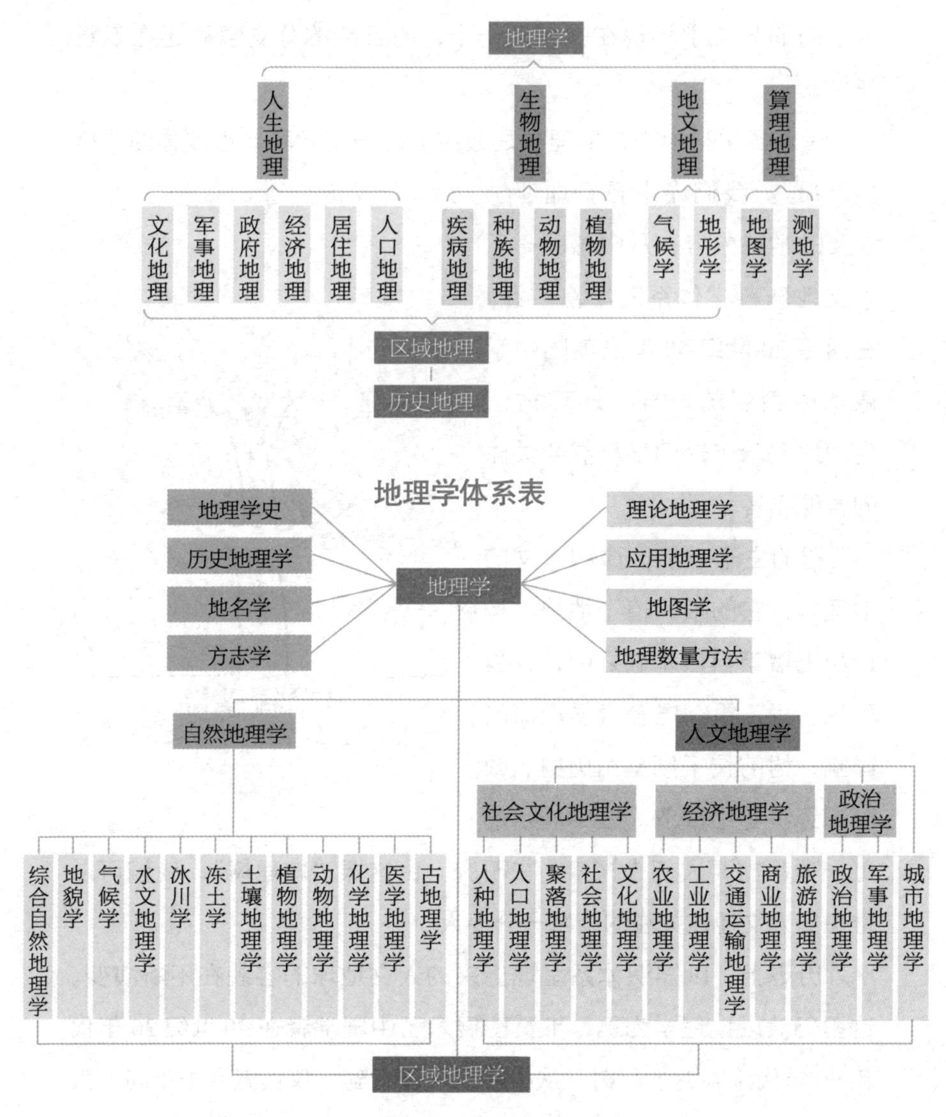

不同时代地理学学科树

（上：绘于1933年[①]；下：绘于1990年[②]）

① 王成组：《地理学》，商务印书馆，1933。

② 《中国大百科全书·地理学》，中国大百科全书出版社，1990。

学科分类利于研究的专深，也方便人们更好地理解各门学科的特点、掌握不同的思维方式。19 世纪到 20 世纪上半叶，人文地球在不断的分化中形成了学科边界，这是学科建立的基本前提。人们也把这种变化看作是科学的不断进步、不断深入。可以想见，人文地球已经变成了一个非常庞大的树状体系了。

进入 20 世纪下半叶，情况发生了改变。人们发现，许多重大的科学突破往往发生在学科边界地带，或者说跨学科的交叉领域。新的科学生长点纷纷在跨界地带产生，学科边界逐渐模糊，并开始了新的交融，出现了地球系统科学、环境科学、全球变化学等新兴交叉领域。随着全球观测与研究的大科学计划的不断产生，新的科学模式正在形成。这令人想起了生长在南方的榕树，大气生根，独木成林。

人文地球的历史语境

知识树的扩张有利于研究的深入，但同时也造成了学科之间交流的障碍。随着科技的不断进步，学科分类不断细化。为了巩固学术地位，各门学科通过定义、概念、原理等筑起了各自的知识之墙，令专业以外的人士望而却步。初学者往往需要花费巨大的精力去掌握这个知识体系，而没有更多的时间去思索学科的本质与思想。

在过去的历史时期，人们认识地球时并没有学科的约束，在解决问题的过程中也没有各种学术边界和条条框框，更没有规定必须要由哪一门学科发挥主要作用。但是学科的存在又是那样重要，至今仍然是推动科学进步的重要力量，以及制定科技政策、培养专业人才和组织科技管理的重要依据。

人文地球是自然与人文的融合体，直到现在两者之间的交叉融合仍显不足，真正的综合性成果仍然乏善可陈。我们正在学习的各门科学知识，基本上是以学科的知识框架为基础，而不是以问题为导向。而现代的知识生产，已经对传统的学科体系和思维模式提出了挑战，人们呼唤着新的知识生产模式、新的问题意识的出现。

回顾人文地球的发展过程，我们不难发现，它的成长就是发现问题、分析与解决问题、促使认知不断深化的过程。在漫长的历史时期，一代又一代的学者通过对问题的分析思考，提出概念、讨论修正、发展完善，才形成了今天公认的科学概念或者原理，并最终促成一门学科的建立。

我们现在面对的知识体系，是在漫长的历史时期中逐渐形成的。我们现在习以为常的概念、理论、方法，是历史上与我们一样的前辈在漫长的过程中不断修订完成的。重走一遍人类对地球的认识、探讨、质疑、完善的路程，不但利于我们更好地理解人文地球，也有助于我们思考科学的本质和思想，激发科学研究中的创造力。在历史中理解现实，才能够真正触及事物的本质。

人文地球的各门分支学科成为科学意义上的学科体系的时间很晚，它们都是19世纪后期才陆续建立起来的。但是，如果我们阅读其中任何一门学科的历史，就会发现它们都能追溯到三千年前的古代文明时期，甚至更早。因为自从有了文字，人类就开始记录周围的环境，就积累着对于各种自然现象的观察和思考。

早期的地球知识几乎存在于所有的著作之中，比较集中地存在于被称为“地理（学）”的著作中。因此，地理学就成为关于地球知识最古老的学科，在这类著作中，我们能够找到与地球有关的各种知识的萌芽。地理学家在叙述这门学科的历史时，往往会认为与地球有关的新学科，都是从地理学的母体中分离出去的。三千年中，人文地球科学体系经历了“融合—分离—再次融合”的发展过程。本书的内容也相应地分为三个不同的阶段。

❁ 叙述的思路与结构

人类通过“观测—思考—解释—创造”的路径，形成了关于地球的知识体系。这些知识大多通过书籍、地图、数据等形式保存下来。虽然只有三千年的历史，但这些书籍、地图等内容之丰富、数量之庞大，已非本书所能囊括。本书通过知识的演进脉络，尝试着了解其全貌。

在漫长的历史时期内，人文地球知识贯穿着一个重要的主题，即人类与环境之间的关系，也称为人地关系。对人地关系的认识，是地球认识史，乃至思想史上的核心内容之一。它的主导思想随着各个时代生产水平的变革而发展。

历史上对于人地关系的讨论，包括经验事实的搜集与理论系统的建立两条主线。观察具体的经验事实与穷追抽象的理论系统，人类对于人地关系的认识过程永远徘徊、纠缠于两者之间。在文明的历史进程中，地球知识就是在这种纠结中不断变化的。在不同的历史时期、不同的地理环境、不同的文化传统之中，地球知识经历了不断积累的过程，具有多种多样的特点。这种演变，构成了长达三千年的人文地球历史。

不同的历史时期产生了多种人地关系的理论，即便是同一历史时期，也有不同的理论，并由此产生了争论。从某种程度来讲，人文地球的历史也是一部人地关系理论的争论与演变的历史。地球上各种现象的复杂性和多样性，与人类认识水平的有限性和局部性之间的矛盾，并没有阻挡人类认识地球的脚步。相反，随着观测方法和技术手段的不断进步，人类的认识在不断深入。本书考察不同历史时期，经验事实的搜集与理论系统的建立这两条主线之间的对立、交叉与融合，分析人类在观测、思考、解释、创造的过程中形成的关于地球的各种知识，以及各种观点、理论及其演化过程。

本书的目标是梳理三千年来人类认识地球方法和手段的演变，以人的视角描述地球，让读者看到与自然地球完全不同的人文地球。通过对不同历史时期的分析，为读者提供关于地球的更为恢宏的自然与人文的结合图景，并关注知识在历史长河中的成长过程。希望以此扩大读者的视野，使他们用动态的眼光去观察这个世界、理解其变化。

全书内容始于文明古国繁盛时代、自然哲学发展之际，重点关注中国的春秋战国和西方的古希腊罗马时期，终于目前的全球化时代，即“人类世”概念的普及时代。本书分为三个部分，其结构大体上按照三个时段展开。三个时段之下按照专题进行叙述。为了保证各专题叙述的连贯性，有些内容会跨越时段界线进行回溯与展望。

第一个时段有2500年左右的历史，始于古希腊罗马与春秋战国时期，止于16—17世纪的科学革命。在如此巨大的时间跨度内，知识在缓慢地积累着，理论存在着很大的主观性。地球知识分别在实地观察和哲学思辨两条主线的影响下推进。在这个时段的群英谱中，没有职业地学家的身影。人们或沉思于哲学，或迷恋于数学；或为军事目的远征，或为黄金贸易远航；或为批判宗教理论寻找证据，或为国家治理出谋划策……地球知识是实现他们目标的工具，但他们却在无意之间推动了科学的进步。

第二个时段近300年，重点关注18—19世纪。这个时期进入了科学时代，人文地球迅速分化为多门独立的学科，并最终成为一个知识体系。人文地球有了理论内核、科学方法和学科边界。职业化时代来临了！在职业化时代，有了科学家共同体，有了体制的保障，有了人才培养的可能。当然硬币总是两面的，职业化在保障科学理性的同时，也限制了自由和感性的认知。科学的狂热不见了，代之以理性的分析与思考。

第三个时段只有短短的100多年。这是距离我们最近的20世纪至21世纪初期，也是人文地球发展最快的时段。新的技术手段迅速扩大着人们的视野，改变了人类对于地球的认识。在新的技术手段促进了科学理论体系的进步和新学科产生的同时，重大环境问题摆在了人类的面前。面对突发的、重大的自然灾害，各门学科从不同的角度、用不同的方法交叉合作，共同研究解决方案，学科开始走向交叉与融合。

在梳理人文地球知识的基础之上，本书在三个部分均对各自时段展示出的总体面貌作了概括性的“小结”，以利于读者了解各个时段的总体面貌。全书的“结语”部分，则从“人类世”的角度对人文地球的现状和未来作了初步的探讨和展望。

任何一部书都是从作者的专业视角出发，本书也不例外。为了弥补专业的局限性，本书的三个部分分别给出了“延伸阅读建议”。向读者推荐的阅读书单中，包含了两类书籍：A类是拓展阅读著作。主要涉及与地球知识有关的、不同专业学者撰写的科普图书。这些图书不但可读性强，而且可以让读者从不同的专业视角看人文地球的知识进步。多角度的观察和广泛的阅读，是提高鉴赏力和辨别能力的有效途径。B类是深度阅读著作。它们多是与本书涉及的专题有关的学术型著作。此类著作或许可读性偏弱，却为本书奠定了坚实的学术基础，同时也利于读者深入了解相关专题，为那些希望在某个专题领域深入研究的读者提供专业参考。

人文地球的神秘面纱被层层揭开。但是时至今日，大自然仍然有很多未解之谜。探索地球，我们不仅需要借助科技的进步，更需要新的思维方式和宽阔的历史视野，这便是本书希望带给读者的。

第一部分

对未知的解释

/ 第一章 /

地球观

五六千年以前，世界不同区域陆续出现了文明古国。众多古老文明的发源地，构成了人文地球的不同起点。先民们以各自的方式观察着居住环境，尝试着描述和解释各种现象。随着社会的发展和生产的进步，人类对于自然界的认识逐步深入，除了对居住环境的经验性描述外，对地球的理性思辨也开始萌芽。

中国人过去常说四大文明古国：古埃及、古巴比伦、古印度和中国。这些文明古国都产生于大河流域的肥沃平原地区。古埃及文明发源于尼罗河流域，古巴比伦文明发源于两河流域，古印度文明发源于印度河和恒河流域，中国文明发源于黄河流域。这些古代文明都有了文字，有了城市，有了宗教信仰和政治制度……与此同时，也有了对其居住环境的初步认识。

另外一个无法忽视的古文明，是稍后在爱琴海一带发展起来的古希腊文明。该文明是一个地缘的概念，并不是专指现在希腊这个国家。它泛指在欧洲东南部、地中海东北部、土耳其西南沿岸的广大地区和海上岛屿上发展起来的古代文明。与上述发源于大河流域的古代文明不同，这里多低山丘陵，受地中海式气候影响，夏季干旱、冬季多雨，不利于农业的发展。地中海面积广阔，风平浪静，众多岛屿星罗棋布，利于航海贸易的发展。因此，这里航海事业发达，水手和商人带来了大量的海外见闻和知识，开阔了人们的视野。大批古希腊人移居到地中海和黑海周围的许多地方，进行“殖民活动”。这些移民对新地区的兴趣和好奇心，激励他们对地理环境进行考察和探索。贸易、航海和海外移民事业的广泛开展，在促进古希腊人对新环境认知的同时，也使其获得了丰富的经验和资料。

近三千年前发展起来的古希腊文明，被当代西方学者公认为西方科学精神的发源地。尤其关于地球的认识，古希腊文明远远走在了各古文明的前列。古希腊人在理性自然观的影响下，形成了独特的地球知识，并最终成为西方近现代地理学思想的源头。古希腊文明对大地的思辨性认识，影响了整个西方世界，并在持续了六百多年以后，被稍后由意大利中部发展起来的古罗马文明继承。

古希腊、古罗马时代的著作中，包含有大量关于人类居住环境的描述、观察与分析。对于大地的形状、火山、地震、海啸、海陆变迁等自然现象，他们给出了各种解释。同时代的古代中国文明，也对人类居住环境有着详细的描述，并且在对陆地山川观察的基础上进行了区域划分。古希腊罗马文明对于欧洲科学的重要性和古代中国文明长期延续下来的地球叙事传统对东方文明的影响，代表着东西方地球科学的源头，并影响着其后的发展脉络。

第一节　地　球

地球是个球体，这在今天已经成为基本常识。但是在遥远的古代，辽阔的大地与人类较低的迁徙能力之间的反差，成为正确认识地球形状的巨大障碍。于是，凭借感官知觉，人类把在狭窄视野中观察到的扁平大地形状当作了真实图景。这种认识结合居住区域的地理景象和各自的神话传说，演绎出丰富多彩的关于天与地的遐想。

✿ 扁平的大地

各文明古国神话人物众多，在天地的形成及大地形状方面，这些神话人物更是不可或缺的角色。中国古代有盘古开天地的神话，《圣经》第一章《创世记》就是讲述上帝创造万物的故事。这里略去各种神话人物不谈，重点看看各文明古国先民的想象力。这种源于实际观察又超越了现实的思考能力，造就了人文地球的最初形象。而这种想象力，正是古人对其居住空间的原始认识。

先民如何理解大地的形状？如何解释大地与蔚蓝天空之间的关系？对此，各种文明有着多种的猜测，但有两点是相对一致的：其一是观测者认为自己所在的位置一定是大地的中央；其二是在绝大多数猜测中，天穹都有支撑物。

古巴比伦人把宇宙看作是一个封闭的箱子或者小室，大地是其底板。底板中央耸立着冰雪覆盖的区域，幼发拉底河发源于区域的中央。大地周围被水环绕，水之外还有大山，以支撑蔚蓝色的天穹。也有传说表明古巴比伦人把大地看作是漂浮在海上的圆盘，但不管是方形还是圆形，周围都要有水，水外还要有山以支撑天穹。古埃及人也有着类似的看法，认为宇宙是一个南北较长的方盒子，底面略呈凹形，古埃及正好位于凹形大地的中心。蓝天是平坦的或穹隆形的天花板，四方有天柱支撑。古印度人认为天穹是由四头大象托起来的，而大象就站在一只巨大的乌龟背上，漂浮于茫茫大海之中。而远在高纬度地区的古俄罗斯，那里没有大象，托起大地的动物是三条巨大的鲸鱼。

关于大地的形状，中国古代曾经产生过多种理论，形成最早且影响广泛的是“盖天说”宇宙模型。盖天说的观点大概形成于殷末周初，记载于公元前 1 世纪西汉时期的天文学和数学著作《周髀算经》当中。书中阐述了盖天说描述的宇宙模型。早期的盖天说提出“天圆如张盖，地方如棋局”。后来为了弥补“天圆”“地方”所造成的天地之间无法合理衔接这一理论缺陷，又将宇宙模型发展成为“天似盖笠，地法覆盘”。这样天和地之间就可以无缝衔接了。《周髀算经》还试图用“七衡六间图”定量地表示盖天说的宇宙模型。这个模型认为，天穹以北极为中心形成间隔相等的七个同心圆，这就是太阳运行的七条轨道，称为“七衡”，七衡间的六个间隔称为“六间”。不同的节气，太阳在不同的轨道上运行。《周髀算经》还给出了轨道之间的距离数字，但这些数据都是在其理论框架之下，根据一个假想的宇宙直径推演出来的。

公元 1 世纪“浑天说”逐步兴起，并替代盖天说占据了主导地位。这个理论可能始于战国时期，到了东汉时期由张衡（78—139）发展完善。张衡在《浑仪注》中指出：“浑天如鸡子。天体圆如弹丸，地如鸡子中黄。”浑天说出现以后，曾经与盖天说产生了争论。两种学说在争论的过程中，都在不断调整并完善各自的理论，但是最终谁也没能说服谁。到了南北朝时期，甚至出现了“浑盖合一”的调和理论。

除了盖天说和浑天说之外，战国时期还出现过“宣夜说”的宇宙模型。但宣夜说的影响没有盖天说和浑天说广泛，所以我们很少看到这一理论与浑、盖二说的争论。宣夜说主张“日月众星，自然浮生于虚空之中，其行其止，皆须气焉”。由于宣夜说创造了天体漂浮于气体中、不再需要支撑点的理论，打破了固体天球的观念，形成了宇宙无限的思想，所以引起了后人的重视。但是上述各种理论，都没有对于天体运行的规律作出基于实测或者科学推演的解释，仍然属于朴素的经验性、思辨性的认识，自然也无法准确解释各种宇宙现象。

魏晋南北朝时期，古印度的宇宙理论随着佛教传入中国。此时中国关于宇宙结构的理论逐渐增多，各种观点之间的争论也渐趋活跃。除了传统的宇宙模型以外，这一时期又产生了新的宇宙理论："昕天说""安天说"和"穹天说"。三种学说没有摆脱盖天说的理论体系，但都从不同角度发展了盖天说的宇宙模型，以弥补其缺陷。这些理论的代表性著作多已佚失，后人是从《晋书·天文志》的记载中了解到其主要的观点。

大家都知道古希腊文明最早产生了球形大地观，其理论水平已经远远走在了各古文明的前列。但是早期古希腊人也认为大地是扁平的。荷马（Homer，前9世纪至前8世纪）在其著作《荷马史诗》中就有扁平大地的描述。对扁平大地最详细的描述，来自古希腊的爱奥尼亚学者。最著名的就是泰勒斯（Thales，约前624—约前548）提出大地是漂浮在水面上的圆盘。

> **小贴士**
>
> **爱奥尼亚（Ionia）**
>
> 位于爱琴海的东岸，在今天土耳其安纳托利亚西南海岸地区。这里有一座名为米利都的城市，是最古老的学术中心之一，也是先哲云集、学术思想活跃的地方。出生于米利都的哲学家泰勒斯在这里创建了古希腊最早的哲学学派——米利都学派。

泰勒斯的学生阿那克西曼德（Anaximander，约前610—约前546），把老师的设想变得更加具体明晰。他认为天空是一个球体，它的下半部人们看不见。地球是一个圆柱体，由于环绕地球的天空各点的引力相等而得以维持在天球体的中央。

爱奥尼亚的另一位学者赫卡泰（Hecataeus，约前 550—约前 476）曾经在地中海一带广泛游历。他的《旅行记》中就绘制有最早的世界地图。在地图中，人类居住的大地呈圆盘状，由欧洲和亚洲两部分构成，欧洲在北方，亚洲在南方。圆盘状的大地被海水包围着。还有一位叫作埃弗勒（Ephorus，前 405—前 330）的学者，也绘有类似的世界地图，这张地图保存于他的著作、三十卷本的《世界通史》中。这部名为“历史”的著作，第四、第五两卷实际上是对世界地理知识的描述。由于这些学者均来自爱奥尼亚，后人就称这些在扁平大地观的影响下绘制的圆盘形地图为“爱奥尼亚地图”。与其他古文明的扁平大地观不同，古希腊人的扁平大地观是在旅行中、在对实地观察的基础上形成的。

完美的球形

在爱奥尼亚学者津津乐道地描述扁平大地的时候，位于今天意大利南部地区的先哲，已经开始通过观测和思辨探讨大地的形状了。传说生活在公元前 6 世纪的古希腊数学家、以发现勾股定理闻名于世的毕达哥拉斯（Pythagoras，约前 570—约前 497）就认为，人类居住的大地是球形的。毕达哥拉斯痴迷于数学研究，并试图用数来解释一切现象。他认为对称形式是物质的完美属性之一，而最完善的对称就是球形。于是他推测人类居住的地方应该是用最完美的形式创造的，是球形。毕达哥拉斯的观点只是来自哲学的思辨，他并没有提出证据并作进一步的阐释。

有文字记载的球形大地观念，出现在柏拉图（Plato，约前 428—约前 348）的著作中。柏拉图是古希腊著名的哲学家，他和他的老师苏格拉底（Socrates，前 470—前 399）、学生亚里士多德（Aristotle，前 384—前 322）并称为“希腊三贤”。他们三人也是最早描述球形大地观的学者。柏拉图在公元前 380 年所著的《斐多篇》中，提到苏格拉底曾经思考过大地究竟是平的还是圆的这个问题。很多年以后，他又在著作《蒂迈欧篇》中第一次明确大地是一个球体，并说这个球体位于宇宙的中心，其他天体都环绕它作圆周运动。

柏拉图的学生亚里士多德继承了老师的球形大地观念，并从理论上作出了解释。亚里士多德认为，宇宙间的每一样事物都有它的天然位置。如果移动了，就无法再回到原处。而构成地球的固体物质必然要向一个中心点聚集，其结果就形成了球状的结构。人类居住的大地就是一个球状的物体。

亚里士多德的理论不仅仅是来自思辨，他还通过观测进行验证。他指出，一个人沿着南北方向旅行时，各种星辰的高度（角）会发生变化。那个时代已经有人认为月食是地球投射在月球表面的影子。亚里士多德指出，月食发生的时候，月面上的影子是圆弧形的。但有些人看到太阳升落时，与地平面的交线是直线而不是曲线，试图以此否定球形说。亚里士多德反驳了这种观点，指出由于太阳和地球的距离非常遥远，球面与太阳交切的弧线与地球的周长相比是很小的，所以这段弧线看起来像是一条直线。

古希腊人喜欢游历，他们发现随着远行，天空中一些星星消失了，同时又有新的星星出现在人们的视野里。他们通过实地观测，得到了越来越多的支持大地为球形的证据。例如，当海船由远处驶近时，人们总是先看到船的桅杆，然后才看到船身。这一现象，后来也被作为支持球形大地观的证据。球形大地观逐步被更多的人接受了。

《雅典学院》(拉斐尔绘)

小贴士

雅典学院

柏拉图广泛游历地中海沿岸各地之后，在雅典城外创立了雅典学院(也称为柏拉图学院)。学院于公元前385年左右创建，延续了近千年。学院继承了毕达哥拉斯的传统，重视数学研究，也讨论哲学、科学、神学等各种问题。学院倡导公开研讨的学风影响了后来建立的吕克昂学堂、亚历山大学宫、巴格达智慧宫等，因此被认为是西方高等学校的前身。后世很多画家以该学院为题材创作，最著名的是文艺复兴三杰之一的意大利画家拉斐尔(Raffaello Santi，1483—1520)。他在16世纪创作的世界名画《雅典学院》打破时空界限，汇聚了古希腊罗马时期的著名学者，反映了当时的科学精神。

测量大地

球形大地观的确立，是人类认识史上的重要一步。既然是球形，说明人类聚居的大地是一个独立的天体。从此，地球从宇宙中独立出来，人类观测的角度和思路发生了重大的转变。既然大地是个球体，就会有体积和周长，人们就能够知道地球到底有多大。亚里士多德曾经根据南北两个不同点的恒星高度的变化，推断地球是一个不大的球体。对地球大小的测算，是由公元前 3 世纪下半叶的埃拉托色尼（Eratosthenes，前 276—前 194）完成的。

埃拉托色尼出生于古希腊在非洲北部的殖民地。他在雅典接受了良好的教育，后来长期在亚历山大图书馆工作，并担任了馆长一职。亚历山大图书馆藏书丰富，他充分利用图书馆的藏书和地图进行分析和研究。同时通过实地观测，根据南北两个观察点之间太阳高度的变化量，以及两个地点之间的距离，精确地计算出了地球的周长。埃拉托色尼曾经著有《地球大小的修正》和《地理学概论》两部著作，可惜后来均已失传，因此很少有人知道他的测量与计算结果。多亏一位生活于公元前 2 至前 1 世纪之间的天文学家克莱奥迈季斯（Cleomedes，前 2 世纪至前 1 世纪），他在其著作《论天体的圆周运动》中记述了埃拉托色尼的工作。

继埃拉托色尼之后，哲学家波西多尼斯（Posidonius，前 135—前 51）也对地球大小进行了测量，但是数值却比前者测定的小很多。波西多尼斯是古希腊罗马时期著名的学者，也是政府官员。他曾经在地中海一带广泛游历且著作颇丰。此人擅长演讲，听者众多，因此他的观点影响广泛。他测定的数据虽然不如埃拉托色尼准确，却被托勒密（Ptolemaeus，100—170）接受并对后世影响深远。

托勒密是古罗马地理学家和天文学家，也是古希腊科学的集大成者。他主要生活在亚历山大，现在人们对他的生平知道得很少，但是他的著作《天文学大成》却对后世影响很大。这部百科全书式的著作认为，地球位于宇宙的中心，行星和恒星围绕着它运行。此书一直被尊为天文学的标准著作，17 世纪以前的欧洲和阿拉伯世界都是采用托勒密的观点。

托勒密八卷本的《地理学导论》，是对古希腊数理地理知识的全面总结。他在书中判断波西多尼斯测得的数据比埃拉托色尼的更为准确，并采用了前者的数字。这个观点影响了其后1500年人们对地球大小的认知。直到地理大发现时期，哥伦布（Cristoforo Colombo，1451—1506）仍然使用这个数据，并直接导致他试图向西航行驶往亚洲。

球形大地观带来的新问题

球形大地观为人类了解地球奠定了基础。它对地球知识的重大贡献，是推动了纬度地带性思想的产生。球状造成了太阳高度角由低纬度地区向高纬度地区递减，太阳辐射的热量在南北方向上有规律地成带状分布。古希腊哲学家帕门尼德（Parmenides，前515—？）首创将天球投影在地球上的方法，从而把地球划分为五个地带：中间一个热带，南北两个温带和两个寒带。攸多克索（Eudoxus，约前400—约前347）根据球形大地的观点划分出赤道、热带圈和极地圈，这些便是早期的气候分带理论。

善于实地观察的亚里士多德进一步指出，地球上的可居住区与纬度有着密切的关系。他认为，太阳光线在球面各个不同地点的入射角度不同，引起了热量的南北差异，进而造成了不同的气候地带。他推测靠近赤道的热带和远离赤道的寒带或是太热、或是太冷，都不适宜居住，只有温带才能成为人类的居住地。

亚里士多德可居住区的观点影响很大，准确计算出地球大小的埃拉托色尼就接受了这个观点，并进一步计算出有人居住世界的长度和宽度。斯特拉波（Strabo，前64—21）也赞同可居住区的想法，并根据这个理论写出了集大成之作《地理学》(本章第三节将详细讨论这部著作)。

虽然古希腊罗马时期气候带的划分和人类可居住区的理论还很粗糙,却是人类认识地球的重要一步。因为地表纬度方向上表现出的热量地带性变化,是全球地域分异规律的基础。地球表层的气候、植被、动物、土壤等要素的空间分布,在全球尺度上都表现出纬度地带性特点。地带性规律是后来发展起来的一个基本概念,它的发现使地理学由对个别的、特殊的、互不联系的现象描述,转向对地理现象空间分布规律的研究,使地理学系统化、理论化、形式化成为可能。可以说,球形大地观和纬度地带性规律的发现,使古希腊出现了地理学的萌芽。

地球的形状确定之后,地理坐标的建立成为可能。人们在长途旅行中,尤其是远洋航行过程中,时刻需要辨识和确定自己的位置。在陆地上旅行,可以根据周围的景物特征来表述自己所在的地点。这样的表述虽不够精确,至少还可以用文字描述、用图像表达。但是在海洋之中,位置的表述就变得十分困难。

古希腊天文学家希帕库斯(Hipparchus,约前 190—约前 125)长期在罗德岛上进行天文观测,他于公元前 2 世纪建立起用经纬线组成的地理坐标,试图用数学方法来确定地面各点的精确位置。由于缺少测量经度的方法,其用地理坐标确定位置的办法还停留在理论推演阶段,缺乏实际应用价值。但是随着人类测量技术的不断完善,地理坐标的理论价值和实用价值逐渐显露出来。古希腊罗马时代,人们用太阳或者恒星高度与纬度的对应关系来确定位置;到了 15 世纪的大航海时代,地理坐标更显重要。球形大地观还包含了一个重要的可检验蕴涵,即东行可以西达,西行也可以东达。也就是说，环球航行是可能的。

球形观念也引出了许多新的争论，其中之一就是地球背面是否有人类存在？如果存在，那他们是否倒悬着？人们称在那里生活的人为“跖人”。关于环球航行和“跖人”是否存在等问题，在西方引起了长期的争论，也是激励人们远航探险的动力之一。直到大航海时代，这些疑问才最终解决。

昙花一现

人类的认识水平并非直线上升。古希腊罗马之后的欧洲，科学思想出现了断崖式的跌落，进入了“黑暗时代”。古希腊时期发展起来的关于地球的各种科学解说沉寂下来，代之以宗教神学的阐释。

后人将古希腊罗马时期测算空间位置的科学知识，称为数理地理学。数理地理学传统自托勒密之后便沉寂下来。直到一千多年后，德国地理学界才重新肯定了托勒密的思想，数理地理学再度进入人们的视野。但此时，因为没有了明确的对象和内容，这门学科宛如昙花一现，很快衰落了。

到了17世纪，微积分的发明使函数、速度、加速度和曲线的斜率等可以用通用的符号进行讨论，并为定义和计算面积、体积提供了一套通用的方法。微积分的发明推动了很多知识的科学转向。此时荷兰物理学家、数学家惠更斯（Christiaan Huygens，1629—1695）和英国物理学家牛顿（Isaac Newton，1643—1727），根据力学原理推测赤道附近的地表必然会向外膨胀，而两极则趋于扁平。这种理论的推演虽然很难被大众接受，但是开放的环境促使人们去证实或者证伪这个观点。18世纪上半叶，法国科学院派出的测量队通过实地测量，最终证明了惠更斯和牛顿的说法是正确的。数理科学的发展使人们对地球形状的认识又进了一步。

数理地理学传统并没有进一步推动地理学的进步。到了19世纪，近代地理学的创建人、德国学者亚历山大·冯·洪堡（Alexander von Humboldt，1769—1859）曾经试图把地理学变成像数学、物理学那样的科学。但是这门学科的对象太过复杂，无法用数学、物理学的方法简单地解决，洪堡只好另辟蹊径。他开创的传统，本书将在第四章中讨论。

近代地理学出现以后，数理地理学没有再次复兴，而是作为一种方法，纳入地理学、天文学、测量学、地图学、地球物理学、空间地理学等研究范畴。20世纪中后期兴起的计量革命，促使数学统计应用于人文地理学研究之中，地理学开始走向定量化。但这与古希腊罗马时期的理论，已经没有任何血脉关系了。

数理地理学在古希腊罗马时期昙花一现，而比它出现更早的区域地理学却一直延续至今。人们可能觉得数理地理学因为远远超出了当时的认知水平而缺乏生命力，但是通过它与区域地理学的历史比较，我们不难发现，随着人类认识水平和科技的进步，区域地理学一直面临着巨大的挑战，但是每一次挑战都意味着新的变革和学科的进步。而数理地理学因为缺少新材料和新问题，并未因科技的进步再度复兴。区域地理学何以具有旺盛的生命力，并在漫长的历史时期长期延续、从未中断？我们不妨看看古代东西方的情况。

第二节　九　州

多数古代地理著作，是以描述某一地区自然与人文环境为主要内容，后人称之为区域地理著作。对差异性的描述，是这类著作的主要特色。因为不同的地区之间，存在着温度、植被、水文、地形地貌等差异，此外，不同地域风俗文化也不相同。随着活动范围的扩大，人类逐渐发现了地区之间的差异。

从区域地理学漫长的发展进程中我们不难看出，由于人类活动的持续变化和不断影响，这门学科一直有新的问题需要解决。也正是因为把人类作为地球知识整体的一个部分，这门学科才更加具有生命力。因此，只要一门学科能够不断发现新材料、提出新问题，它就具有生命力。问题的缺乏，往往预示着学科的衰亡。

区域本身是一种人为的土地划界，既反映了人类对自然环境各种要素的认识水平，也是历史文化空间特点的地域反映。正是因为人类的活动，区域划分才有了意义。在地理学发展史中，区域地理曾经是最古老的“核心部门”，并且至今仍然具有旺盛的生命力。

古希腊罗马时期有着丰富的区域地理著作，这些著作从名称上看主要有两类：一类是以“地球”或“地理”为关键词命名的著作，如《地球的描述》《地理学》《有人居住世界的地理学》《地理学导论》等；另一类是包含有区域地理知识的旅行记和历史学著作，如《红海》《旅行记》《历史》《世界通史》等。中国古代不但有着丰富的区域地理著作，而且该类著述的创作一直延续了三千年，从未中断。这里就跨越时段，梳理此类著作三千年来的发展脉络。

划分区域

区域的划分，体现了早期人类对于地理要素分布差异的认识，这是早期地理学发展的重要标志。公元前8世纪前后，中国人与外界的交往逐步扩大，随之而来的是地理知识的大量增加。随着人类活动地域的扩大，关于区域的划分与描述的著作开始出现。《山海经》和《尚书·禹贡》是目前所知最早进行区域划分的著作，其中《禹贡》提出的九州区划影响深远，现在“九州”已经成为中国的别称。

古籍中最早对所知区域进行系统描述的是《山海经》。关于此书的成书年代，学者之间观点不一，普遍接受的说法是成书于春秋末期至战国初期，后经秦汉不断补订而成，非一时一人所著。从此书的写作体例和思想框架来看，反映的是先秦时期的认知水平。

《山海经》流传至今的抄本共十八卷，由《山经》(又称《五藏山经》)、《海经》和《大荒经》三部分组成。此书最初有文有图，文字只是图的说明。由于书中记述了很多奇异古怪的事物，又被称为奇书、怪书。历史上对其评价分歧很大:《汉书·艺文志》把它列入数术略的刑法类;《隋书·经籍志》和《旧唐书·经籍志》等把它列入史部地理类;《宋史·艺文志》则将其列入子部的五行类;《四库全书总目提要》则将其列入子部小说家类;鲁迅(1881—1936)在《中国小说史略》中曾经说它“盖古之巫书”。直到1962年，在侯仁之主编的《中国古代地理学简史》中,《山海经》的地理价值才得到充分的肯定。该书认为,《山经》是“我国流传至今的第一部地理书籍”,“是我们祖先自古以来在生产斗争中所获得的全部地理知识的一个总结”。

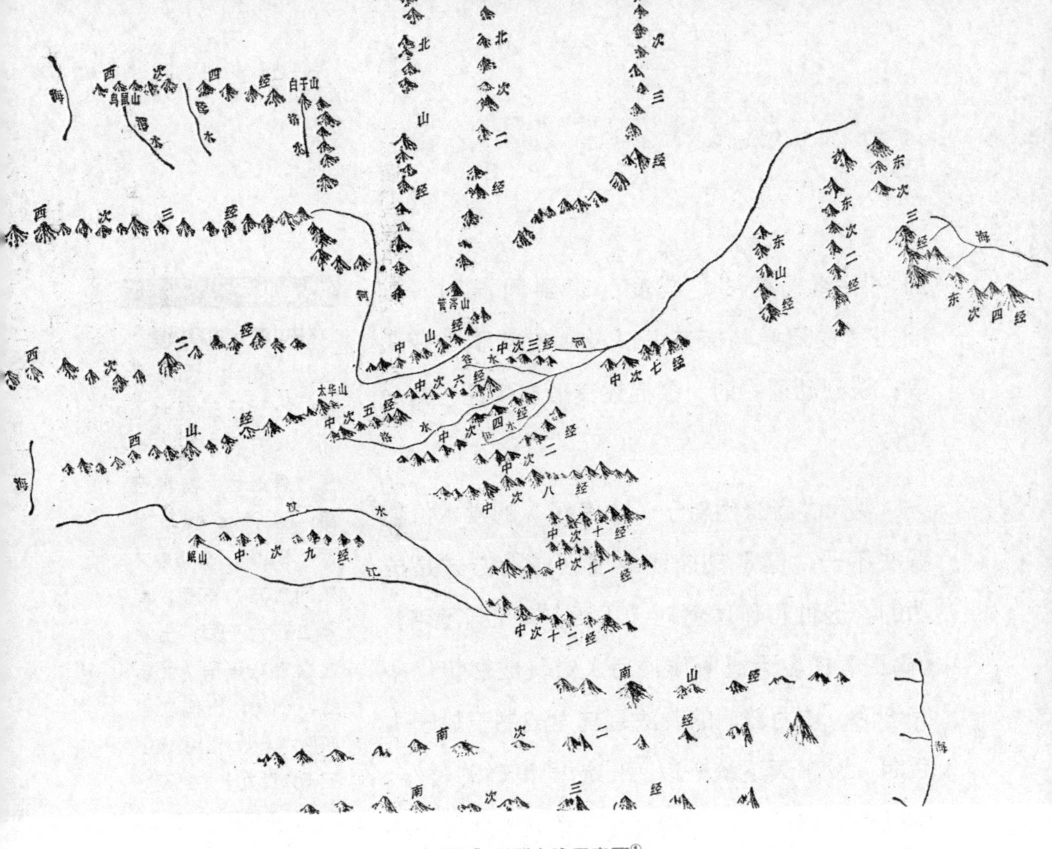

《山经》所列山脉示意图[①]

《山海经》描述的地域范围十分辽阔，除了中国本土，还包括东亚其他区域、中亚等广大地区。其中《山经》涉及的内容最为丰富，也是中国人最早尝试将辽阔、纷繁的地域进行人为划分的著作。它以山海地理为纲，将天下划分为五个区域，各区均以山脉为坐标进行描述。书中以现在的山西省西南和河南省西部的地理状况为“中山经”，再分其他四个区域的地理状况为“东山经”“西山经”“南山经”和“北山经”。

《山海经》所述内容繁杂，对于遥远地区的描述更因缺乏足够的信息而掺杂了很多臆想的成分，这也是后人对它评价不一、认为它缺乏科学性的原因。但是对于时人熟悉的地理区域，该书的叙述还是详实可信的。例如，在谈到山脉时就详细记述其位置、走

① 王成组：《中国地理学史（先秦至明代）》，商务印书馆，1988，第 19 页。

向、距离、高度、坡度；谈到河流时，则细述其发源地与流向，以及水流的季节变化等；谈到动植物时，会描述其形态特征与医疗功效。

小贴士

《中山经》内容摘录

“禹曰：天下名山，经五千三百七十山，六万四千五十六里，居地也。言其五藏，盖其余小山甚众，不足记云。天地之东西二万八千里，南北二万六千里，出水之山者八千里，受水者八千里，出铜之山四百六十七，出铁之山三千六百九十。此天地之所分壤树谷也……”

现代学者虽然对于《山海经》的学术价值看法不一，但是其描述地理区域的方式是成功的。这种写作体例对《禹贡》产生了影响。《禹贡》托名大禹所作，后人对其成书年代多有争论，较为普遍的说法是其为成书于战国中后期、设想天下统一以后的治国策略的著作。可以肯定它迟于《山海经》，早于《汉书·地理志》。由于被看作大禹所作，《禹贡》一直被列为经书，为后世尊崇，这也是书中“九州”划分影响深远的原因之一。

《禹贡》继承了《山经》的写作体例，但是没有像《山经》那样以山系为纲，分区描述。《禹贡》根据对地理内容的综合分析进行区域划分，这样的写作体例比起《山海经》罗列式的描述前进了一步。

《禹贡》不足1200字，却描述了当时全国的地理情况。全书分为五个部分：九州、导山、导水、水功和五服。书中将天下分为冀、兖、青、徐、扬、荆、豫、梁、雍九个州。书中对各州的自然和人文地理现象作了综合性的描述，最后还提出了理想的行政区划——“五服”。即以王都为中心，按照距离的远近，以五百里为单位（即“一服”），由近及远分为甸服、侯服、绥服、要服、荒服，并规定

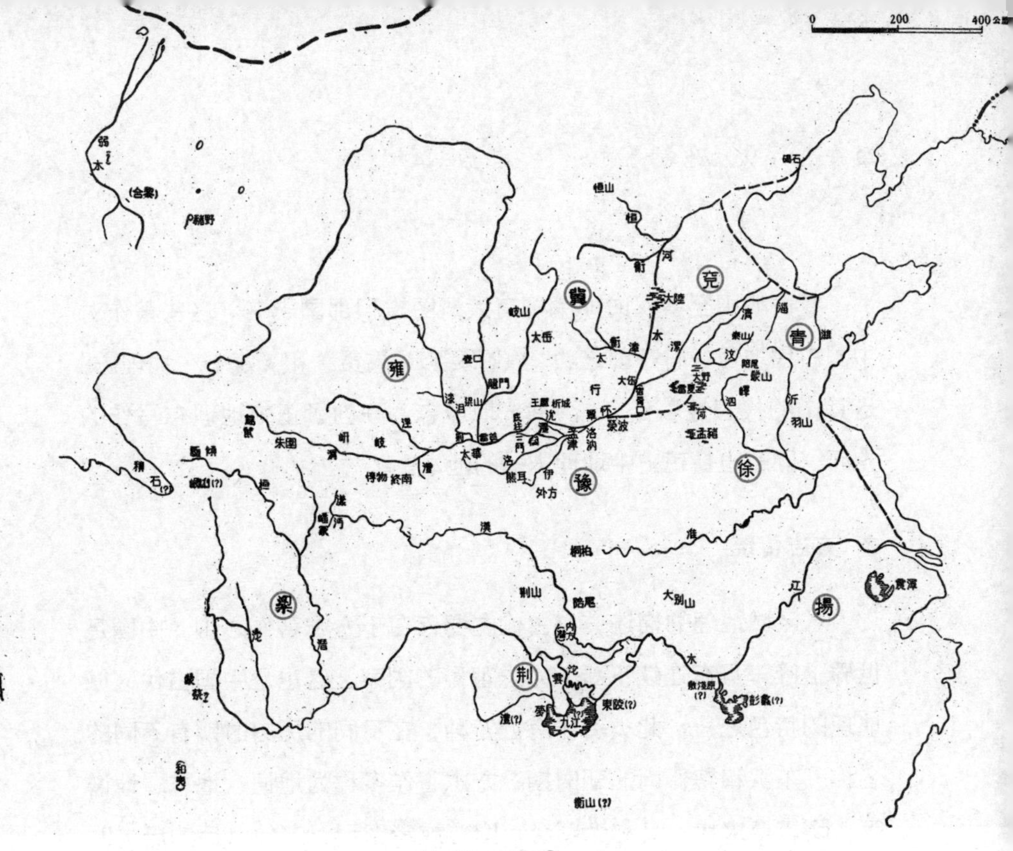

"九州"示意图[①]

了各服贡赋的缴纳。但"五服说"反映的是一种政治理想，缺少地理依据，所以没有"九州说"影响广泛，当代学者也不把"五服"作为古代区域划分的思想内容。

"九州"是先秦时期形成的重要地理概念。《汉书·地理志》认为是黄帝划分了九州。先秦文献中叙述"九州"概念的著作主要有《尚书·禹贡》《周礼·职方》《尔雅·释地》《吕氏春秋·有始览》等。虽然不同著作对九州划分稍有不同，但可以看出，"九州"已经是代表全国的区域概念。在众多述及九州的古文献中，以《禹贡》对九州表述最为明确和清晰。因此，后人提起"九州"，多以《禹贡》为依据。

① 据侯仁之主编《中国古代地理学简史》（科学出版社，1962）第 10 页图改绘。

春秋战国至秦汉时期编撰有大量图志和郡国志书。这些著作对中国古代地理多有开创之功，《山海经》《禹贡》和《汉书 · 地理志》是其中的代表性著作。《汉书 · 地理志》开创了正史地理志写作的先河，同时也是正史中地理志书的范本。

方志传统

对区域地理的描述，在古代主要存在于方志著作之中。中国是世界上唯一具有连续不断的方志著作的国家，这也是中国古代区域地理的特色之一。此类著作有近万种，在不同的历史时期有不同的名称。东汉和魏晋南北朝时期，方志著作多称为地记、地志、地谱等；隋唐至宋代，又称为图经、图志或者图记；宋代以后的历史时期，才名为地方志或者方志。

古代的方志著作不但名目繁多，写作形式和内容也有很大差异。不但不同的历史时期各异，即便是在同一历史时期，也有很多不同内容、形式和名称的地方志书。但是纵观整个历史时期，它们也有共性，即都是利用文字、表格、地图记述不同地区的地理情况。因此，方志著作是中国古代区域地理成果的重要载体。

中国古代的方志著作都是按照一定的体例，综合记述全国或者某一地区的山川物产、经济文化、社会现状等方面。对于此类著作的性质，不同时代、不同学者的观点各异。《隋书 · 经籍志》将地方志列入地理类，清代的《四库全书总目提要》也是将其列入史部地理类。宋代以前的方志著作，内容上更像是综合性的资料汇编，体例上更像是区域地理著作。宋代以后，地方志的编写形式有了很大的变化，史书的纪传体、编年体和纪事本末体的写作方式，都对宋代以后的方志著作产生了影响，因此，也有人把它归入历史类。

宋代以前的地方志书大多记载的是环境资料，不是对历史的叙述，所以应该属于区域地理著作。当然，中国的地理著作，与起源于西方、具有科学意义的近代区域地理学著作不同，形成了独具特色的方志传统。

方志著作能够在历史上延续且长盛不衰，是因为它在描述的过程中，在关注自然环境和风土人情的同时，也包含了各地的政治、经济资料。李吉甫（758—814）在《元和郡县志》中就强调了方志在辅佐政治方面的作用。正因如此，历代统治者对方志的编撰十分重视，并在不同程度上支持编修志书。

秦汉之后，地方志书大量涌现。魏晋南北朝时期，此类书籍不仅数量众多，而且类型多样，有地理志、地理总志、地理书、都邑簿等多种形式。这个时期仅全国性的地理总志就有很多。正史地理志的写作也在前代开创的传统之下，形成了以区划为纲，分别记录不同地区山川、物产等的写作体例，内容也较前一个时代更加丰富。

魏晋南北朝时期兴起了私修地方志的热潮。以记载某个地区建置、山川、道里、物产、风俗为主要内容的著作大量涌现，仅《隋书》中记录的地方志就有100多部，1400多卷。遗憾的是，这些著作多已佚失，只有少数著作尚存于世。这一时期地图绘制水平较高，因此出现了大量图经或称为舆地图类的著作。很多图经附有大量文字说明，图文并重介绍地方情况。可惜这类著作均已佚失，我们只能从留存下来的地理志书中了解其概貌。

隋唐时期建立了官修志书制度，此后的地方志基本上都是由官府主持编撰。唐代官府对于造送图经的年限、内容、机构、体例等都有明确的规定。这个时期的著作图文并重，甚至以图为主，因此称为图经。据《太平御览》和《太平寰宇记》记载，唐代曾有50多个州修有图经，但目前均已失传，我们只能从敦煌残存的图经中知其大概。这个时期代表性的地方总志、也是现存最早且较为完整的全国地方总志，是李吉甫撰写的《元和郡县图志》。后因流传过程中图亡志存，改称“元和郡县志”。李吉甫反对重古略今，强调实用，这种思想影响了其后地方志的编撰。该书以疆域政区为主，记载了自然地理状况、经济和人口等内容。《四库全书总目提要》评价此书“体例亦为最善。后来虽递相损益，无能出其范围”。

宋元时期地方志的体例大致定型。过去著作详于地理而略于人文，自宋代开始，地方志中人文历史的内容逐步增多，特别是乐史（930—1007）的《太平寰宇记》，增加了风俗、姓氏和人物等内容。这种写作方式与隋唐时期的著作相比有了很大的变化，而且其影响持续到明清时期。此书在叙述地方沿革和疆域历史变迁方面很有价值。由于书中大量征引宋代以前的地方志书，我们才得以更清楚地了解宋代以前此类著作的发展情况。

经过一千多年的发展，方志著作到了宋代渐趋成熟，并开始转型。在前人的基础之上，宋代的方志编撰体例更加成熟和稳定。这个时期很多方志著作的序言中，对于方志著作的性质与作用，资料的收集、甄别和选取，编撰人员资质及要求等问题多有讨论，从而促进了志书编撰的完善。

在写作内容和风格上，宋代志书与隋唐时期的大为不同，成为叙述山川物产、人文风俗等的综合志书。宋代及其以后的方志著作中，除了记述自然情况外，更加侧重人文地理。正如宋代诗人史安之在《剡录》序中所言：“凡山川城池、版图官治、人杰地灵、佛庐仙馆、诗经画史、草木禽鱼，无所不载。”

宋代以后对于方志著作的性质的争论增多，作者之间观点不一，有属于地理类、博物类、历史类三种看法。南宋王象之（1163—1230）在《舆地纪胜》的序言中，强调了其地理属性："世之言地理者尚矣，郡县有志，九域有志，寰宇有记，舆地有记。"这种争论一直延续到清代，《四库全书》纂修官戴震（1724—1777）仍然把方志著作列入地理类，而史学家章学诚（1738—1801）则强调其史学属性。虽然此时仍有学者坚持方志乃地理之书，但是在编撰的意义上，学者们更多强调了方志的教化与资政作用。这也符合明清之际的学者大多强调学问要有益于国家的"经世致用"的学术思潮。

> **小贴士**
>
> **经世致用**
>
> "经世致用"是明清之际一批思想家提出的治学理念。认为研究学问，应以治事、救世为急务，必须要有益于国家。

方志著作经元代的短暂低落，到了明清时期再度复兴，并且在清代达到鼎盛。但是由于宋代志书的影响，其后的方志著作都把建置沿革作为重要内容。地方志书逐渐远离了区域描述的传统，开始了历史叙述传统的转向，区域地理的特色逐渐减弱。这种转向促成了地理学中的一门边缘学科的兴起，这门学科就是沿革地理。

沿革地理与历史地理

沿革地理是一门很有中国特色的专门领域，但我们还不能称之为沿革地理学。它以记述及考证历代疆域政区的演变历史为目标，在传统舆地之学中占有特殊地位。现在学者在回溯沿革地理时，也将《汉书·地理志》，甚至更早的《山海经》和《禹贡》作为起点。但是，它成为一个专门的研究领域则始于宋代，比较公认的说法是王应麟（1223—1296）的《通鉴地理通释》为其代表性著作。而王应麟的弟子胡三省（1230—1302）所注《资治通鉴》则被认为是早期沿革地理著作的典范。此书的成就，主要体现在详细诠释了六千余处历史地名的方位、沿革，并纠正了古籍中的地名错误。

沿革地理在清代达到了高峰，清代学者对两千多年来的文献进行了大规模的、总结性的整理，其中就包括了考订与校补历代正史中的地理志。虽然他们对古代政区、地名等变迁的考证，目的是为解经、读史服务，为历史学和其他学科注释检索之用，但是清代学者的考据却推动了沿革地理的昌盛。这为古代的沿革地理向现代历史地理学的转向奠定了坚实的基础。

> **小贴士**
>
> **舆地之学**
>
> 中国古代曾经将大地称为“舆地”，关于大地的学问就是舆地之学。《舆地广记》《舆地纪胜》等著作均属于这一类。直到现在，人们还是将古代描述、研究人类居住世界的传统学问称为“舆地学”。有人认为舆地之学就是中国古代的地理学，也有人把它归入风水范畴。

现代科学意义上的历史地理学产生于欧洲。17 世纪在欧洲的德国、意大利等国先后出现了以“历史地理”命名的著作。到了 19 世纪末期，历史地理已经成为国际地理大会的议题之一。20 世纪初期历史地理学传入中国，此时中国学者也不再满足于疆域沿革、政区更易、水道变迁等的考证与描述，开始用科学的方法研究地理现象的变化规律，探索其原因。于是，沿革地理开始向历史地理学转化。

20 世纪 30 年代中国学者创办了“禹贡学会”，出版了《禹贡》半月刊。这个研究沿革地理的学术团体及其刊物的命名，其用意就是把《禹贡》一书作为沿革地理的起点。起初，该刊的英文名称译为 *The Evolution of Chinese Geography*（中国沿革地理），从第三卷第 1 期开始，改用 *The Chinese Historical Geography*（中国历史地理学）。

可见在20世纪上半叶，中国学者还没有在沿革地理和历史地理学之间划出明确的分界线。他们希望“无问新旧，兼容并包，使得偏旧的人也熏陶于新方法的训练，而偏新的人也有旧材料可整理”[①]。

20世纪初期，当传统学科遇到西方科学时，中国学者一直在本国的研究基础上努力寻找与新科学的共同点，并促使两者融合。毫无疑问，禹贡学会及其创办的刊物在两者的融合与新旧的交替中发挥了重要的作用。20世纪上半叶，沿革地理与历史地理学两个概念经常混用，没有明确的区分，研究者也基本上是一样的。这种情况在中华人民共和国成立以后开始改变。

20世纪50年代，从英国利物浦大学学习历史地理学归国的侯仁之（1911—2013），先是在燕京大学开设了“中国历史地理”课程。后燕京大学并入北京大学，他开始主持北京大学地质地理系的教学、科研工作。受到在英国的学术训练和当时在北京大学担任顾问的苏联专家的影响，侯仁之明确提出历史地理学是现代地理科学的分支学科之一，并强调历史地理学与沿革地理有着本质的区别。他指出，历史地理学的重点是研究人类历史时期地理景观的变化，寻找其发展演变的规律，阐明当前地理景观的形成和特点，从而把现代科学方法引入历史地理学。此后，沿革地理退出了人文地球的历史舞台。

李约瑟之问

当方志著作在宋代走向昌盛之际，西方的区域地理著作仍然处于描述阶段。此时西方人的兴趣点还停留在记述和发现东方世界，

---

① 《纪念辞》，《禹贡》1937年第七卷第1、2、3合期。

以及拓展空间知识方面。但是到了18—19世纪，情况发生了根本的转变。建立在野外考察传统上、以解释空间现象及其相互关系为特色的近代区域地理学开始出现了。然而，在中国，延续了上千年、积累丰厚的方志著作，并未促使传统的区域地理转向具有科学意义的区域地理学。

这使我们想起英国著名学者李约瑟（Joseph Needham，1900—1995）的发问："为什么在公元1至15世纪的漫长岁月里，中国在发展科学技术方面比西方更为有效并遥遥领先？""为什么中国传统科学一直处于原始的经验主义阶段，而没能自发地出现近代科学及随之而来的工业革命？"这就是被称为"李约瑟之问""李约瑟难题""李约瑟之谜"或者"李约瑟命题"的疑问，它曾经在20世纪80年代以后的中国学术界引起了热烈的讨论。

小贴士

李约瑟

英国生物化学家、科学技术史专家。英国皇家学会会员、中国科学院外籍院士。1942—1946年，李约瑟来到抗日战争期间的中国"大后方"重庆，并在那里建立了中英科学合作馆。这是第一个中外国际科技交流组织，在促进中英科学合作和国际学术交流方面发挥了重要的作用，也让李约瑟更加深入地了解了中国的科学。

从20世纪50年代开始，李约瑟历时近50年组织编写了多卷本《中国科学技术史》（*Science and Civilization in China*）。这套巨著第一次全面、系统地向世界展示了中国古代的科技成就，并提出了"李约瑟之问"。1983年他在英国剑桥创建李约瑟研究所并任首任所长。这个研究所旨在研究东亚科学、技术和医学的历史或支持相关研究，至今仍然发挥着重要的作用。

区域地理著作在中国的发展轨迹，可以从一个侧面回答李约瑟之问。中国以区域划分的方式综合描述地理环境的传统，从古代延续至今。但是在漫长的岁月里，方志著作只是在研究内容上不断丰富，在写作体例上不断成熟，在写作意义上更加强调资政的作用，却从来没有在方法上、理论上有所创新和突破。

我们现在所说的区域地理学，是 19 世纪中后期出现于西方、后来传入中国的一门新学科。20 世纪初期，当西方区域地理学传入中国时，中国学者还把它翻译为“地志学”“方志学”“方志地理学”等。但是随着学习西方科学知识的深入，中国学者意识到了传统的方志之学与西方区域地理学有着根本的差异。1939 年，李长傅（1899—1966）在《地理学之定义与其本质》一文中指出：“我国的学界，每每以为地志学就是我们的方志，这是错误的。原来我国的方志，是混合着地方历史、地方地理及其他地方智识的。”20 世纪 30 年开始，“方志学”逐渐不再作为近代区域地理学的代名词。

进入 20 世纪以后，区域地理学逐渐从单纯以描述为主，转向探讨空间现象产生的原因，以及各种地理要素之间的相互关系，尤其是人地关系。进入 21 世纪，区域地理学仍然在不断发展，并且随着大数据时代的来临焕发出新的生命力。

第三节　地　理

提到地球，人们会想到很多词语：大地、地理、自然、环境、万物、地方、区域、地区、地带、景观……这些词语虽然含义不同，但都是用来描述地球表层景象的。人类对地球的认识，也是从其表层开始的。在涉及地球知识的众多词语中，“地理”是最古老且沿用至今的词语。

人类进入文明时代以来，关于地球的知识达到了前所未有的广度和深度。知识的大量积累，也为重新描述已知世界提出了新的任务和要求。在这种历史背景下，东西方均出现了大量相关著作，其中一些就以“地理”为书名。现代学者也把这一类著作称为地理（学）著作。关于地球知识最早的一批经典著作，就形成于古希腊罗马时期和中国的春秋战国时期。

作为概念的“地理”

在众多的人文地球的概念当中，“地理”是最古老且沿用至今的术语。在《现代汉语词典》里，“地理”是指全球或者一个地区的山川、气候等自然环境，以及物产、交通、居民点等社会经济因素的总体情况。更多的时候，“地理”直接就等同于“地理学”。“地理”一词最早出现在《周易》中。《周易·系辞上》有“仰以观于天文，俯以察于地理”。此处的“地理”与“天文”相对应，指山川土地之形势。当然现在也有学者认为，这个“地理”是抽象概念，并非指山川土地。

《管子·形势解》中“地理”的概念则进了一步：“明主上不逆天，下不圹地，故天予之时，地生之财。乱主上逆天道，下绝地理，故天不予时，地不生财。”在这里，“地理”与“天道”相对应，指人类赖以生存的环境。东汉时期王充（27—约 97）在《论衡》中也有类似的论述：“天有日月星辰谓之文，地有山川陵谷谓之理。”这里的“地理”，也是指地理环境。唐代的孔颖达（574—648）为《周易》作疏时，认为“地有山、川、原、隰，各有条理，故称理也”。这里的“条理”即规律。当然，历史上“地理”也一度与“风水”相提并论。很多人认为地理学家就是风水先生。风水在中国古代还有个专有名字，叫作“堪舆”，但这超出了本书的讨论范围，我们不作赘述。

古希腊也有“地理”的概念。赫卡泰撰写的《地球的描述》一书中有个章节，章节名就是“新地理学”。由于这本书只存留有部分残页，我们无法了解其中“新地理学”的确切含义。我们只能推测，既然谈到了新地理学，那么在此之前应该有了地理学，至少有了“地理”这个概念。

目前学界比较公认的，是古希腊学者埃拉托色尼最早合成“地理（学）”一词（其现代英语形式为 geography）。从希腊语语源来说，geo 指大地，graphy 意思是描述，合在一起是描述大地。其词意中已经包含了人的认识，可以称为“地理学”了。

无论是古代东方还是西方，“地理”虽然有了基本的含义，却不是明确的概念，更不可能是具体学科的代名词，毕竟当时还没有现代意义上的学科出现。在相当长的历史时期里，“地理”与“环境”是同义的。直到 20 世纪初期，“地理环境决定论”还被称作“环境决定论”。进入 20 世纪下半叶，随着环境污染问题日趋严重，环境科学出现了。此后，“环境”一词被赋予了新的含义，“地理”与“环境”才独立使用、不再互相替代了。

直到 19 世纪初期，地理学还基本上是地球科学的代名词。随着地球科学研究的不断深入和分化，“地理”一词逐渐有了新的含义。但是直到今天，环境、自然、区域、资源、能源……仍然是“地理”所包含的重要因素。在“地质学”的学科概念确立之后，“地理”才由指代地球科学，转为与地质学并列的地球科学的基础学科之一。

解释自然现象

当人的智识还没有发展到足以解答所观察到的现象时，很多解释就来自自然哲学的思辨方法。自然哲学，顾名思义就是思考人类所面对的自然界而形成的哲学思想。尽管早期的解释缺乏系统性和科学性，但是对简单因果关系的渴求，是由人的生存本能决定的。这源于人对未知的解释需求和希望控制自然、减少灾害的意愿，是人类试图掌握自然规律在理论上迈出的第一步。

在古希腊，很多哲学家发现了感性认识的局限性和不可靠性，对于感官获得的经验知识抱着审慎和批判的态度，并表现出一种强烈的唯理主义倾向。这种倾向强调对知识进行论证，认为感官只能获得事物的个别或表象的知识，力图用定理或者原理来反映其认识成果。

人类祖先首先关注到的自然现象，大多与生产生活息息相关。风雨雷电、地震火山……众多的现象中最受关注的是破坏力巨大的自然灾害。中国和古希腊所在的地区都是自然灾害多发的区域。地中海处于欧亚板块和非洲板块交界处，是地震、火山频发的地区。中国位于欧亚板块、太平洋板块、印度板块的交界处，处于环太平洋地震带与欧亚地震带之间，也是地震多发的国家。面对众多的自然灾害和地理现象，古代东西方学者都在各自的理论框架内尝试着作出解释。

在古希腊罗马文明中，亚里士多德利用“干湿、冷热说”解释各种自然现象。他认为地震是由地球内部干湿混合作用造成的，地球本身干燥，受外界雨水影响而生湿气。在阳光的照射下产生地下风，风遇到地下火会剧烈燃烧，从而形成火山和地震。他也用同样的理论解释天气现象，认为水在太阳热力的作用下升到天空，干燥的烟状气体和潮湿的雾状气体在太阳热力的作用下，形成了云雾、雨雪、露霜。亚里士多德还利用同样的理论解释河流的形成、地表的变化等。他依据“干湿、冷热说”和纬度地带性思想提出了可居住区理论，指出温带是适宜人类居住的地方。这种原始的环境决定论思想，在历史上产生了久远的影响，后来的“地理环境决定论”的历史源头，即为亚里士多德。

中国古代大多用阴阳五行学说解释各种自然现象。阴阳五行是中国古典的哲学思想，这种理论认为世界是在阴阳二气的推动之下不断发展变化的。金、木、水、火、土五种元素相生相克，构成了世界的基本属性。阴阳五行学说把自然界的异常现象，看作是阴阳之间的比例失衡。尽管这种观点的解释过于笼统且模糊，但相对于当时盛行的“天命论”，仍是一种进步。

与古希腊人用干湿解释地震现象具有异曲同工之妙，中国古人是用阴阳失衡作为解释依据。《国语・周语》中记载有周人伯阳父的解释：“阳伏而不能出，阴迫而不能烝，于是有地震。”天气的变化也同样可以对应于阴阳二气，因为阳气暖而阴气寒，两者之间的起伏变化自然会造成温度的不同。《礼记・月令》根据五行说提出，一年四季的变化是由于春季“盛德在木”，夏季“盛德在火”，秋季“盛德在金”，冬季“盛德在水”。对于短期天气现象，古代学者多用阴阳失调来解释。《淮南子・天文训》认为，雾、霜、雪等天气现象的形成，是由于“阴阳相薄……乱而为雾，阳气胜则散而为雨露，阴气胜则凝而为霜雪”。

阴阳五行不仅可以用来解释自然现象，它也成为人们对纷繁复杂的自然现象进行分类的依据。最具代表性的就是利用五行对全国土壤进行的分类。五行分为金、木、水、火、土，全国土壤也就依据五行，分成了白、青、黑、赤、黄。正因五类土壤与五行相对应，五色土也就有了文化内涵，成为华夏文化的典型符号。历史上五色土多用于诸侯建国立社、帝王封禅等重大仪式上。北京的中山公园内，现存的唯一帝王社稷坛上就铺有五色土。

在科学尚未分化的古典时代，人类掌握的知识有限，往往一位勤奋的学者可以同时掌握多种知识。自然界又是人们关注的基本生存环境，因此无论是古代东方还是西方，关于地球的知识几乎包含于所有著作之中。哲学著作中有对自然现象的解释，医书中有对矿物和动植物知识的描述，甚至诗歌、小说、绘画中也反映出人们眼中的自然面貌。

古典时期的地理学集大成之作

古代地理著作数量之大已非本书所能概括，仅前面谈到的方志著作就有近万种。在众多的古代著作当中，还有很多专题性地理著作。这类著作多偏重于观察、记录某类自然现象。在古代中国，有涉及气象和物候知识的《夏小正》《吕氏春秋·十二纪》《乙巳占·候风法》等，涉及土壤知识的《管子·地员》《吕氏春秋·任地》等，涉及水利水文知识的《水经注》《鉴湖说》《潮说》《河防一览》等，涉及植物地理知识的《南方草木状》等，涉及矿物知识的《云林石谱》等。当然还有像《梦溪笔谈》《徐霞客游记》这样的综合性地理著作。

古希腊罗马时期也有很多专题性著作，如希波克拉底（Hippocrates，前460—前375）的《论空气、水和地方》，亚里士多德的《气象论》《论自然界的基本规律》，狄奥弗拉斯特（Theophrastus，约前372—前287）的《石谱》，波西多尼斯在《续波里比阿》中的《海洋》一章等。此外，普林尼（Gaius Plinius Secundus，23—79）的《自然史》这种大百科全书式的著作中，很大一部分内容也涉及地理知识。

本章已经分别介绍了古代东西方的数理传统、区域描述传统和思辨解释传统，但三者并非是完全割离的。多数地理著作会包含其中的两种，甚至三种传统。此时的中国与欧洲相距遥远，缺乏直接的沟通与交流，但是在认识和描绘自然界方面却有相同之处。我们不妨选取东西方古典时代的集大成之作进行对比与分析。

公元1世纪，中国史学家班固（32—92）撰写的《汉书·地理志》和古罗马学者斯特拉波所著的《地理学》，是东西方地理著作的里程碑。虽然前者只是《汉书》的一部分，而《地理学》则是洋洋十七卷巨著，但它们在各自世界的代表性是毋庸置疑的。

中国是世界上唯一拥有三千余年连续历史记录的国家，其代表是二十四部正史著作。二十四史中有十六部包含有地理著作，其中十部名为“地理志”。二十四史的第二部、班固撰写的《汉书》中的《地理志》，不但是第一部正史地理志，也是第一部以“地理”为关键词命名的著作，更是两千年来中国地理著作的典范。

古罗马学者斯特拉波所著《地理学》是西方描述性地理著作的写作范本，被誉为古希腊罗马地理学的集大成之作。我们现在所了解的古罗马以前地理学的知识，多是从这部著作中得来的。此书更重要的价值，是其独到的构思和写作体例。

班固出身儒学世家，其父班彪、伯父班嗣都是著名学者。班固本人博古通今、严肃认真。他曾任管理皇宫内藏书和修史的兰台令史，有机会接触大量的典籍和官方文献。《汉书·地理志》是他博采西汉以前的著作和档册资料编撰而成的。他写作的目的，是“追述功德”，使汉朝“扬名于后世”，并为当时的行政管理服务。

《汉书·地理志》记载了西汉末年疆域和行政区划及其演变。全书共分为三个部分：第一部分是关于历代疆域沿革的记述；第二部分是其主体，以郡为纲、以县为目讲述了西汉的疆域和地理概况；第三部分主要辑录了刘向（前77—前6）的《域分》和朱赣的《风俗》，作为全国区域总论。《地理志》结构严密、写作简练、便于查阅，内容也较全面。书中重人文、轻自然的倾向，对后世产生了重大影响。这样的写作方式，一方面留存了大量有价值的人文地理资料，另一方面也抑制了自然地理学的发展。班固是一位足不出户的书斋学者，对广大山河并未亲历其境，因此在描述时忽视了对于自然规律的探讨。直到明代末期《徐霞客游记》问世，中国才出现了对地理现象进行科学描述和规律探讨的专著。

斯特拉波曾经在希腊世界广泛游历。尽管同许多学者相比，他的旅行范围不算广，但他很重视收集旅行见闻，并把这些资料写在了《地理学》中。此书不但继承了古希腊地理著作的资料，更重要的是继承了其调查研究方法，并使其理论化、系统化。书中对公元初年所知道的人类居住的世界进行了区域划分，并在可能的情况下找出它们之间的关系。斯特拉波强调他的《地理学》是“为有教养的政治家和军事首领们写的”，希望它成为一部行政人员管理手册。可见此书的写作，是出于实用目的。

《地理学》对各国的环境、资源和人口等情况进行了总结。全书共分十七卷。第一卷总结、评论了古希腊时期的地理学理论。第二卷阐述了地理学的学科性质，指出其任务就是测定土地的面积、了解人类居住的大地的形状、掌握自然特性等。第三卷至第十七卷是对世界各地区的分论。在描述每个区域之前，斯特拉波总是先指出其边界，这样就清楚地表明了地形、居民和经济等现象所处的范围。由于涉及范围广泛、区域多样、民族众多、自然条件差异较大，加之作者个人经验有限，因此《地理学》的内容不太协调。例如，有些地区作者花了大量篇幅描述其自然内容，而另外一些地区因缺乏相应的资料，又着重描述种族方面的内容。在区域描述中，斯特拉波发现并提出了内容广泛的自然地理学问题，尽管他没能对这些问题都给予明确的解释，却为后世指出了一种地理学的方向。

班固的《汉书·地理志》和斯特拉波的《地理学》都涉及历史内容。《汉书·地理志》中包含有历史论述，从而使中国古代的地理著作逐渐成为历史学的附庸。中国古人读此类书籍的目的多为解经和读史，而不是研究自然界本身的规律。《地理学》也存在着类似问题。书中资料多数来源于古代的著作，但作者并没有考虑这些资料内容的历史时期。因此，《地理学》主要阐述的是古罗马初期的情况，同时也夹杂着不同时代的区域资料。古代西方的许多地理学家也是历史学家，因此，尽管古罗马初期地理学有从历史学中独立出来的倾向，但也没有摆脱历史学的从属地位。

《汉书·地理志》与《地理学》成书时间相近，又都是同时代著作中的代表，但是两本著作的历史地位却完全不同。前者文笔精炼、语言简朴的写作风格成为后世的典范。地理描述以国内疆域政区为纲，开创了中国疆域政区地理著作的先河。其开创的写作体例易于仿效，为古代描述地理学的完善作出了贡献。《汉书·地理志》对中国社会产生了广泛的影响，首先，它使后代统治者意识到了撰修地理志的重要性，其次，它的写作体例一直为之后近两千年的封建社会所沿用。汉代以后曾经为《汉书》全书或部分作过注释的就有数十家。

《地理学》时常用文学笔调改写原始资料，使之引人入胜。该书先以对海的描述勾画出陆地的轮廓，再按照方位划分并描述世界。书中注重揭示地理的空间特征，将自然、人文等现象分置于各个地区之下，使人们能够更好地了解不同区域的面貌，以及它们的组成因素、分布规律，并在可能的情况下找出它们之间的相互关系。这种描述方式代表了西方描述地理学的传统。

两部著作均有很高的史料价值，是后世研究古代地理变迁的重要资料来源。《汉书·地理志》有中国最早的户口记录。关于水道的记载也是《水经注》之前古籍中最详实的，为现代学者研究汉代以前的自然、经济、人口、文化，研究古代地名，以及古代边疆地理和疆域政区的沿革提供了宝贵的史料。书中照录了《禹贡》《职方》《域分》和《风俗》等，使这些资料在正史中得以采录和保存，为后世留下了宝贵的资料。

斯特拉波查阅了大量的前人著作。书中第一卷就是对荷马、埃拉托色尼、希帕库斯、波西多尼斯、波里比阿（Polybius，前 200—前 118）等前人著作的评介。在许多著作佚失的情况下，《地理学》无疑成为研究古希腊地理学的宝库。

《地理学》既是古代西方描述地理学的集大成之作，也是古希腊罗马地理学的终结。虽然斯特拉波写作此书的目的是为行政人员提供实用性的管理手册，但在很长的时期内，它并未引起广泛的重视。公元 77 年，普林尼写成《自然史》，他在撰写过程中参阅了 2000 余卷图书，却没有提到斯特拉波。托勒密的《地理学导论》中也未提及斯特拉波。直到公元 7 世纪，斯特拉波的《地理学》才在阿拉伯世界引起人们的重视，并成为古希腊罗马时期的地理著作的代表。

两部巨著对后世影响的强烈反差，与东西方不同的社会、经济、文化历史背景有着重要的关系。《汉书・地理志》的写作时代正值中国封建统一的社会制度稳定发展的时期。西汉是中国第一个长期稳定、疆域辽阔的封建帝国，在两百多年的时间里建立并完善了一套郡县二级制的行政区，这为班固的写作奠定了基础。国家统一之后，政府更加需要了解国家版图，掌握全国行政区域和自然、经济等内容，因此，作为官方撰修之书，《汉书・地理志》受到了统治者的重视。

古罗马帝国也是历史上国土辽阔、空前强大的帝国。当时的地理眼界东至印度河，西到大西洋。向北延伸到俄罗斯草原，南部直达埃塞俄比亚。但古希腊时期的科学方法却被古罗马人摒弃了。古罗马帝国的地理学，是以世界的调查统计为特点，它抑制了科学的发展，描述地理学也与其他科学一样难逃厄运。《地理学》虽为政府官员所作，却并没有引起他们的重视。他们更关心的是人口数量、大地测量等实际数据。因此，这部著作既是古代描述地理学的集大成之作，又是其终结之作。

公元2世纪中期后不久，古代地理学随着古罗马帝国的衰落开始倒退。5世纪以后，西方的视野重新闭塞，进入了“黑暗时代”。直到文艺复兴时期，古希腊地理学思想才重新进入欧洲人的视野。

/ 第二章 /

新大陆

公元 395 年，古罗马帝国分裂为东、西两个部分，古希腊罗马时期辉煌的科学文化从此衰落。随着西罗马帝国的灭亡、宗教的兴盛，欧洲科学进入了“黑暗时代”。宗教的束缚使古希腊罗马时期建立起来的科学思想成为“异端邪说”，古希腊的学院被封闭，亚历山大图书馆被多次焚烧，“地理学”一词也消失了！欧洲人的地理知识不但没有进步，反而倒退了，视野变得狭窄。

比地理视野狭窄更可怕的，是思想的狭隘。此时大地又回到了扁平形状。其实，这个时期越来越多来自生产和生活的经验已经让人们意识到，大地是球形的。但是球形大地观在那个时代属于“异端邪说”，持该观点的人会受到宗教的迫害。宗教的压制和迫害使欧洲人不敢公开自己的想法，无力对抗教会的观点，只能违心接受扁平大地观。

西方地球科学的“黑暗时代”延续了近千年，直到 15 世纪地理探险的兴起才再次带动了地球科学的进步。欧洲的中世纪，正是中国的唐宋元明时期。与西方人文地球的衰落相反，此时中国的地球科学知识，在长期积累的基础上开始走向成熟，不但地理著作数量巨大、种类繁多，编撰的体例也日趋成熟，内容愈加丰富。

欧洲跌入“黑暗时代”后，于公元 632 年兴起的阿拉伯帝国，在延续古希腊罗马文明方面发挥了重要的作用。兴起于西亚的阿拉伯帝国不断西扩，一度横跨亚、非、欧三洲，是历史上地域跨度最大的帝国之一。它在吸收、消化古希腊罗马文化、两河流域文明的基础上，形成开放、包容的阿拉伯文明。

阿拉伯人认为，哲学是了解世界的基础知识。在吸收古希腊罗马文明的过程中，出现了一大批哲学家。随着疆域的不断扩大，阿拉伯世界出现了关于中亚、西亚、北非等区域的地理著作。他们把古希腊罗马时期的著作翻译成阿拉伯文，古希腊思想得以延续。阿拉伯人接受了古希腊的球形大地观，并在此基础上推动了大地测量和气候区的划分。文艺复兴时期的欧洲，就是从阿拉伯人那里重新发现了古希腊罗马时期的科学思想。

“黑暗时代”的欧洲，也没有完全停止探索地球的脚步。实用知识和技术仍在进步，例如采矿冶金带动矿物知识的进步，航海带动制图技术的进步，农业带动气象物候知识的进步。大约在 13 世纪初期，亚里士多德的著作被重新发现并翻译成拉丁文，从而推动了欧洲思想的重大变化。14 世纪以后，欧洲开始走出黑暗，进入文艺复兴时期。此后发生在欧洲的一系列重大变革，对人文地球产生了深刻的影响。文艺复兴激发起来的探索未知世界的热情，推动了欧洲“地理大发现”时代的到来，为近代科学在欧洲的出现奠定了基础。

小贴士

文艺复兴

指 14—17 世纪发生在欧洲的思想文化运动。意大利人文主义者致力于复兴古希腊罗马时期高度繁荣的文艺思想，并称之为“文艺复兴”。在科学精神方面，强调通过观察和实验去证实前人的想法。如意大利学者、画家达·芬奇（Leonardo da Vinci，1452—1519）强调对自然界的观察和实验是科学的唯一方法；英国学者弗朗西斯·培根（Francis Bacon，1561—1626）把实验和归纳看作科学发现的工具；法国哲学家和数学家笛卡儿（René Descartes，1596—1650）强调数学方法在科学中的重要作用。

15—17 世纪是欧洲“地理大发现”时代。这个时期欧洲船队开始远洋航行，去寻找新的贸易通道，从而促进了人类视野的不断扩展，带动了地理知识的快速积累。地理大发现时代后期逐渐形成的、与中世纪神学完全不同的新科学体系，最终使欧洲科学走到了世界的前列。因此，16 世纪以后的欧洲，众多科学领域在理论体系和科学思维方面都经历了重大的变化。人类对于客观世界的认识有了质的飞跃，近代科学由此产生。

在东西方不断的交流中，中国也为欧洲科学的进步作出了贡献。12—15 世纪，指南针、火药、造纸术和印刷术传入欧洲，为那里的科学发展奠定了基础。指南针带动了航海事业的发展，使“地理大发现”直接带动了地球科学的进步；印刷出版业的发展，使科学知识由过去口口相传，改为以刊物和著作的形式快速传播；火药促使欧洲人进一步发明了高速炸药，大大提高了矿山的开采效率。本章将跳过欧洲的“黑暗时代”，去探寻东方和黎明前的欧洲在地球科学领域的进步。此时，人文地球的关键词，是“探索未知”和“发现新大陆”。为了行文叙述的方便，后文统称这个阶段为“大发现时代”。

第一节 化石与矿物

在大发现时代里，中国人对地理的认识发展到新的高度。不但区域地理著作更加丰富，对于各种自然现象的认识也逐步深入。这种认识主要有两条主线：实践与思辨。如中国人对化石与矿物的认识，既源自采矿业和手工业发展的需求，也有中医药和炼丹术的推动；物候与气象知识的积累，既源自农业和军事等方面的需求，也有占候术的影响……

同时代欧洲人的认识也有两条主线。一是为了反对宗教的束缚而寻找来自自然界的证据。文艺复兴初期的欧洲学者，把古希腊人探索过的很多地球科学问题又重新提出并加以验证，进而在检验与重新认识的过程中提出新的观点、挑战宗教神学。欧洲人关于“化石”的争论，便是其中的代表。二是来自社会经济发展的需求。如矿物知识的积累，就主要来自生产实践。公元 5 世纪以后，欧洲采矿业开始兴起，在开采和利用的过程中，人们提升了对矿物的认知水平。

“图像石头”

地球上的生物经历了由简单到复杂的演变过程，不同的生物总是埋藏在不同年代的地层当中。现在的科学家就是根据埋藏在地层中的化石，来确定该地层所属的年代和地层的顺序，推测古地理时代气候、水文、地貌等环境特点。但是这些是 19 世纪以后的事情了，大发现时代的欧洲人还不知道化石为何物。

化石（fossil）这个词，泛指矿物岩石以及一切从地下挖出来的天然物质。欧洲人称真正的化石为“图像石头”（figured stones）。这里要讨论的，就是中国人和欧洲人对图像石头——化石的认识。为了方便起见，我们还是用现代的科学术语——化石。

中国古籍中关于化石的记载丰富且分散。中国人称哺乳动物化石为“龙骨”，这类化石分布十分广泛。中医认为龙骨具有镇静和催眠的作用，是常用的药材之一。宋代龙骨已经作为商品出售，因此有了一定规模的开采。另一种常用的中药材是石燕。这是生活

小贴士

化石

化石是存留在古代地层中的古生物遗体或者遗迹。生活于约40亿年前到1万年前的古代生物，被泥沙掩埋之后，生物遗体中的有机质分解，留下来的骨骼、外壳与沉积物一起变成了石头，并保持着原来的形状。化石中最常见的是陆上和水中生活的动植物，尤其是水中的动植物，它们最容易被泥沙掩埋。天上的飞禽被泥沙掩埋的概率较低，这也是鸟类化石稀有的原因。化石为现代学者研究过去年代动植物的结构、形状、生存环境等提供了便利。

在水中的有壳类无脊椎动物的化石，即腕足动物的化石，因其形状似飞燕展翅被称为“石燕”。民间传说它是雷雨时从石洞中飞出而坠地的。中医认为石燕具有壮阳、御寒、温疫气等作用。因此，龙骨、石燕等化石在古代医书中多有记载，其内容涉及这些化石的产地、性状、用途等。化石因为其独特的外形引起了古人的兴趣，很多古籍中均有记载。除了龙骨和石燕以外，记载最多的是鱼化石，这些都是最常见的化石种类。可惜这些记载分散且多是性状等的描述，较少对化石成因的讨论。

中国古人曾经用高山岩石中的螺蚌壳作为“沧海桑田”的证据，这间接证明了他们对化石的成因有了科学的认识。开创“颜体”楷书的唐朝书法家颜真卿（709—784），在《抚州南城县麻姑山仙坛记》中描述道：“高石中犹有螺蚌壳，或以为桑田所变。”类似的思想在北宋沈括（1031—1095）的《梦溪笔谈》中也有记录：“遵太行而北，山崖之间，往往衔螺蚌壳及石子如鸟卵者，横亘石壁如带。此乃昔之海滨，今东距海已近千里。所谓大陆者，皆浊泥所湮耳。”

欧洲人热衷于化石的收藏与研究，化石成因问题自然成为关注的焦点。根据《圣经·创世记》记载，上帝第一天创造了光，第二天创造了水和空气，第三天创造陆地、海洋和植物，第四天创造日

石 燕

月星辰并确定日期，第五天造动物，第六天造人。如果说化石是生物的遗骸，就违反了《圣经》中上帝造物的次序，等于否定了上帝创世说。于是在学者之间就有了关于化石成因与性质的争论。参与其中的有神学家、哲学家、植物学家、解剖学家，甚至还有数学家和画家。他们的观点来源往往与知识背景无关，而与宗教信仰密切相连。

这些观点的支持者大体上可以分为两类。一类是支持神创论的学者。他们认为化石不过是受了天体的影响而获得了特殊外形的石块，是地球固有的塑造力形成的，是造物主的戏谑。还有人甚至猜想化石是某种“脂肪物质”受热发酵而产生的有机物形状的石头。另一类学者或出于科学的论证，或希望以此证明世界万物乃自然形成、非上帝所造，坚持化石为生物遗骸的观点。他们解释说，化石是因为洪水沉积或者火山爆发掩埋了动植物，这些动植物最终固结为石块。毫无疑问，后者的解释更具科学性。但是在当时宗教势力强盛且科学基础薄弱的欧洲，两种观点难分胜负。

大发现时代关于化石成因的争论，又引出了关于大地形成、地球演化等诸多问题的争论。这些争论的内容虽不相同，但观点基本上可以分为两类：证明或者反对《圣经》中所说的万物形成的过程。正如19世纪英国地质学家莱伊尔（又译赖尔，Charles Lyell，1797—1875）所说："从17世纪末期到18世纪终了，地质学发展的内容，是新见解和宗教教义的经常剧烈斗争史，而这种教义，久为众人所默认，而且在一般的信念中，都以为是以《圣经》权威为基础的。"

从17世纪开始，越来越多的欧洲学者开始挑战宗教神学。在争论过程中，双方都在寻找证据、进行分析与研究，以证明其观点的正确。因此每一次争论都推动了人文地球的知识进步。18—19世纪，出现了"地质学的英雄时代"。继地理学之后，地球科学中的另外一门重要学科——地质学正在欧洲徐徐拉开它的序幕。

石头与矿物

矿物学是地质学的重要分支学科之一。但是在历史上，这门学科却先于地质学形成。18世纪中后期在欧洲建立起来的采矿学院中，就开设有矿物学课程，此时的地质学仍然附属于矿物学。

有学者指出，当人类捡起第一块石头并观察它、决定哪一块更好时，对地质的认识就开始了。人类认识矿物的时间很早，采矿冶金等生产需要最终推动了矿物知识的积累。世界上各文明古国，都积累了丰富的矿物知识并发展

小贴士

矿物

矿物是因地质作用形成、具有一定化学组成的天然化合物。矿物具有稳定的形态和物理性质。目前已知的矿物有4000多种，人们从地层中开采的煤铁、海水蒸发后产生的盐、沙中淘出的金，以及黄岗岩中的石英、长石和云母，等等，这些都是矿物资源。矿物是广泛应用于工农业和科学技术研究的重要天然资源。

起采矿业。英国科技史家李约瑟认为，在文艺复兴之前中国人对矿物知识的认识可以与欧洲相提并论。

春秋战国时代冶铁业已经十分发达。宋元时期煤铁矿产量超过了工业革命初期的英国。矿产的开采促进了勘探钻井技术的进步，中国古代的深井钻进技术领先于世界，并于11世纪前后传入西方，直到19世纪这一技术水平也没有被超越。以1835年建成的、位于四川自贡的超深盐井为例，它创造了四个世界之最：最早的背斜构造定井找矿地、最早的工业性开发矿场、最早的顿钻钻井发源地、最早的超1000米的深井。

中国古代关于矿物的知识，分散于方志著作、中医药典、笔记、小说、诗歌、石谱等各种文献当中，不同类型的文献关注的角度并不相同。矿物知识有相当一部分保存于医药和炼丹著作当中。中国古代称中药为本草，中医著作也多称为本草著作。本草著作中记录有大量的矿物，种类十分丰富。本草与炼丹著作重点关注矿物的药用价值。如魏晋南北朝时期的《本草经集注》中，就记录有近百种矿物药。书中不但记录其种类和产地，还详细描述其形状、色泽、纹理、药效等特性，以及发现与鉴定的方法。在一块矿石上，经常有不同成因、先后生成的两种甚至多种矿物组合在一起形成共生关系。本草著作中已经发现并描述了矿物的共生关系。炼丹术的经典之作是晋葛洪（约283—363）的《抱朴子》，书中认为物质转化是自然之理，并用五行说解释其成因。此类著作对于推动矿物知识进步的意义有限，这里不再展开讨论。

矿产资源是各个地方的贡赋之一。贡赋是中国古代的一种税收方式，矿产资源无论从经济价值还是观赏价值上说，都是贡赋的重要内容。方志著作在记录各地物产和贡赋时，都会涉及矿产，因此均有矿产的地理分布与采矿冶金技术的介绍。方志著作中的矿物知识多关注矿物及其开采的经济技术方面的情况，有些方志著作甚至注意到了找矿方法。如公元6世纪成书的《地镜图》记载了长有葱的地方，下面可能有银矿；青草的根茎部位如果是赤红色，地下可能有铅矿；如果根茎是黄色则有铜矿；等等。这说明时人已经注意到了矿床的指示性植物。所谓指示性植物，是指某些植物对某种金属元素敏感，因此其聚集生长的地方往往预示着地下有某种矿物的存在。直到现在，这依然是找矿的基本方法之一。

中国古代有赏石文化，奇石是古典园林的重要内容之一。读者们熟悉的《水浒传》中杨志丢失花石纲的故事背景，就是皇帝宋徽宗因喜爱奇石，通过花石纲来运输奇石。花石纲是专门运送奇花异石，以满足皇帝喜好的特殊交通运输名称。可见中国历史上赏石文化十分兴盛。因为文人和官府的喜好，中国古代有不少石谱类著作问世，宋代以后更加丰富。杜绾（北宋）的《云林石谱》、林有麟（明代）的《素园石谱》、王冶梅（清代）的《冶梅石谱》等是其中的经典。石谱类著作本应记载岩石而不是矿物。至于两者之间的差异，简单来说，岩石是矿物的集合体，矿物是组成岩石的基本单元。但是古人不能区分它们之间的差别，因此石谱中也包含有大量矿物知识。但因石谱类著作侧重于观赏性，所以关于矿物的介绍多侧重色泽、透明度、外形、质地等内容。

无论是方志书籍、本草或炼丹著作，还是石谱文献，对于矿物的记载均侧重于应用知识的积累和特点的描述。其间或有对于成因的探讨，但多从阴阳五行理论出发，其解释过于笼统。从明朝开始，中国矿物知识逐渐落后于欧洲。虽然明代李时珍（1518—1593）的《本草纲目》和宋应星（1587—约1666）的《天工开物》中均有矿物和采矿技术的详细记载，但是没有理论上的突破。知识的积累没有促成矿物学在中国的诞生。

欧洲人继承了古希腊的传统，对于矿物的认识尤其重视成因分析，在这一过程中逐步形成新的思想和理论，并在否定古希腊传统观点的基础上不断进步。文艺复兴的后期，他们对矿物的认识从古希腊自然哲学的思辨和中世纪炼金术士的猜想中解脱出来，并在采矿业的推动下开始了实证性研究。

欧洲采矿业主要开采铜、铁、金、银等金属矿产，因此这个时期的知识主要是关于金属的成矿理论。15—16世纪时，欧洲人对矿物的成因认识十分混乱，哲学家、炼金术士、神学家、数学家、天文学家都从不同的角度给出了各自的解释。

亚里士多德曾经用他的“干湿、冷热说”解释矿物的成因：天体的作用使地球内部的土元素变成了“干气”与“湿气”，前者转变为不能熔融的石头，后者转变为可以熔融的金属。1474年，多明我会修士马格努斯（Albertus Magnus，1193—1280）的五卷本《矿物与金属》出版。这本书是他于1260年撰写的。他以亚里士多德的理论为基础，根据研究与推论提出了矿物岩石的成因。他认为矿石是由某种矿化作用在适当环境下，对地壳物质发挥作用而产生的。他的矿物成因理论，其影响一直延续到16世纪末叶。

16 世纪的采矿场景

“用眼睛观察事物，用感官把握事物”

从 16 世纪开始，反对亚里士多德观点的学者为了给出令人信服的解释，致力于从现实观察中寻找证据、提出理论。其中的代表人物，就是德国百科全书式的人物阿格里柯拉（Georgius Agricola，1494—1555）。他对矿物知识的最大贡献，是把矿物学从神秘的经院哲学中解放出来，强调研究应该建立在实际观察的基础之上。他在被誉为欧洲矿物学开山之作的《矿冶全书》（又译作《论金属》）的序言中写道："我们用眼睛观察事物，用感官把握事物，比单纯用推理的方法更容易把握其本质所在。"

阿格里柯拉在大学学习过哲学、医学和自然科学。他在中学担任过校长并讲授希腊文和拉丁文，还做过医生。他一生写了二三十本著作，内容涉及采矿、冶金、宗教、医学和语言，其中多本著作与矿物知识有关，如《冶金问答》《论地下矿藏的源地和成因》《论化石的性质》《古今冶金概述》《论地下水和气体》等。他关于矿物知识的代表作是1556年出版的《矿冶全书》。书中认为，地下循环流动的浆液在一定的条件下能够把各种物质转变为石头。这种解释从现代科学的角度来看并不准确，但是在当时却是进步，因为这个理论是建立在实地调查的基础之上的。

阿格里柯拉曾经在德国西南边陲的弗莱堡生活，附近有欧洲中部的采矿冶金中心，于是他经常到那里实地调查。与此同时，他还查阅了大量关于采矿冶金技术的文献。《矿冶全书》共十二卷，附有近300幅精美的插图。书中不但总结了从罗马时代起一千多年间的欧洲采矿冶金知识，汇总了矿石、岩石、金属等600余种物质，还对寻找矿脉、探矿、选矿，以及从矿石中冶炼金属、分离和鉴别各种金属的方法，甚至经营管理等有系统的阐释。

《矿冶全书》是用拉丁文写成的。该书出版第二年就被译成德文，其后近百年中重印十几次，并被翻译为多种语言。在出版后近两百年中，一直是矿物学、采矿学和冶金学的百科全书。1621年，法国耶稣会士金尼阁（Nicolas Trigault，1577—1628）为了在华筹建图书馆，将筹集的7000多部著作带到中国，其中就有《矿冶全书》。德国传教士汤若望（Johann Adam Schall von Bell，1592—1666）以此书为底本进行了翻译，将其命名为“坤舆格致”。此书于1643年底刊出，但是李自成率军很快打入北京，明朝灭亡。兵荒马乱之中，此书没有引起中国人应有的注意。[①]

阿格里柯拉提倡的方法，完全建立在实际观察基础之上。这标志着矿物研究从思辨向实践的转向，也标志着矿物知识向矿物学的转向。遗憾的是，他的这种思想和方法在17世纪的欧洲并没有受到重视，人们仍旧对矿物的成因作着多种多样的臆想和推测。直到18世纪，德国地质学家维尔纳（A. G. Werner，1750—1817）十分推崇阿格里柯拉的理论和方法，称他为“矿物学之父”，从而使阿格里柯拉的思想和方法重新引起欧洲学界的重视。

第二节 “丝绸之路”

观测是地学研究的基本方法，通过观测人们才可以收集并掌握最原始、最真实的数据。在科学的野外考察方法建立之前，对于地球的观测主要是由旅行者完成的。这些旅行者或是商人，或是军人，或是僧侣和传教士。虽然出行的目的不是搜集数据，但是他们撰写的游记真实可信。早期的游记是地理著作的重要组成部分，它们扩大了人们的视野，奠定了丰富的资料基础，从而推动了人文地球的进步。17世纪之前，连接东西方的“丝绸之路”便成为扩大域外知识的重要通道。

“丝绸之路”是东西方商业、文化和政治交往的通路。陆上通

① 关于《坤舆格致》译介过程及后来的命运，参见潘吉星：《阿格里柯拉的〈矿冶全书〉及其在明代中国的流传》，《自然科学史研究》1983年第1期。

道东起西安，经甘肃河西走廊到达新疆，再至西亚、南亚及地中海各国。早在公元前这条道路就已经存在，19 世纪末期欧洲人开始称其为“丝绸之路”。中国人直到 20 世纪 30 年代中期以后才普遍使用“丝路”的名称。

德国著名地理学家李希霍芬（Ferdinand Freiherr von Richthofen，1833—1905）是最早使用“丝绸之路”的人。他曾经游历东亚、东南亚诸国。1860—1862 年，他以地质学家和公使馆秘书的身份，随普鲁士政府组织的东亚考察团来到东亚、东南亚和南亚诸国。1868 年李希霍芬抵达上海，并在中国考察四年。他在上海洋商总会的支持下在中国作了七次野外考察，走遍了中国东部的多数省份。

从 1877 年开始，他先后出版了五卷本的《中国——亲身旅行的成果和以之为根据的研究》。这套巨著是他在中国四年实地考察的成果，不但在西方世界产生了重要的影响，也影响了中国早期的地质学家。他的学生斯文·赫定（Sven Hedin，1865—1952）评价此书“实于地理学史上开一新纪元”[①]。在该书第一卷中，李希霍芬将公元前 114 年至公元 127 年中国与西土耳其斯坦、西北印度取得联系、进行丝绸贸易的中亚交通道路，称为“丝绸之路”。斯文·赫定通过实地考察，以名为“丝绸之路”的畅销游记，让“丝路”的称谓被中国人熟知。

“丝绸之路”的名称出现之前的两千多年，中国人已经打通了这条商路，只是当时称之为“商道”。商人们通过这条道路到达塔克拉玛干沙漠边缘，购买新疆的玉石。据说玉门关就是因此得名。

① 斯文·赫定：《李希霍芬小传》，李玉林译，《地理杂志》1934 年第 4 期。

我们现在所说的“丝绸之路”包括两个部分：一是欧亚大陆北部的商路，也称为“陆上丝绸之路”；二是以南海为中心的中外海上贸易通道，又称为“海上丝绸之路”。后者形成于汉武帝之时，唐宋时期开始繁荣，也是连接东西方的古老海上航线。唐代中期以前，中外贸易主要通过陆路交往。后因战乱和经济重心的南移，海上贸易兴盛起来。于是当代学者仿照“陆上丝绸之路”的称谓，将其命名为“海上丝绸之路”。

丝绸之路也是东西方扩大域外知识的重要通道。它既是双方交流的载体，也是见证者。印度佛教通过它传入中国，大批僧侣在赴印度取经的同时，扩大了域外地理知识。通过这条通道，中国古代的发明创造传入欧洲；西方人则来到东方，在贸易与传教的同时了解了东方地理情况，也将欧洲的科学知识带到了中国。

西域与西洋

秦汉时期域外知识不断丰富，开始出现大量介绍国外地理的书籍。尤其是汉代张骞（？—前114）的西域“凿空之旅”，打通了连接欧亚大陆的陆上通道，中国人与欧洲和西南亚的交流开始增多。

小贴士

西域、西洋

西域是中国古人创造的一个概念，始见于《汉书·西域传》。是汉以后对玉门关、阳关以西地区的总称。19世纪末以后，西域一名逐渐废弃不用。

西洋是一个以中国为中心的概念，在不同的历史时期其含义并不相同。元代把现在的中国南海以西至印度洋一带的海洋和沿海地区称为西洋；明末清初开始，把大西洋两岸的欧美等国称为西洋。

——《辞海》

张骞出使西域是出于政治目的。当时蒙古高原上活跃的匈奴能征善战，这个游牧民族逐渐壮大，不仅控制了西域，还屡次进犯中原。汉武帝为了摆脱匈奴的军事威胁，派遣张骞出使西域，联络西域各国抗击匈奴。张骞的西行虽然没有达到政治目的，但是他带回的西域知识被司马迁（前 145—？）写入《史记·大宛列传》，这是中国最早的域外地理知识专篇。汉武帝时期通往西域的道路完全打通，张骞功不可没。这条被后人称为“丝绸之路”的东西通道，在增进东西方交流、扩大视野上发挥了重要作用。

汉武帝时期，在开拓陆上交通的同时，也大力发展南海航线。此时中国与东南亚诸国已经有了海上贸易，东汉时期和罗马之间也开始了海上往来。于是，此后关于东南亚诸国的著作开始增多，如《晋书·四夷传》《南齐书·东南夷传》《梁书·诸夷列传》等，都是对东南亚诸国的记录。中国人的地理视野，通过陆上和海上两条交通路线延展、扩大。

西汉末期通往西域的道路再次被匈奴切断。公元 73 年东汉班超（32—102）再次打通西域通道，并将这条路线延伸至罗马帝国。班超的儿子班勇（？—127）出生并长期生活在西域，他将自己在西域的见闻写成《西域记》，对西域诸国的道里方位、气候地形、风俗物产等作了详细的记录。此书被收入《后汉书·西域传》中得以留传。

通往西域的陆路开通之后，佛教传入中国。西行寻求经法的佛教徒增多，以公元 3—7 世纪尤盛。这个时期的域外地理知识主要来自佛教僧徒。这些知识多为他们的亲见亲闻，不但内容丰富，而且可信。其中最著名的当数东晋法显（334—420）的《佛国记》和唐代玄奘（602—664）的《大唐西域记》。

法显于公元5世纪初期由长安（今西安）出发，由陆路到达印度，后经海上回到中国。他历时十四年，游历了三十多个国家和地区。《佛国记》详细记录了作者所到之处的详细里程，以及河流、地貌、气候、植被等情况。此书不但是佛教经典著作，还为地理学界所重视。北魏郦道元（约470—527）《水经注》即征引此书，清末丁谦（1843—1919）详细研究此书并撰写了《佛国记地理考证》。

玄奘用了十八年赴印度取经，往返皆由陆路前往，因此对西域的环境观察细致。他回到长安后，历时一年完成了《大唐西域记》。全书十二卷，记录了一百多个国家的地理情况，记述最多的是各国的疆域、都城、山川地貌、植被、物产等。由于此书内容详实可信，受到了中外学者的关注。19世纪后期，此书先后被翻译成法文、英文和日文出版。

公元10—17世纪，经西域赴印度求法的僧人日渐增多。他们在完成外交使命和引进、翻译佛学经典的同时，撰写的旅行记录丰富了国人的域外知识。这个时期不但正史中的《外国列传》《外夷列传》中记有与中国交往国家的情况，大量的游记更是详实的域外地理著作。

佛教僧徒撰写的西域地理书籍多已失传，我们现在无法了解其全貌，这里仅以其中的一部推想其规模。公元10世纪，宋太祖赵匡胤曾派300余名僧人赴印度取经，其中的王继业在带回的佛经每一卷的后面，详细记载了他的具体行程。王继业将此经卷藏于其居住的四川峨眉山佛寺之中。公元1177年，南宋名臣、文学家范成大（1126—1193）在此游历时，发现了这部《西域行程记》并全文抄录，此文因被收入范成大的游记《吴船录》才得以留传。《西域行程记》也是现存宋代唯一一部记载印度地理的著作。

隋唐时期经济文化繁荣，吸引各国来华交往。唐宋以后尤其是明代，随着中外在商贸、教育、文化、物产等方面的交流增多，出使西域的使节也为中国人带来了大量域外知识。公元15世纪，位于今阿富汗附近的哈烈等国来华朝贡，明成祖朱棣（1360—1424）命陈诚（1365—1457）等人护送使臣回国。护送使团历经10个月，详细记录了西域诸国的地理情况。他们回朝以后撰写《使西域记》，记录了沿途见闻，呈献明成祖。长期以来，此书只有抄本流传，直到1934年北平图书馆得到《西域行程记》和《西域番国志》两个抄本，并将其刊行。前者记述行程道里，后者记述山川风俗，可能是《使西域记》分成的两个部分。

除了使臣和僧侣外，明代后期士大夫阶层旅游风气盛行，出现了大批游记著作。虽然士大夫们所寄情的山水多集中在中原一带，但其游历传统、记述风格和写作方式，对于域外地理著作的撰写产生了影响。

通过蒙古草原和中亚西北部沟通欧亚大陆的商贸通道，被人们称为“草原丝绸之路”。这条道路同经河西走廊通往西域的陆路一样久远，只是此路流传下来的地理著作不多，最著名的是《长春真人西游记》。北方的道教宗派全真教的“全真七子”之一邱处机（1148—1227），道号为长春真人。1221年他应成吉思汗之邀，带领门人李志常（1193—1256）等人出塞。他们先向东北方向经内蒙古东部到达黑龙江上游，再西行穿越蒙古高原北部、阿尔泰山北麓到达撒马尔罕，后向南到达今伊朗境内，四年后返回中国。李志常根据旅途见闻撰写了《长春真人西游记》。他们所行路线，与以往行者沿河西走廊出玉门关的路线不同。这条道路明清时期晋商行走最多，对草原丝绸之路的繁荣作出的贡献最大。《长春真人西游记》因是第一部描述这条道路的著作，而具有重要的价值。

宋元明时期海上交往频繁，出现了一批关于东南亚、西亚甚至东非国家的域外地理著作，如《岭外代答》《诸蕃志》《真腊风土记》《岛夷志略》。前两部著作分别是南宋周去非（1134—1189）和赵汝适（1170—1231），根据在中国南方为官时访问外国客商、翻阅国外地图收集的域外知识编撰而成。后两部著作分别为元朝周达观（约1266—1346）和汪大渊（1311—？）根据亲身见闻撰写而成。这些著作收录内容真实可信，记录了海上丝绸之路沿线诸国的地理情况。汪大渊被称为“东方马可·波罗”，《岛夷志略》描述了200多个他亲历的国家和地区的情况。

海上丝绸之路的兴盛，在明朝郑和（约1371—约1433）七下西洋时达到高峰。郑和之后，明朝开始了海禁政策，抑制了域外地理知识的发展。15世纪之后的中国，地理知识开始落后于西方。

西方人的东方游记

13世纪的元朝疆域辽阔，中国与欧洲陆路交通畅通，东西方交流频繁。此时地中海沿岸各国的贸易活动也进入昌盛时期，开拓新的贸易市场成为商人的梦想。在中国人通过陆路和海路前往欧洲、东南亚和非洲的同时，西方人也通过同样的路径来到中国。这个时期来华的西方人，主要是商人和基督教传教士。传教士的影响后文再叙，这里先谈来华商人，其中影响最大的就是意大利商人马可·波罗（Marco Polo，1254—1324）。

马可·波罗出生于意大利威尼斯的商人家庭，17岁即随父辈远行来到中国。他们经土耳其到达两河流域，再经伊朗高原、帕米尔高原进入新疆；入疆以后，经喀什沿天山南麓东行到达敦煌，再经河西走廊进入中原。1275年他们来到了元大都，即现在的北京。

马可·波罗在华居留17年并受到元朝皇帝的重用，作为朝廷的使臣广泛游历。他曾经游历了中国西北、西南、华北、华东和东南等广大地区，甚至受命出使东南亚各国。1292年他从福州的港口起航，经爪哇、苏门答腊、锡兰和印度南部到达波斯湾的港口。历经两年多，终于返回威尼斯。

1298年，马可·波罗参加威尼斯与热那亚之间的海战被俘，关在了热那亚的监狱里。他在那里遇到了同样被关押的比萨共和国的作家鲁斯蒂谦（Rustichello da Pisa，生卒年不详），并向他口述了在华的旅行经历。鲁斯蒂谦据此撰写了《马可·波罗游记》。

> **小贴士**
>
> **热那亚共和国**
>
> 热那亚共和国为大约在12—18世纪，意大利西北海岸的利古里亚地区的独立城邦。1798—1805年称为利古里亚共和国，1805年被拿破仑统治下的法国吞并。为了争夺海上霸权，热那亚经常与周边的威尼斯共和国（存在于9—18世纪）和意大利中部的比萨共和国（存在于11—15世纪）发生战争。

《马可·波罗游记》描述的地区，比欧洲人知道的世界整整大出一倍，故此书一经出版即引起了轰动，不但在意大利境内随处可见，还被翻译成多种文字广泛流传。全书共分四卷，记录了西亚、中亚和东南亚的很多国家和地区。尤其是对中国的记述，引起了欧洲人的兴趣。书中记录了华丽富贵的宫殿建筑、规模庞大的商业城市、四通八达的交通道路，提到了中国人以煤作为燃料，而当时的欧洲还很少用煤作为燃料。书中记述的许多内容，远远超出了欧洲人对亚洲的了解，因此也有人怀疑其真实性，这种质疑一直持续至今。

小贴士

《马可·波罗游记》第二卷第 41 章

对于西安府的描绘："这是一个大商业区，以它的制造业闻名遐迩。盛产生丝、金线织物和其他品种的丝绸……这里照样还能制造各种军需品。各类食品亦很丰富，并且售价适中。居民大部分是佛教徒，但也有一些基督教徒、土库曼族人和撒拉逊人。"

对于皇宫的描绘："王宫内外有许多泉源和小溪点缀着，此外还有一个瑰丽的花园，高墙环绕，上面筑有墙垛，方圆八公里，园中养着飞禽走兽，各类品种应有尽有，可以供给王家尽情娱乐。花园中央是这个宏伟王宫的所在地。构造整齐匀称，堂皇华丽的程度，简直无以复加。宫中有许多大理石砌成的殿堂和楼阁，装饰着图画、金箔，并配上最美的天蓝色。"

马可·波罗是否真正到过中国？虽然目前仍有争论，但是其游记对后来四百多年欧洲产生的巨大影响是不争的事实。现在《马可·波罗游记》已经有一百多种文字的译本，中文译本也达几十种。有学者甚至评价此书推动了文艺复兴、催生了地理大发现。该书的广泛传播激发了欧洲人对东方的向往，带动了欧洲的远洋航海，成为开拓亚洲贸易路线的指南。哥伦布就是带着《马可·波罗游记》开启了著名的远洋航行。欧洲人还根据书中的描述，绘制了早期的"世界地图"。

《马可·波罗游记》由意大利传教士利玛窦（Matteo Ricci，1552—1610）介绍到中国。19 世纪中后期，传教士所编的著作中多有对马可·波罗及其游记的介绍。游记的第一个中文译本，是由清末留学法国的魏易（1880—1930）于 1909 年开始翻译的。其中的部分章节先是逐日刊登在《京报》上，后于 1913 年由正蒙印书局全文出版，定名为"元代客卿马哥博罗游记"。

作为商人，马可·波罗对古希腊时期关于地球大小的估算、可居住区理论并不了解，更不会准确地测定方位。因此游记中记载的大量地名既没有具体的方位，很多也是根据当地居民的语言简单进行的音译，这也是后人怀疑其真实性的原因之一，也为后来的翻译带来了困难。民国时期，中国学者对《马可·波罗游记》的地名进行了考订。20 世纪 20 年代末期以后，游记的中文译本开始增多。如燕京大学图书馆出版了张星烺（1889—1951）翻译的《马哥孛罗游记》（1929；1937 年商务印书馆再版），上海亚东图书馆出版了李季（1892—1967）翻译的《马可波罗游记》（1936），商务印书馆出版了冯承钧（1887—1946）翻译的《马可·波罗行记》（1936；1947 年第三版；1954 年中华书局再版）。中华人民共和国成立后的第一个译本是 1981 年陈开俊等人翻译的《马可·波罗游记》（福建科学技术出版社）。20 世纪 90 年代中期以后，中文译本更加丰富多样。

马可·波罗去世时，生活在非洲北部摩洛哥的伊本·白图泰（Ibn Battuta，1304—约 1378）开始了向东的伟大旅行，并最终到达了中国。同《马可·波罗游记》把中国介绍到欧洲一样，《伊本·白图泰游记》则把中国介绍到了阿拉伯国家。

伊本·白图泰出生于穆斯林家庭，是世界著名的旅行家。他从 20 岁左右开始了长达三十年的游历生活，可能是 18 世纪以前旅行路程最长的西方人。伊本·白图泰会说阿拉伯语、突厥语、印地语和波斯语等多种语言，这为他广泛的游历奠定了基础。海上丝绸之路也为他的旅行提供了极大的便利。他曾经周游东非、中西非、地中海沿岸的欧洲、西亚、东南亚并到达中国。

根据《伊本·白图泰游记》的记述，1346 年他曾到中国并停留半年，先后到达泉州、广州、杭州等地，并沿京杭大运河到达北京。但后人怀疑书中关于北京的描述是根据传闻编写的，并非他本人亲眼所见，甚至有人怀疑他没有到过中国。书中对于中国的农业、工业、商业和先进的造船技术均有详细的记录，他尤其关注了在华的穆斯林的生活。

小贴士

《伊本 · 白图泰游记》对广州穆斯林生活的描述

“在该城的一区设有穆斯林镇。镇上有清真大寺、扎维耶和市场。镇上有一名推事和一名教长。中国的每一个村镇，凡涉及穆斯林的事宜，都必须向各镇的伊斯兰教教长请教，由推事作出公断。”

[《异境奇观：伊本 · 白图泰游记（全译本）》，海洋出版社，2008，第 544–545 页。]

与《马可 · 波罗游记》一出版即引起社会的广泛关注不同，《伊本 · 白图泰游记》因为是用阿拉伯语写成的，在其后的岁月中并没有在欧洲得到应有的重视。直到 19 世纪由德国人带往欧洲并译成德文，这才引起了欧洲人的重视并引发极大轰动。20 世纪初期，《伊本 · 白图泰游记》被介绍到中国。现在，这部游记已经成为研究中世纪地理、历史、文化、宗教、民俗、经济、社会、交通和外交的重要文献，被翻译成了几十种语言。

耶稣会传教士

在 16 世纪之前，中国的科学在世界上处于领先的地位。但是，文艺复兴运动促使欧洲科学逐渐从中世纪的低谷中走了出来，并快速进步。从 16 世纪末期开始，欧洲传教士陆续来华，中国的传统思想第一次与西方思想大规模相遇。而此时的欧洲科学已经逐渐超越中国，领先于世界。因此，来华传教士在传播科学知识方面发挥了重要的作用。

基督教从唐代即开始传入中国，元至明清时期欧洲人在华的传教几经起落。明清四百年间上万名传教士对于在华传播欧洲科学知识发挥了重要作用，其中影响最大的是耶稣会传教士。相比于过去的传教士，耶稣会传教士为了让中国人接受基督教义，通过为宫廷和社会修订历法、制造机械、测绘地图、行医制药、翻译著书等形式，传授西方先进的科学知识，以获得国人的好感、扩大在华的影响。

耶稣会士在华期间，也通过翻译中文著作、与罗马教廷通信和绘制地图等方式，把中国的地理知识介绍到了西方。此时正值地理大发现进入高潮，耶稣会士带往欧洲的中国地理情况，引起了欧洲人的兴趣，激发他们到达东方的渴望。

小贴士

耶稣会

基督教包括天主教、东正教和新教（又称耶稣教、基督教）三大派系。唐时传入的基督教称为“景教”；元时称为“也里可温教”，来华传教士多为欧洲天主教方济各会或多明我会修士；明末清初来华则多为耶稣会修士。耶稣会是16世纪创建于法国巴黎的、天主教最大的修会。耶稣会成立以后积极推进海外传教，派遣到中国的传教士最多，影响也最大。

耶稣会士在华测绘了大量世界地图，在中国社会产生了较大的影响。其中最负盛名的就是利玛窦。他于1582年来到中国，是耶稣会传教士的先驱。为了更好地传教，他在带来圣母像的同时，还带来了欧洲人绘制的世界地图、地球仪、星盘、三棱镜和西方的科学著作。看到中国人对世界地图兴趣浓厚，他就绘制了很多世界地图，并在空白处撰写说明文字（即“贴说”），从而把地圆说、五大洲、气候带和欧洲人掌握的世界地理知识介绍到中国。这种以传播科学知识辅助在华传教的传统，影响了其后的耶稣会士。

利玛窦之后的耶稣会士，均带来了大量的科学著作，并在传教的同时把这些著作翻译成中文。据统计，明末清初翻译的科技类著作就有一百余种。前文介绍的德国人阿格里柯拉的《矿冶全书》(中文本名为“坤舆格致”),便是其中之一。继汉隋唐宋的佛学经典翻译高潮之后,明清时期的科学翻译是中国历史上的第二次翻译高潮,而这次翻译高潮是直接由传教士推动的。

在绘制地图之外,耶稣会士多结合中国人的需求翻译科学著作。意大利传教士龙华民(Nicolas Longobardi,1559—1654)于1597年来到中国。他在华居住了58年,直到去世。1624年,北京周边连续发生五六级的大地震。龙华民在北京教堂的图书馆中找到了有关地震的著作,并把它翻译成中文,命名为“地震解”。两年后北京再次发生地震,于是他刻印了该书。书中以对话的形式介绍了地震的成因、震级和地震预兆等知识。这些知识并不完全正确,却是第一次向中国人科学地解释地震现象。

耶稣会士来华之后,积极与中国的士大夫交流,以赢得他们的信任、支持,并吸引他们入教。意大利传教士熊三拔(Sabatino de Ursis,1575—1620)于1606年来华,在华传教约15年后卒于澳门。他与徐光启(1562—1633)合作翻译了《泰西水法》,书中记录了农田水利及工具。为了让中国人更好地理解书中的内容,他们并不是照译原文,而是结合中国已有的水利工具,一边翻译西方著作,一边照图制造仪器。在对所造仪器进行测试的基础之上,把具体方法写入书中。由此可见,传教士并非为翻译而翻译,他们的工作具有明确的目的性。

意大利传教士艾儒略(Giulio Aleni,1582—1649)于1610年来华,1649年在福州逝世。他在华39年中出版了二十多本著作,涉及天文历法、地理、地图、数学等。他编著的《职方外纪》于1623年刊印,此书根据利玛窦的《坤舆万国全图》和庞迪我(Diego de

Pantoja，1571—1618）、熊三拔对该图的贴说修改增补而成，是明末传入的第一本世界地理著作。全书首先介绍亚、欧、非、美、南极五洲的情况，然后介绍各国的风土民情、气候物产，最后是介绍四大洋的总论，是清末以前中国人了解世界的主要著作。艾儒略还于1637年刊印了《西方问答》，介绍欧洲地理知识，但此书似乎没有引起中国人的兴趣。

比利时传教士南怀仁（Ferdinand Verbiest，1623—1688）于1658年来华。他在华传教30年，在北京去世。他撰写的地理著作较多，有《御览西方要纪》《坤舆图说》《坤舆外纪》和《坤舆格致略说》等。南怀仁所撰著作虽然丰富，但大多不是他个人的创作，而是抄录其他传教士的著作。例如1674年刊印的《坤舆图说》中，关于五大洲的知识主要取材于艾儒略的《职方外纪》。而《坤舆外纪》基本上是《坤舆图说》的简编，《御览西方要纪》基本节录艾儒略的《西方问答》……与《西方问答》的命运不同，《西方要纪》流传甚广，影响很大。

耶稣会士的地理著作，大多是为了满足中国人的需求而作，其目的是更好地传教，因此他们认为这些著作并非个人的作品，而是耶稣会士的集体成果，是传教的途径或者工具。因此大量抄录别人的著作就在情理之中。他们的努力，争取到了一些士大夫的支持，但是更多的官僚学者对这些地理著作仍然持怀疑的态度。一些中国人认为，这些著作所述内容没有一点能够被中国的史书所印证，是不能接受的。

直到18世纪前期，中国社会仍然处于相对稳定的繁盛时期，国人没有兴趣去验证传教士带来的新地理知识。除了天文历法和地图绘制等因传教士的影响有所改变以外，关于地球的知识仍然延续着传统的舆地之学。而同时期的欧洲已经进入变革时代，在地理大发现和科学革命的推动下，人文地球的科学时代即将来临。

第三节 “未知”与“已知”

人文地球知识的积累和进步，是在不断地深入未知世界、把未知世界变成已知世界的过程中逐步实现的。但是“未知”是一个相对的概念，东方是西方的“未知”，西方同样也是东方的“未知”。对于未知的世界，人类从来没有停止过探索的脚步。在各自的探索过程中，东西方相遇了。

15 世纪东西方都开始了大规模的远洋航行。此时的中国，在航海规模、造船技术和地理知识方面领先于世界，并在此基础上开启了郑和航海的伟大壮举。稍后的欧洲，也开始了寻找到达东方新航路的远洋航行，并成为引领地球知识进步的曙光。

郑和七下西洋

随着造船技术水平的提高和对海上季风规律的认识，中国人从秦汉时期开始了出使西洋的航行。西汉的远洋船队已经驶出马六甲海峡，到达了印度半岛的南端。唐宋时期积极推动航海贸易，所造海船无论是坚固程度还是载重吨位，均在世界上遥遥领先。中国的航船不仅遍及东南亚和南亚，最远还到达了波斯湾沿岸和东非一带的广大区域。福建泉州成为当时世界上最大的贸易港口之一。明代开始，政府对民间航海贸易采取海禁政策，代之以官办的“厚往薄来”的贸易和航海政策。郑和七下西洋在这种背景下开始了。

1405 年至 1433 年的二十八年间，明成祖朱棣派遣郑和率领庞大的船队七次出使西洋，从而把古代的航海事业推向顶峰。郑和船队规模最大时由 63 艘宝船，以及大小马船、粮船、座船、战船等组成，船队人员最多时有两万七千人。其规模之大、技术之先进，在世界航海史上是空前的。同时，郑和航海也是中国古代航海事业的转折点，此后便由盛转衰，最终为西方世界所超越。

郑和本是朱棣身边的内宫太监。原姓马，为回族人，郑姓为皇帝所赐。从 1405 年开始，他率领船队经中南半岛、马来半岛沿岸，穿过马六甲海峡进入印度洋。郑和的七次航行基本上是以印度西南部的海上交通要塞——古里为界，分为前三次和后四次两个阶段。前三次航行以东印度洋为中心，活动范围在东南亚和南亚；后四次航行向西开辟了很多新航路，到达了西亚和东非沿海，最远到达马达加斯加。这些航线与海上丝绸之路基本重合，郑和先后访问过三十多个国家和地区，开拓了中国人的域外地理视野。随着他在第七次远航中病逝于途中，大规模的远航事业就此终结，中国社会也进入了长达三百年的闭关自守状态。

现在学者对于郑和出使西洋的目的说法不一。多数学者认同郑和航海主要是出于政治目的，即传播中华文明，把先进的科学技术带到亚非一带；打击海上倭寇，保证东南沿海的航行安全和地区稳定；与亚非各国建立友好的外交关系；寻找被朱棣推翻的、下落不明的建文帝；等等。但也有学者指出，当时蒙古人占据西北、中亚地区，隔断了中国人通往西域的陆路交通，航海就是为了打通到欧洲的海上通道。

学者们争论较多的，是航海的经济效益问题。有学者认为除了政治目的以外，七次远航与所经各国开展了经济贸易活动，具有一定的经济意义。如开通了通往非洲的海上贸易通道，扩大了海外贸易的范围。但从明代开始，也有人认为七次航海向来入不敷出，这种不考虑盈亏的“朝贡贸易”带来的是沉重的经济负担。

由于郑和航海涉及政治、经济、军事、文化、交通、外交等方方面面，限于篇幅这里不能展开讨论，我们还是把重点放在这七次航海的人文地球意义上。

郑和航海的原始资料多已散失。明代茅元仪（1594—1640）收集历代兵书两千余种编辑而成《武备志》。书中收录有《自宝船厂开船从龙江关出水直抵外国诸番图》。经后人研究认定，这就是郑和所用之图，于是改称其为“郑和航海图”，这是世界上现存最早的航海图集。《郑和航海图》沿袭山水画的绘图风格，对沿岸地形地物采用写实绘制的方法，并附以文字说明。《郑和航海图》绘有一百余条针路，涉及五百余个地名，以及沿岸和近海的基本情况。图上标明了针位和航程，使其成为最早、最详细的海图。《郑和航海图》对于岛屿、浅滩、礁石、水道、水深、海底情况和港口等均有明确的标注。虽然在绘图技术上没有重大突破，但从内容的详细程度和应用角度来看，是中国古代航海制图学的进步。

小贴士

针路

“针路”是中国人的航海发明。宋代的远洋航行中就有了针路的设计。古代航海主要依靠指南针确定方位，所以航行路线又叫作“针路”。记载航海的专著就被称作“针经”或“针谱”。

《郑和航海图》（局部）

郑和的随行人员写有很多域外地理著作。目前所知共有四部，马欢的《瀛涯胜览》、费信的《星槎胜览》、巩珍的《西洋番国志》和匡愚的《华夷胜览》，其中前三部著作流传至今，最后一部只保存有序言，从中可以了解书中的内容。马欢和费信在船队中主要负责翻译和交流。前者参与过三次航行，后者参与过四次。巩珍是郑和的幕僚，曾经参与第七次远洋航行。目前流传下来的三本著作在内容和篇章设置上相近，巩珍的著作在序言中记录了过洋牵星术和水罗盘定向等内容。牵星术又称天文航海术，是根据天上的恒星位置及其与海平面之间的角度来确定船舶的位置和航行方向。因为郑和时代使用了指南针，牵星术只是辅助航行的手段。郑和航海之后，还有一些域外著作相继出版，但多是根据传闻编撰而成。

哥伦布远航与地理大发现

在中国航海事业随着郑和时代的结束开始衰落后，欧洲开启了地理大发现时代。在传播基督教和寻找东方的贵金属及香料的目标推动下，欧洲的远洋航行开始兴盛。葡萄牙、西班牙、荷兰、英国等国航船，相继沿着印度洋与太平洋的航路向东远航。

欧洲远洋航海事业的开拓，是由一系列人物历时百年完成的。这里不再一一罗列航海时代的群英谱，仅从他们中最为著名、读者耳熟能详的三位说起。这三位分别是意大利航海家哥伦布、葡萄牙航海家麦哲伦（Fernando de Magallanes，1480—1521）和达·伽马（Vasco da Gama，约 1469—1524）。三人都创造过“第一”：哥伦布率领的船队第一次尝试向西航行赴亚洲探险，并发现了美洲大陆；麦哲伦本人虽然在远航中遇难，但他率领的船队第一次完成了环球航行；达·伽马率领的船队第一次绕过好望角到达印度洋。

哥伦布时代，造船技术和航海技术有了进步。指南针的使用、对洋流和风带运动规律的认识，促进了远洋航行。此时通往东方的陆上通道，因兴起于土耳其一带的奥斯曼帝国被阻断；红海一带的海上通道为阿拉伯人垄断，欧洲人急需寻找通往东方的新路线。发现新的海路成为唯一的希望。欧洲人相信地球是个球体，一直向西航行可以到达东方。更为重要的是，欧洲人接受了古希腊学者波西多尼斯计算出的、比真实地球小很多的数据。这就导致哥伦布坚信，向西航行能够到达东方，而且这条新航路并不遥远。

为了准备横渡大西洋的航行，哥伦布遍读地理书籍，托勒密的《地理学导论》以及《马可·波罗游记》是他反复研读并随身携带的重要参考书。1492 年，他在西班牙统治者的资助下，率领 90 名水手驾驶 3 艘航船横渡大西洋，到达了巴哈马群岛、古巴和海地。1493 年，哥伦布再次出发。他率领的船队开辟了一条从大西洋中部横渡大洋的往返航线，这是连接欧洲和美洲路程较近、具有航行价值的航线。1498 年哥伦布第三次向西航行时，达·伽马也开始了前往印度的首次航行。不过达·伽马是一直向南，计划绕过非洲南端的好望角进入印度洋。而哥伦布则率领船队继续向西南方向航行，然后横渡大西洋到达了南美洲的特立尼达岛。1502 年是哥伦布最后一次向西航行，这一次他选择的是第二次航行所走的较短的航线，并抵达了中美洲、南美洲大陆沿岸地带。

哥伦布直到去世都坚信到达了亚洲的东部，但是更多的欧洲地理学家相信，地球要比波西多尼斯计算出的结果大很多。1501 年，意大利商人亚美利哥·威斯普奇（Amerigo Vespucci，1454—1512）在葡萄牙人的资助下到达巴西海岸，并宣布发现了新大陆。现在的美洲，就是用他的名字命名的。此后，越来越多的欧洲人到达了这个“新大陆”的东岸，并在那里进行了二十多年的测绘。

哥伦布结束航行十多年以后，麦哲伦在西班牙人的支持下再次向西航行，并最终向南绕过了现在以他的名字命名的麦哲伦海峡，到达关岛。船队到达菲律宾以后，麦哲伦在一次与当地原住民的战争中被杀。其余船员则在横渡印度洋、绕过非洲南端后最终回到了欧洲。麦哲伦领导的船队出发时共有五条航船和两百多名船员，返回时仅剩下了一条航船和十几名船员。这个装备并不精良的船队，完成了人类历史上的首次环球航行。当年完成这项壮举历时近三年，而现在坐飞机环绕地球一圈，只需要不到两天的时间，历史就是这样飞速发展着。

哥伦布时代，远洋航行成为经常性的活动，欧洲出现了众多的航海家。持续不断的航海活动使欧洲人逐渐了解海陆分布和陆地的轮廓，带动了地理知识的进步。在开拓新贸易路线的过程中，世界各地的地理信息大量涌入欧洲。于是欧洲人开始分析、研究海量的讯息，并尝试着用科学的方法进行归纳。不断增加的新地理资料，也促使新的世界地图不断涌现。与此同时，地图绘制技术也因远洋航行的推动得以提高。

哥伦布在航行过程中，发现指南针并不总是指向北方，其偏差大小与经度有关，这是人类首次明确发现磁偏角。我们现在都知道，地球表面任何地点的磁子午圈与地理子午圈之间有个夹角，这就是磁偏角。就是说，地磁的南北极和地理的南北极并不重合。为了验证磁偏角的存在，1699—1700 年间，英国天文学家爱德蒙 · 哈雷（Edmond Halley，1656—1742）进行了一次长距离的海上航行，并制成了第一幅大西洋磁偏角的等值线图。所谓等值线，就是图中每条曲线经过的点，磁偏角的数值都是相同的。等值线的出现在地图学史上意义重大，今天我们看到的地形图中的等高线、天气图中的等气压线，都是受到了哈雷磁偏角等值线图的启发。

小贴士

哈雷及哈雷彗星

英国天文学家爱德蒙 · 哈雷最广为人知的成就，是利用牛顿定律预测了彗星的运动，成功预言了彗星回归的时间，那颗彗星就是我们现在所称的“哈雷彗星”。但是哈雷的贡献并不局限于天文学。他在地理学、气象学、数学和物理学领域也取得了巨大的成就。

梁启超之问

自清朝末年中国人开始“睁眼看世界”，中西方的比较就成为一种思潮。中国人对于欧洲的故事并不陌生，对哥伦布的航海故事更是耳熟能详。早在20世纪初期，中国的教科书和通俗读物中就有对哥伦布的介绍，1908年商务印书馆出版的《哥伦布》创下了连续发行12版的纪录。

1904年，近代维新派的代表人物梁启超（1873—1929）以“中国之新民”的笔名，在他创办的《新民丛报》上发表了《祖国大航海家郑和传》。他在文章的最后谈到：

> 郑君之初航海，当哥仑布[①]发现亚美利加以前六十余年，当维哥达嘉马[②]发现印度新航路以前七十余年。顾何以哥氏维氏之绩能使全世界划然开一新纪元，而郑君之烈随郑君之没以具逝……哥仑布以后有无量数之哥仑布，维哥达嘉马以后有无量数之维哥达嘉马，而我则郑和以后竟无第二之郑和。

同是发生于15世纪，同样是大规模的远洋航行，影响却截然不同。“梁启超之问”令中国人深思，因此在评价郑和航海事业时，中国学者经常将其与同时代的西方作比较，这已经成为历史学领域的重要话题之一。

自梁启超之后，对郑和航海进行研究以及将其与哥伦布进行比较的历史学家日渐增多，尤其是20世纪80年代中期开始，关于郑和航海的研究文献和纪念活动更加活跃。学界不但定期组织学术和纪念活动，成立了专门的研究会并出版了期刊，还有学者呼吁建立“郑和学”。历史学家对于中西方两次大规模航海，从造船技术、船队规模，到航线及在航海史上的地位多有比较。但是学者之间观点

① 即哥伦布。

② 即达·伽马。

各异，至今没有形成定论。

与欧洲的几次远洋航行相比，郑和组织的船队规模之大、航行次数之多、时间之早均已证明中国远洋航行技术遥遥领先于世界，但是郑和航海终因耗资巨大而无力持续。《郑和航海图》是中国古代最早、最详细的海图，但是在绘图技术上没有新的突破。而七次航行所带来的西洋知识，也没有推动中国地理知识的进步。而哥伦布等人的远洋航行，不但给欧洲带去了巨大的经济利益，也验证了球形大地说，让欧洲人掌握了洋流与风带的规律、摸清了世界大陆的分布、发现了磁偏角，从而改变了人们对世界的认知。于是西方学者多把始于哥伦布、达·伽马，持续了三百年的欧洲远洋航行时期称为“地理大发现时代”。

谁先发现美洲？

哥伦布发现美洲，这是欧洲长期盛行的观点，这个观点在 18 世纪受到了挑战。法国汉学家德经（Joseph de Guignes，1721—1800）指出，中国古籍中记载的扶桑即墨西哥，公元 5 世纪末中国僧人已经到达那里。此后，欧洲史学界就谁先到达美洲这个问题一直存在着争论，有些学者不赞同扶桑国就是北美洲的墨西哥。从 20 世纪二三十年代开始，中国学者也参与到这场争论中。直到现在，随着对文献、地图和考古资料的不断发现和研究的深入，谁先发现美洲的争论不但没有停止，反而观点更加多样。

在谁先发现美洲这个问题上，学者之间观点各异，但他们并没有受到所在国的影响。欧洲人有支持哥伦布发现说的，也有支持中国人发现说的；中国学者也一样，两种观点都有支持者，也有反对者。但是对于“地理大发现”这个概念的使用，则存在着明显的国别倾向。

1492年哥伦布横渡大西洋后发现美洲、1498年达·伽马到达印度南部，这两次航行被西方世界称为“地理大发现”的开始。哥伦布等人一直被西方人称为“地理大发现的先行者”，中国学者则一度不接受把哥伦布等欧洲航海家的航海活动称为“地理大发现”，认为这个概念带有明显的西方中心论色彩。

中国人的反对观点在国际上影响最大的，是1964年的“北京科学讨论会”。历史地理学家侯仁之在会上作了题为“在所谓新航路的发现以前中国与东非之间的海上交通”的报告[①]。他指出：“随着欧洲殖民势力的扩张，这种观点几乎被传布到世界各地。其实，无论是哥伦布的成就或是达·伽马的成就，只有从欧洲的局部观点来看的时候，才能在某种意义上被认作是一种‘发现’。如果把这一观点引用于其他地方，或扩大到世界的范围，那显然是错误的。……欧洲一些人所盛加称道的到东方来的新航路就是这样被‘发现’了。但是从亚洲和非洲人民看来，这既不能被认为是新航路，自然也就很难说是‘发现’了。因为这一航路的每一段，都已经为亚非航海家所航行过，而且已经明确载入史册。”

小贴士

北京科学讨论会

1964年8月在北京召开。这是中华人民共和国成立后第一次承办的大规模国际科学讨论会。来自亚洲、非洲、拉丁美洲、大洋洲44个国家和地区的367人参加了会议。各国科学家分别在理、工、农、医、政治、法律、经济、教育、语言与文学、哲学与历史等学科组中宣读论文。从会议的筹备到最后结束，《人民日报》《解放军报》《光明日报》等报纸发表了大量的消息、介绍和社论。这次会议也引起了国际学术界的重视。

---

① 侯仁之：《在所谓新航路的发现以前中国与东非之间的海上交通》，《科学通报》1964年第11期。

东方与西方的“全球”

欧洲人和中国人在努力探索未知世界的过程中相遇了。这些先行者并非地理学家，他们的目的也不是获取域外的知识。但是在人文地球的历史上，他们成为这个时期的主角。随着大量信息的涌入，世界地理面貌逐渐清晰起来，人们第一次在描述大地的时候有了全球的视野和参照系。当然，此时东西方的交融仍然有限，双方有着各自独立的思想体系和人文地球容貌。

在中国人眼里，人文地球仍然在平面上延展着。远方的图景逐渐清晰，欧洲文明走进了中国人的视野，但并没有改变中国位居世界中心的观念。在千百年来连续、稳定的知识积累之上，中国人形成了自己的叙事传统。域外地理著作在数量上不断增加、地域上不断扩展，但是描述的方式没有改变。

明末清初，一些具有先进思想的中国学者开始睁眼看世界。欧洲地理知识陆续传入中国，当然只有那些能够纳入本地传统知识体系的内容才被接受。球形大地观虽然被部分士大夫所了解，但是并没有动摇中国传统的知识体系和描述世界的方法。

明清之际开始有学者提倡究“天人之故”，即研究自然规律。明代地理学家徐霞客（1587—1641），其足迹遍及今21个省区，记录沿途观察到的自然现象、人文地理、动植物状况，被称为“千古奇人”。徐霞客同时代或稍晚些的顾炎武（1613—1682）、刘继庄（1648—1695）等一批主张经世致用的学者身体力行，走出书斋，通过实地考察研究自然界的现象，并希望对社会有所贡献。然而时代的局限使他们的努力后继无人。这样的有识之士在18世纪以前的中国不算多，他们的力量无法扭转传统治学方法的惯性。新的思想虽已萌芽，但缺乏强大的推动力。传统地理学还在进步，但速度缓慢，最终被后来居上的欧洲超越了。

走出“黑暗时代”的欧洲，五大洲的轮廓逐渐清晰，世界地图上的空白地带吸引着探险家去填补。地理大发现之后，欧洲出现了一批世界地理著作，对新发现的地区进行资料的归纳成为一项重要的内容。16 世纪，德国学者塞巴斯蒂安·明斯特尔（Sebastian Münster，1488—1552）雇用了 120 多位作者、用了 18 年时间编撰了描述世界的著作《宇宙志》。据说这项工作严格遵循古罗马学者斯特拉波《地理学》的描述传统。尽管《宇宙志》并没有充分吸收新的世界知识，但在其后一百多年的时间里，它一直被当作世界地理的权威著作，影响广泛。

随着世界地理知识的扩展，对于具体现象的罗列式描述因为信息量过大而超出了人们的能力限度。此时提出抽象的概念、建立普适的法则显得十分重要。显然，古希腊时代的传统已经无法满足时代需求。欧洲人开始寻找新的方法来描述和解释他们理解的世界，人文地球的科学时代即将来临。

/ 第三章 /

视觉符号

地图被认为是继语言文字和音乐绘画之后，人类的第三种交流方式。面对复杂的自然环境，它常常比语言文字传达的信息更加直观、全面和准确。虽然直到 20 世纪初期，地图学才成为独立的学科，但是人类绘图的历史几乎与人类文明的历史一样久远。

在文字发明以前，人类就开始绘制地图，那时候只是画出人们看到的各种景象。随着知识逐渐丰富、空间不断扩大，地图中开始包含了想象的空间。我们现在看到的最早的世界地图，是公元前 500 年左右古巴比伦人绘制在黏土板上的地图和古希腊人绘制的爱奥尼亚世界地图。这两类图中世界的形象是一样的：圆形的陆地被周围的海洋包围着，各大洲之间由海洋与河流分隔开来。它们展示的是早期人类对地球的想象，是一种解释世界的方式，其内容具有主观性特点。

在古代，人类将客观存在的位置、地形、城市等要素描绘在图上，但同时被绘进去的还有人类的主观思想。采用近代投影技术绘制以后，人们开始追求地图的客观性和科学性，希望它是真实世界的反映。实际上，基于人类的认识水平和地缘政治与文化的影响，地图的内容至今都难以摆脱人类的主观意愿。地图上充斥着对世界秩序和空间秩序的构建、对地理空间的人为划分，以及对未知地理要素的想象。可见从诞生之日开始，地图就与地域、空间、权力、政治、文化、生活密不可分。

第一节 计里画方

世界上不同的文化、不同的民族、不同的地域，都有着各自的审美视角和绘图方法。在众多文明国度之中，中国古代的绘图技术长期处于领先水平，直到明末清初才慢慢落后于西方世界。随着传教士传入西方测绘技术，中国开始采用新的方法测量经纬度和绘制地图。清初开展的全国大地测量，推动了中国地图绘制的进步。18世纪基于实地测绘的全国地图，绘制水平仍然处于世界的前列。直到19世纪，欧洲世界地图涉及中国的部分仍然需要参考中国的测绘成果。

绘制地图需要借助测量工具。孟子曾说："不以规矩，不能成方圆。"准、绳、规、矩，便是中国人最早使用的测绘工具。此外，圭表和司南是早期测定方向的主要工具。但是随着地域疆界越来越大，借用工具或者步数的直接测量方法无法满足绘制的需求，在对距离、高度、深度、宽度等地理要素无法直接测量的情况下，如何进行间接测量？如何在有限的平面上绘制辽阔的地域并保证其准确性？如何用符号表示地形地物？中国古人经过长期的探索，用自己的方法巧妙地解决了这些问题。

测算"高、深、广、远"的应用题

中国测绘的起源很早。在汉唐时代画像中，华夏民族的人文始祖和创世女神——伏羲和女娲手中分别拿着规和矩，即测绘中使用的圆规和曲尺，这被看作是中国古代最早的测绘证据。地图在中国古代是国家权力的象征，荆轲刺秦王的故事，讲的就是燕国以献督亢（今河北固安、易县一带）地图为诱饵才得以面见秦王。战国时期各诸侯国均有图籍，并有专门管理的官员。先秦时期地图种类繁多且应用广泛，因此文献中的相关记载也很丰富。可惜连年战乱，早期的地图多已佚失。

1986年在甘肃天水放马滩秦墓中出土的、绘制在松木板上的七幅图，是目前所见最早的地图。据考证，放马滩地图绘制于战国后期，距今已有近2300年的历史。图上绘制的区域是战国晚期秦国所属邦县，位置在现在的天水市一带。该图用形象符号绘制了河流、山脉、森林、道路、居民点等内容，并有文字标注，有些地方还标注了道里数字。后人通过对其所绘水系的分析，认定其走向与位置大体准确，说明该图是按照一定的比例尺绘制的。

1973年长沙马王堆汉墓出土的三幅图，绘制方法与放马滩图类似。绘制时间虽然略晚，但距今也有2100多年的历史。而且马王堆图是绘制在帛上面的，其中一幅为地形图，图上绘制的地区是现在的湖南、广东和广西三省交界地带的情况。图中用闭合的山形线表示山脉的位置、轮廓和延伸方向。今人推测此图的比例尺约为1∶18万。从图形符号的设计与分类和制图技术来看，汉代已经有了初步的绘图原则。另一幅驻军图则采用了彩绘的方法，用红色表示布防位置、防区界线、军事要塞、峰隧点等军事要素；用青色绘制河流、山脉；军事营地用黑红两色双线勾绘。第三幅表示城邑的地图也是彩色绘制。

放马滩和马王堆两种地图上，都没有注明比例尺和图例等内容，也没有介绍测量的方法。那么，在勘测技术不发达的古代，如何测得距离和高度？我们在中国古代的“算经十书”中找到了答案。

小贴士

算经十书

唐代国子监设置了算学馆，从事数学教育。算学馆主要学习十部著作：《周髀算经》《九章算术》《孙子算经》《五曹算经》《夏侯阳算经》《张邱建算经》《海岛算经》《五经算数》《缀术》和《缉古算经》。这些都是几百年间中国的数学经典著作，自唐代开始作为数学教科书。为了满足教学的需要，唐高宗命令李淳风（602—670）等人注释十部数学书，后世将其通称为“算经十书”。

中国古代数学以计算和解决实际问题见长，因此很多数学著作中都能找到解决距离和高度问题的间接测量法和计算面积的方法。《周髀》（唐代改名为“周髀算经”）约成书于公元前1世纪，是我国最早的天文数学著作，书中记载有勾股测量的方法。我们都知道勾股定理：直角三角形的两条直角边的平方之和等于斜边的平方。中国古代称直角三角形为勾股形，两条直角边中较短者为勾，较长者为股，斜边为弦。《周髀算经》中记载了利用两个相似直角三角形对应边成比例的关系测量高度和距离的“勾股测量”方法：借助测量工具——矩（曲尺），它的两条边之间的夹角是直角，在其中的一条边上量取长度为3，另一条边量取长度为4，那么斜边的长度必然是5。这种“勾三股四弦五”的测量与计算办法简单易懂，便于操作而且准确。

经过数百年的发展，人们在生产实践中通过数学方法解决了包括测量在内的很多实际问题。解决这些问题的数学方法大多记录于公元1世纪成书的《九章算术》一书中。此书是中国现存最古老的数学著作，它奠定了中国古代数学的基本框架。书中有246道应用题，按照解题方法和应用范围分为九章，其中的第九章《勾股》，巧妙应用相似三角形的对应边成比例这一数学原理，给出了利用勾股定理测量计算“高、深、广、远”等问题的方法。

刘徽（约225—约295）是中国古代数学理论的奠基性人物。在给《九章算术》作注时增加了他撰写的一章，名为“重差”。因《重差》第一个问题讲的是测量海岛的高度和距离的方法，后人将此章单独印行时改名为“海岛算经”。此书专门介绍测量目的物高度和距离的方法，是中国古代影响久远的测算著作。书中详细介绍了重差测量的理论和方法：借助矩、表、绳等简单的测量工具，根据不同地点测量到的数据，借用相似勾股形的比例性质推演出相应的数值，再套用重差公式得出高度和距离的具体数字。重差测量法在很长时期内是古代测量的基本方法，又经历代学者补充修订，为古人从直接测量（用脚步丈量或者用尺丈量）到间接测算的转变奠定了基础。直到明末清初，重差测量法仍在使用。

制图六体：古代地图的绘制原则

在测绘和计算中得到的距离和高度，如何在地图上准确地表现出来？这就需要制定绘图原则。三国时期国家分裂、战争频繁，战争、分封和均田都需要借助地图，但是在动荡的社会环境中无法开展测绘工作，于是各诸侯国多是通过搜集旧图以解燃眉之急。三国之后建立的西晋王朝出现了暂时的统一局面，使绘制新图成为可能。而且战争期间全国的行政地域不断调整、地名频繁变更，也需要新的地图。

西晋时期的裴秀（224—271）曾经佐理国家军政事务，有机会接触到大量地图。他发现各种旧图标注方法差异很大、绘图方法粗陋、错误很多，而且历史上地名变化较大，需要一种能够反映地名变化的新图。裴秀决定组织人力重新编绘。经过多年的努力，他主持编制成《禹贡地域图》，共18幅。图集中所采用的古今地名对照的标注方法对后世影响较大，因此它不但是中国最早的历史地图集，也成为后世的范本。

《禹贡地域图》没能流传至今，但是裴秀在该图集序言中提出的“制图六体”理论，在其后产生了深远的影响。制图六体包括“分率”（比例尺）、“准望”（方位）、“道里”（道路里程）、“高下”（地势高低）、“方邪”（角度）、“迂直”（弯曲度）六个方面。前三项是绘制地图的基础，后三项侧重校正地势的差异。六者之间既相互联系，又相互制约。在裴秀之前，中国古代绘图一直缺乏统一的原则。“制图六体”提出了地图绘制的理论与规范，直到明末清初欧洲测绘技术传入中国之前，一直是中国地图绘制的重要原则。

通过“制图六体”可以确定各个地标的空间关系，但是如何将这些关系准确地呈现在一张平面图上呢？这便产生出“计里画方”之法，即在图上画出由多条平行的横线和竖线构成的、距离相等的方格网，每一方格的边长代表相应的实地里数。绘制方格网的目的就是使图形正确缩小尺寸，按照一定比例绘制地图。“制图六体”是中国传统制图理论的重要原则和依据，“计里画方”则是依据该原则的基本操作方法。

自从采用“计里画方”后，制图的精确度大为提高。唐代贾耽（730—805）就依据“制图六体”、采用“计里画方”，历时十几年主持完成了《海内华夷图》。此图以一寸折百里（比例尺相当于1∶180万）绘制，涉及的地域范围除了唐代管辖的疆域政区外，还包括周边邻国的部分地区。为了展示地名的历史变迁，图上以黑色表示古地名，以红色表示当时的地名。这种彩绘方式既可以直观展示地理形势，又记录有历史变迁，因简单明了为后世效仿。直到民国时期，历史地图的绘制仍然借鉴了这种方法。《海内华夷图》已经失传，但我们通过宋代参照该图缩制的《华夷图》和《禹迹图》可以看到传统制图原则的应用。

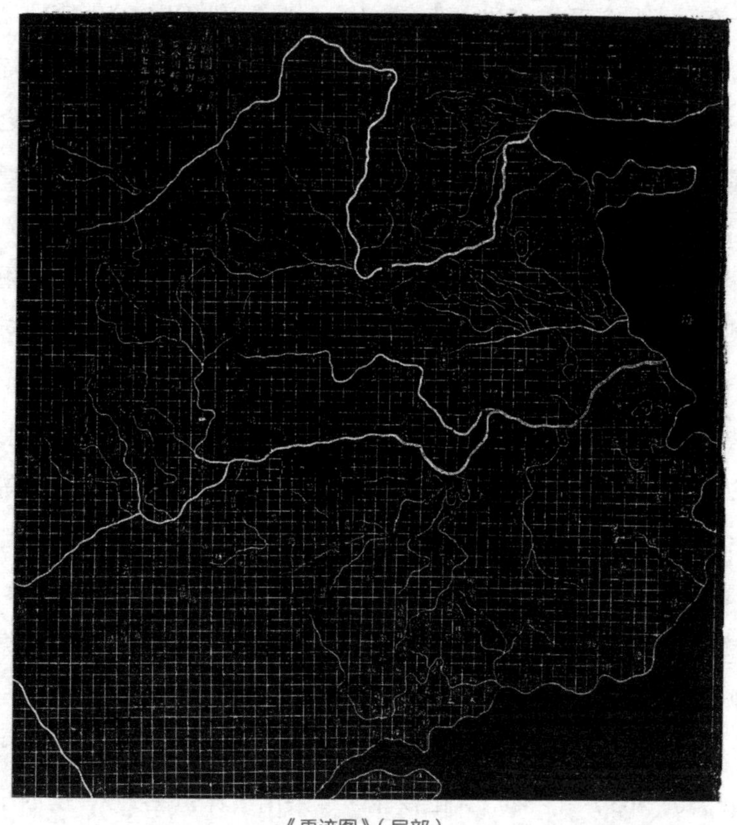

《禹迹图》（局部）

古代地图大多绘制在帛和纸上，不易保存，所以多已失传。宋代以后兴起石刻地图，一些雕刻在石碑或石崖上的地图留存至今。我们现在能够看到的六幅宋代的石刻地图，包括了保存在西安碑林中的《华夷图》和《禹迹图》，前者为中外地图，后者为本国图。《禹迹图》采用了“计里画方”的办法，是现存最早的采用方格网绘制的，也是宋代石刻中唯一画有方格的地图。该图每方折地百里（比例尺约为1∶150万），山川形势绘制的精确度较高，反映了宋代的地理全貌。

因为是现存最早采用“计里画方”法绘制的地图，很多学者都研究过《禹迹图》的精确性。意见当然不完全一样，但多数还是肯定了该图的准确性，认为除了因知识的欠缺没有画出辽东半岛以外，图中的河流布局和整体的海岸形势接近实际情况。方格网的绘制方法虽然有一定的变形，但有学者计算出其最大的变形小于27%，在可接受的范围内。

四海测验

要保证地图的准确性，除了需要绘制理论和方法的改进外，更需要依据大规模的实地勘测数据。唐代之前由于连年战乱，无法进行较大规模的实地测量。唐代的统一繁盛为全国测绘提供了保障，相应的历史人物也应运而生。

僧人一行（俗名张遂，683—727）曾经应唐玄宗的要求改撰历法，为了使新编的历法在全国各地都可以使用，一行组织了一次大规模的实地测量。为了便于测量，他制造了一种叫作“复矩”的仪器，利用这种仪器可以简便地观测出天体的高度角。他在唐代疆域范围之内，北到今蒙古乌兰巴托西南，南至今越南的中部，共选择了十三个地点，以测量北极的高度和冬夏至、春秋分太阳在正南方时日影的长度。十三个地点中，在河南平原一带选取的四个地点基本上在同一条经线上。由于这一带地势平坦，他们对这四个点之间的距离进行了实测，并在此基础上组织绘制了《山河分野图》，这是一种将天文和地理相结合的特殊地图。一行组织测量的目的在于修订天文历法，对中国古代地图的绘制影响有限。但是他组织的大规模测量，是世界历史上第一次对地球经线的实地测量。通过实测数据，一行否定了历史上的"日影一寸，地差千里"的错误理论，提供了较为准确的地球子午线一度弧的长度。

经线的长度是地理学、大地测量学的重要常数，因此测量结果具有重要的科学意义。同时期的欧洲人对于经线长度的推测，还是依据商队或者船队提供的数据估测而得，没有建立在实测的基础上。

中国古代天文、数学理论的发展，为地图测绘奠定了基础。与此同时，随着经验的积累，测绘仪器也在不断改进和完善。到了宋代，测量仪器已经有了水准仪、望标、望筒、指南针、罗盘等。宋元时期稳定的社会环境使大规模的地形测量得以进行。沈括在《梦溪笔谈》中记载，他主持勘测汴渠时，采用分层筑堰的水准测量方法实测了从开封到泗州淮口的地势高差。他绘制的《天下州县图》（又称《守令图》）就是参考汉代以后的地理资料，并结合实测绘制而成。全套地图包括全国总图和各地区分图 20 幅，历时 12 年得以完成。沈括在改进指南针的使用方法后，发现指南针的方向是微偏东，并非正南方向，这是最早关于磁偏角的描述。直到四百年后哥伦布航海时，欧洲人才发现了磁偏角。

元代郭守敬（1231—1316）在负责河工水利时，曾经在黄河中游地区测量地形地势。后来为了编制《授时历》，又组织在元朝疆域内开展了规模空前的"四海测验"。他主持的实地测量，东起朝鲜半岛，西至河西走廊，南达四川和云南一带，北到西伯利亚，共设置了二十多个观测点。测量内容之多、地域之广、精度之高、参加人员之众都是空前的。在实测过程中，郭守敬以沿海平面作为水准测量的基准面以建立统一的高程，首创了“海拔高程”的概念。遗憾的是，这个对大地测量和制图有重大意义的概念，没有用于改进地图的绘制工作。郭守敬组织四海测验的目的，仍然是编制历法。因为历法是“君权神授”的“天命”的象征，因此“观象授时”就成为历代帝王统治的首要政治任务。

考图观史

地图绘制难度大，而且不易保存。经过岁月的侵蚀和战火的摧残，大量中国古代地图佚失，未能留存至今。但是制图的原则和方法世代传承。这与中国古代千百年来延续下来的、中国文人特有的面对客观世界的思维方式和学术传承的模式密切相关。

中国古代文人在绘图过程中，广泛搜集和研读各种古代地图，从内容到绘制方法均加以研读和评判，并在此基础之上融会贯通，加入最新的地理信息和自身的经验总结。这种博学广闻、考图观史的传统，使中国绘图技术得以延续并发展。因此中国古代的绘图传统独成一体，虽经千年的战乱和社会变革，却有着根本的精神链接。

经过长期的积累与实践，中国传统制图技术在元明时期达到高峰，出现了一大批图集形式的政区图。每一次技术的进步，都是建立在前人的经验与工作的基础上的提升。从元代朱思本（1273—？）绘制的《舆地图》到明代罗洪先（1504—1564）绘制的《广舆图》，很好地反映出中国传统地图的渐进式发展。

朱思本广猎中国古代地图，他对宋代的《禹迹图》和《建安混一六合郡邑图》均有深入的研究。通过实地勘测和与古图对比，朱思本发现古图错误很多，于是决定绘制新图。他以“计里画方”作为基础，经过十年的努力，绘制出了以中国为主体、兼及周边地区的《舆地图》。遗憾的是此图后来佚失，未能保存至今。但明代罗洪先在《舆地图》的基础上增扩改绘成的《广舆图》，不但为后世保存了《舆地图》的精华，而且在此基础上进一步升华。

罗洪先考图观史、广猎天文地理著作，对于礼乐典章、军事政治、水利测绘均有探索。在看到朱思本的《舆地图》后，他决定收集补充资料绘制新图，于是用了十多年的时间绘制而成《广舆图》。此图继承了“计里画方”的绘制法，按照网格分幅编绘成由 45 幅图组成的图集。《广舆图》还因为最早使用图例引起了后人的重视，图中用 24 种符号代表山川、道路、疆界、城府等。把符号引入地图是绘制史上的又一进步，它使中国古代地图最终脱离了象形图像的绘制传统。在前人基础上的创新，使《广舆图》对其后两百多年的制图产生了深远的影响。直到西方测绘技术传入，中国的测绘传统才发生了根本的转变。

第二节　构建世界

地图的进步有赖于两点，一是地理信息的充实，二是绘图技术的进步。欧洲人的远洋航海使世界大陆的轮廓逐渐清晰。继大航海之后，人类也开始了大规模的陆地探险与测绘，从而充实了各地的地理知识。随着已知空间的不断扩大，如何把球面上的地点绘制到平面图上，成为迫切需要解决的问题。与此同时，人类活动的空间越来越大，对于地图准确性的要求也越来越高。精准测量球面上的各点，并把它们绘制在平面图上，依赖于技术和方法的进步。

16世纪的欧洲，测绘技术在废弃T–O地图、修正托勒密地图、创造制图投影法、寻找本初子午线等一系列的变革中，进入了新的阶段。17世纪末期绘制仪器日益精良，测绘事业在欧洲蓬勃发展。随着投影技术的不断改良，新的世界地图开始涌现。18世纪末期，除了南、北两极和中亚地区，世界主要大陆均已覆盖了探险家的足迹，精确世界地图的绘制水到渠成。然而，无论科学技术如何进步，时至今日，我们利用的每一幅地图仍然是在“构建世界，而非复制世界”[①]，其中既有技术水平的限制，也有政治、文化甚至商业利益的影响。

小贴士

T–O地图

T–O地图是中世纪欧洲流行的、用简单的几何形状来示意整个世界的地图。当时流行的宗教观点认为，上帝创造了一个圆形的世界，并用一横一纵的T形水域将世界划分为三个部分，即亚洲、欧洲和非洲。由于天堂位于世界的最东方，所以亚洲被置于T形的上方，左下方为欧洲，右下方为非洲，图的中心是基督教的圣地耶路撒冷。T–O地图没有实际应用价值，只是一种宗教符号。

影响欧洲一千余年的托勒密

用地图描绘世界的想法最早起源于哲学，古希腊哲学家通过绘制地图解释他们所理解的世界。随着航海事业的发展和人类活动空间的扩大，想要前往亚洲，哲学和宗教解释世界的地图显然无法利用。已知世界在迅速扩大，欧洲人开始走向更远的地方，为航海和

① [美]丹尼斯·伍德：《地图的力量：使过去与未来现形》，王志弘、李根芳、魏庆嘉等译，中国社会科学出版社，2000，中文版序。

远行提供可用之图的需求越来越迫切。恰在此时，古希腊罗马地理学集大成者托勒密绘制的世界地图，再次引起了欧洲人的注意。

中世纪的欧洲仿佛得了健忘症，古希腊罗马时期的辉煌成就被忘得一干二净，托勒密也没能逃此厄运。好在阿拉伯世界翻译了托勒密的《地理学导论》，此书又从阿拉伯文译成希腊文，14 世纪再从希腊文译成拉丁文，并最终为欧洲人再次发现。在知识的接力传播中，难以摹绘的托勒密地图未能进入拉丁文世界，但是托勒密的球形大地观和制图投影法的文字描述却得以留传。

托勒密在《地理学导论》中，简单介绍了地球仪的制作要领。受此影响，欧洲在 15 世纪前后出现了地球仪。留存至今的最早的地球仪，是由德国航海家、地理学家贝海姆（Martin Behaim，1459—1507）于 1492—1494 年间制造的，至今它还保存在德国的博物馆里。地球仪上写着："世界是圆的，可以航行到任何地方。"

保留至今的世界上最早的地球仪

贝海姆之前的欧洲人已经开始制造地球仪，可惜没有留传至今。我们从贝海姆制造的地球仪上，可以分析出 15 世纪末期欧洲人的地理观念。地球仪标注的主要内容源自托勒密的《地理学导论》，上面的非洲部分基本上是根据托勒密的地理知识绘制的。地球仪还标注了欧洲人了解的新地理信息：非洲沿岸的部分情况来自葡萄牙航海者带回的最新消息，东亚和东南亚的信息源自《马可·波罗游记》…… 这个地球仪实际上是新、旧知识的混合体：古希腊对世界的猜想、中世纪的地理思想、航海与探险带回的新知识 …… 不同时代的信息综合在一起，展现在贝海姆的地球仪上，成为 15 世纪欧洲的人文地球图景。

在拥有准确的平面地图之前，地球仪可以很好地解决方位问题。贝海姆地球仪制成之时，哥伦布到达了新大陆。但那时候的欧洲人还不知道美洲，因此这个地球仪上也就没有美洲。贝海姆之后，欧洲出现了大量的地球仪，而且销路很好。王室成员把它作为王权的象征，王公大臣把它作为贵族身份的装饰，平民百姓用它满足对世界的好奇心 …… 为了满足大众的需求，16 世纪以后的欧洲还出现了直径小于 10 厘米的小型地球仪，可见地球仪在欧洲具有实用性。18—19 世纪的英国，袖珍地球仪已经十分流行了。

1477 年，《托勒密地图集》在罗马印刷出版，书中第一幅就是世界地图。托勒密强调经纬线的作用，在《地理学导论》中他列出了 8000 多个地方的经纬度。为了使球面上的经纬线能够在平面上绘制出来，他把赤道划分为 360 度，每度经距为 80 千米。托勒密把假想中的幸运岛（Fortunate Island）所在经线作为 0 度经线，从而把经纬线绘成简单的扇形，这就是著名的《托勒密地图》。

为了把三维地球表面的经纬线转换到二维的纸质平面上，托勒密采用了简单的圆锥投影法，即纬线转换为同心圆的圆弧，经线转换为圆的半径，两经线夹角与实地相应的经差成正比。这种方法被称为“托勒密地图投影法”，因为绘制出来的图像呈扇形，又被称为“扇形投影法”。

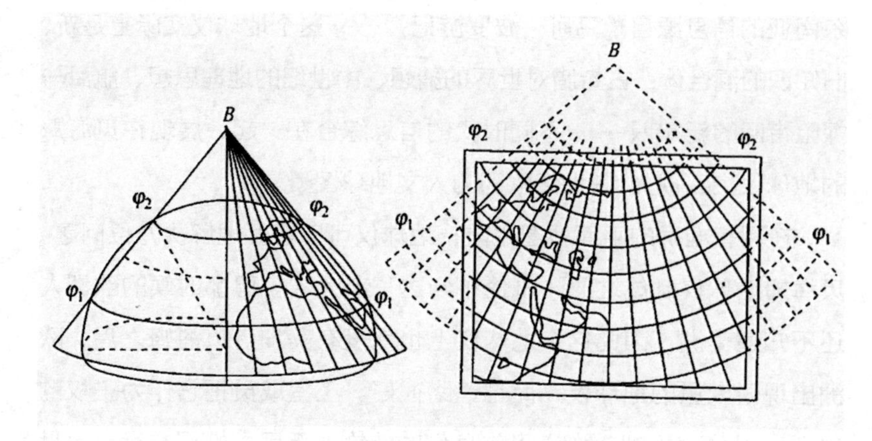

圆锥投影示意图

投影法就是利用一定的数学方法把地球表面的经纬线转换到平面上，因此在平面上的图像肯定会有变形的部分。在托勒密的圆锥投影中，只有地球与圆锥相切的那条纬线没有变形，这条纬线被称为标准纬线，距离标准纬线越远，变形就会越大。托勒密绘制的世界地图在欧洲部分变形还小，但是南半球的非洲轮廓已经发生了很大的扭曲。尽管如此，在没有更好的替代办法之前，托勒密地图投影法在欧洲被使用了一千多年。

在托勒密的影响下，中世纪欧洲出现了一批世界地图。这些图不断收集最新的地理信息、修正托勒密的错误，使绘制更加准确。其中最著名的就是《毛罗地图》，这是意大利制图家弗拉·毛罗（Fra Mauro，15 世纪）在 1457—1459 年间绘制完成的一幅平面为圆形的世界地图。这张图的外形虽然沿袭了中世纪的传统圆形框架，但图中的信息要准确很多。这是因为，葡萄牙王子为了绘制一幅大型专业的世界航海图，不但出资委托毛罗绘图，而且向他提供了葡萄牙获得的最新地理信息。

毛罗完成的地图涵盖了当时全部已知世界，地理信息要比托勒密的更加准确。更为重要的是，其宗教色彩较淡，较少用动物和人物图案填充空白地带，耶路撒冷也没有被放在中心位置。由于《毛罗地图》从形式上突破了宗教地图的格式，因此被称为是中世纪地图学的里程碑。当然毛罗在缺乏地理信息的地区依然延续了托勒密的错误，例如把南非一带和东南亚半岛连接在一起，使印度洋成为一个内海。虽然毛罗送到葡萄牙的原件未能留传下来，但他的助手在毛罗去世以后绘制的复制品保留至今。

制图技术的突破，首先出现在对制图技术要求最高的航海上。水手们一开始使用托勒密地图导航，但很快发现其错误太多，无法利用。于是，13 世纪以后的意大利首先出现了以实用为目的的海图。由于罗盘的出现，在海图上绘制方位变得容易。于是海图被画成圆形，圆周被等分为 16 份，从各等分点放射出许多方位线。

早期的海图上绘有精致的罗盘针（风向玫瑰图）以表示方向。这种由“罗盘线”绘制的海图有比例尺，但不考虑球面坐标，只根据各地的位置、方向和距离绘制。由于早期航行的地域主要在地中海，纬度跨度不大，误差相对较小，因此这种海图普遍为水手们使用。随着航海事业的发展，地中海一带的海岸线轮廓逐渐准确，人们改良了这种海图，不仅从地图周边的 16 个等分点发出放射线，也开始从图中的一些地点绘制出放射线，这些放射状的直线形成交错的网络。这些线网虽然不像经纬线那样可以准确地标出具体的地点，水手们却能根据图上的线条来确定罗盘的方位。

航海业的迅猛发展呼唤着位置准确、具有应用价值的海图出现。绘图产业在获取丰厚利润的同时，也催生了一批优秀的制图家，

欧洲中世纪的海图

进而使越来越多的优秀世界地图不断面世。16世纪，墨卡托（G. Mercator，1512—1594）用长方形投影代替了托勒密的扇形投影，这种改进不但为航海业提供了可以使用的精确地图，而且人文地球的形象也彻底改变了。

❁ 墨卡托投影

回顾任何一项事业，我们都可以列出一长串的英雄人物，欧洲绘图事业也是如此。从意大利的威尼斯和热那亚，到德国的纽伦堡，再到荷兰的阿姆斯特丹……这些地方从15世纪开始，因先后出现了一批著名的制图家而成为欧洲的制图中心。这些制图家为了印制出更加准确而精美的地图，通过各种渠道收集世界各地的最新地理资料，同时也在寻找新的绘图方法代替托勒密的投影法。

墨卡托就是其中的杰出代表。他创建的正轴等角圆柱投影法，结束了托勒密的绘图传统。但是作为制图家，1538年墨卡托绘制的第一幅图仍然受到托勒密的影响。只是他改良了托勒密的圆锥投影，制作出了第一幅双心形世界地图。由于心形图的经纬线均是曲线，无法判断距离和方向，而且图的周边地区变形较大，因此没有广泛应用。只是由于其美丽的外形，一直为现代人津津乐道。

墨卡托考虑设计全新的方法。1569年，他用正轴等角圆柱投影的办法绘制了一幅世界地图。这种方法把图纸卷成圆柱形包裹地球仪，圆柱的轴心与地球仪轴心一致。如果在地球仪的中心安放一个灯泡，那么地球仪上的经纬线就会投影到圆柱面上。展开圆柱面以后就会发现，经纬线全部是互相垂直的直线，且经线之间的间距相等。这种办法使整个世界保持着正确的方位，在图上任何地点都能够确定正南、正北的方向。

问题也同时出现了：这种投影使高纬度地区纬线变长、面积变大。在墨卡托地图上，格陵兰岛看上去跟比它面积大13倍的非洲一样大，俄罗斯看上去也比南美洲的面积更加辽阔。但是问题不难解决，面积变大的倍数，可以用三角函数表查出。在墨卡托投影的地图上，虽然面积发生了变形，但是角度没有变形，罗盘方向可以用直线来表示，所以受到了航海家的欢迎。从17世纪初期开始，墨卡托投影取代了其他方法，成为航海图使用的唯一投影方法并一直沿用到现在。这种地图被广泛应用于交通、军事和地质学研究。

墨卡托时代，欧洲各国的殖民地主要在低纬度地区和非洲，与托勒密投影相比，这些地区用墨卡托投影最接近实际。虽然中纬度地区的面积略有夸大，但这样可以使位于中纬度的欧洲各国看起来不那么狭小，因此墨卡托地图大受欧洲人的欢迎。随着民族主义的崛起，开始有人反对使用墨卡托投影，认为它带有殖民主义色彩。现在联合国的一些组织和美国的中小学就选择了保证面积准确的高尔一彼得斯投影。但是，我们在享受这种投影带来的好处时，也必须正视其问题，即各洲形状的失真。高尔一彼得斯投影不利于专业研究，但为地缘政治学家所推崇。

任何一种投影法都会出现某种方式的扭曲。要么保证角度准确，以尽量确保在图上可以展示出各大洲的真实轮廓；要么就尽量保证绘制区域的面积更接近真实情况。不要小看这种失真。冷战时期欧洲人根据传统的世界地图，曾经担心一旦美、苏发生核战争，导弹会经过欧洲的上空。20世纪70年代出现了一种以北极为中心的地图绘制方式，这才消除了欧洲人的担心。世界地图的不同形式对青年一代世界观的影响，引起了社会的广泛重视。

小贴士

冷战

这是1947—1991年间，以美国为首的北大西洋公约组织和以苏联为首的华沙条约组织之间的政治、经济、军事斗争。双方虽然分歧严重，但都尽量避免第三次世界大战的爆发。双方的对抗表现为局部代理战争、科技和军备竞赛、外交竞争等多种“冷”的方式，因此称为“冷战”。

地图的用途不同，对扭曲度的要求也不一样。因此，直到今天，绘制中仍然会采取不同的投影方法，以保留某些地理属性而牺牲其他属性。墨卡托之后，兰伯特（J. H. Lambert，1728—1777）、欧拉（Leonhard Euler，1707—1783）、拉格朗日（Joseph-Louis Lagrange，1736—1813）先后提出了等角圆锥、等积方位、等积圆柱等多种投影方法。据统计，19 世纪的一百年间，人们提出了 50 多种新方法，这个数字是 18 世纪的三倍多。

第二次世界大战以后，世界的地形图测制基本上形成了以苏、美为首的两个阵营、两大体系：一个是以苏联为首，采用高斯—克吕格投影；一个是以美国为首，采用横墨卡托投影。两大阵营的选择，都是为了打起仗来便于指挥作战。两个阵营为实现内部的统一，都各自组织，并多次召开会议。目前世界上使用的投影法有上百种，我国大中比例尺地图，使用最多的是高斯—克吕格投影，也即“等角横切椭圆柱投影”。

晚年的墨卡托，开始考虑把世界地图划分成不同的图幅，汇集成册出版。于是着手把他毕生收集到的地图编制成为世界地图集。他用古希腊神话中的擎天大力神阿特拉斯（Atlas）命名他的地图集，并作为卷首插图。后人就用“阿特拉斯”（Atlas）表示地图集，至今英文中 Atlas 的含义仍然如此，其实阿特拉斯手中托举的球体是天球而非地球。

印刷术在欧洲的兴起、投影技术的进步和航海业的推动，使制图在欧洲有了巨大的商业利润。西班牙和葡萄牙为了垄断航海图，曾经采取严格的保密措施。15 世纪以后，绘制和出售地图成为一项利润丰厚的新兴产业。地图被大批量地印刷并且出售，这也促使欧洲出现了一批著名的制图商。

墨卡托去世后，他出版于1595年的图集铜版卖给了荷兰阿姆斯特丹的制图商约道库斯·洪迪乌斯（Jodocus Hondius，1563—1612）。他在墨卡托作品的基础上，根据新的地理资料增加了很多新图，其中有几张由他亲自绘制。这个被命名为“世界地图集”的墨卡托—洪迪乌斯地图集在1606年出版发行后，很快在欧洲大陆畅销。此后为了使用方便，洪迪乌斯出版了大约50个版本的小型图册。由于价格便宜且便于携带，这些图册在欧洲广为流行。

洪迪乌斯去世后，他的儿子亨利克斯·洪迪乌斯（Henricus Hondius，1597—1651）和女婿杰森努斯（Jan Janssonius，1588—1664）接手了公司。杰森努斯出版了《新地图集》，这是一套三卷本、包含三百余幅图的图集，按照墨卡托投影法绘制而成。亨利克斯·洪迪乌斯与另一位制图商合作，出版了《墨卡托—洪迪乌斯地图集》，后来这部图集也被重新命名为“新地图集”，并出版了十一卷。

制图商的目的是获取利润，他们会关注诸如投影方法、绘制技术和装帧设计方面的改进，但是在获取准确地理信息时较少依靠实地测量。制图商通过收集私人绘图手稿、其他国家绘制的地图和已经出版的旧图来更新和充实他们的新图。因为大规模的实地勘测没有丰厚的利润回报，制图商很少依靠实地测绘收集准确的信息，这也不是他们的力量能够完成的。测绘事业的进步还需要国家强有力的支持。

起点在哪儿？

现在的地图和地球仪上都画有经纬线，以确定位置和方向。经纬线是人为设定的，是人类为了确定地点和测量制图假设出来的辅助线。早在古希腊时期，人们就知道了经纬线，并尝试着测定和计算各地的经纬度，及在图上画出简略的线条。

纬度容易测算，通过测算太阳的影长、北极星的高度角等方法都能测定。纬度的起点也容易找到，我们都知道赤道的纬线圈最大，纬度相应为 0 度，南北两极是 90 度。但是经度的测定要困难很多，起点也需要人为规定且被普遍接受。经度的起点问题，困扰了人类上千年。

测量经度的关键是需要知道两地之间的时间差。因为地球自转一圈是 360 度、24 小时，那么 1 小时就是 15 度。如果有准确的计时工具，那么当人们长途旅行到达新的地点时，只要知道出发地的时间和当地的时间差，就能计算出两地之间的经度差。这个看似简单的问题却难以解决，由于钟表制造技术的限制，在航海的过程中船上的时钟因海上颠簸、温度和湿度的变化时快时慢，无法得到准确的时间。船长们只能依据经验，通过分析图表、依靠指南针甚至运气来确定位置，因此在大海中迷失方向是大概率事件。直到 18 世纪，欧洲人才制造出可以在海上精准计时的钟表，准确的经度测定因此得以实现。

经线也称“子午线”，地球上每一条经线的长度都是相同的。从地理角度来看，地球上所有的经线没有差别。但毕竟经线是人为划定的，因此不同的经线也就有了不同的意义。15 世纪末期，西班牙和葡萄牙为了瓜分海外殖民地，经过罗马教皇、西班牙人亚历山大六世的协调，两国签订了瓜分“新世界”的协议——《托尔德西里亚斯条约》。协议中把现在亚速尔群岛和佛得角群岛以西约 550 千米的子午线作为分界线，分界线以西归西班牙、以东归葡萄牙。这条普通的经线被人为赋予了特殊的意义，称为“教皇子午线”。17 至 18 世纪，葡萄牙和西班牙的海上霸权逐渐衰落，英、法等新殖民主义国家开始崛起，“教皇子午线”最终被废弃。

0度经线被称为本初子午线。本初子午线是人为确定的，但是它对人类社会有着重要的意义，可以统一全球的经度和时间。那么经度的0度应该放在哪里？现在通过英国格林尼治天文台的本初子午线，是什么时候确定下来的？这既需要人为的确定，也需要全世界的共识。历史上世界各国出于本国利益的考虑，在此问题上长期争论不休，直到20世纪，问题才得以解决。

最早确定0度经线的是托勒密。他认为大西洋是世界的西部边缘，因此把那里作为经度的起点，于是把经度0度确定在了“幸运岛”上。这是托勒密假想的一个岛屿，大概在加那利群岛的西侧。因为托勒密的巨大影响，直到17世纪，欧洲很多国家还是选择加那利群岛所在经线作为本初子午线。可是加那利群岛不是一个点，那么具体选择经过群岛的哪个地点？各国采用的0度经线并不相同。这给远洋航行确定地点和时间带来了很大的困扰。

1634年，欧洲天文学家和数学家聚集于法国巴黎，开会商议找到一条各国都能接受的本初子午线。因为太难取得共识，会议最终还是决定以托勒密的幸运岛所在经线作为0度经线。17—18世纪，本初子午线的确定仍然十分混乱，很多国家从本国利益出发，以本国国都所在经线作为0度经线。英国的伦敦、法国的巴黎、俄国的圣彼得堡、希腊的雅典……很多城市所在的经线都曾经被确定为本初子午线。

1675年，英国格林尼治天文台建立，1713年成立了经纬部，1767年根据格林尼治天文台提供的数据绘制的《航海天文历》出版并广为流传。航海历中列有月距表，这使船舶在海上计算经度成为可能。因为水手大多使用这份航海历，很多海图和地图就把经过格林尼治天文台的经线作为本初子午线。

法国巴黎天文台也编制了《航海天文历》，但是不如英国人编制的天文历使用广泛。面对这样一个既成事实，19 世纪中叶美国和俄国纷纷宣布不再使用本国制定的航海天文历，而改用以经过格林尼治天文台的经线为本初子午线的航海天文历。于是统一本初子午线的呼声再起，但是各国仍然无法完全取得共识。各种起点的建议都有，甚至有人提出应该以埃及金字塔所在经线作为本初子午线。当然为了应用方便，越来越多的人认为应该以某个天文台所在的经线作为本初子午线。但那时法国和英国等欧洲国家都建立了天文台，以哪个国家的为准？大家各不相让。

小贴士

航海天文历

供航海人员观测天体，以决定船舰位置的专用历书。内容是反映航海常用天体运动规律的各种历表，用以测天定位、测罗经差及计算日月出没时刻等。

本初子午线的确定需要国际的共识。为了避免冲突和战争，19 世纪的欧洲人开始通过国际会议，协商解决争端。那时频繁召开各种国际会议，以至于有学者称 19 世纪是国际会议的世纪[①]。1871 年第一届国际地理大会在比利时的安特卫普召开，议题之一就是讨论本初子午线的位置，并建议航海图统一采用格林尼治天文台为经度起点。1883 年，在罗马召开的第七届国际大地测量会议上，与会代表认为本初子午线必须是通过一级天文台的子午线，既然多数航海家都是根据格林尼治天文台来计算经度，与会代表大多建议采用格林尼治天文台为世界经度的起点。但是，这个方案法国不接受。

① 张贵洪主编：《国际组织与国际关系》，浙江大学出版社，2004，第 33 页。

本初子午线的确定将为各国的生产生活带来便利。随着全球交往的增多，到了19世纪末期，确定统一的本初子午线已经迫在眉睫。此时在世界范围内掀起的标准化浪潮，进一步推动了本初子午线的最终确立。1884年在华盛顿召开了国际经度会议，这次会议是第一次关于时间系统国际标准的对话。会议最终宣布经过格林尼治天文台的经线为本初子午线，这个决定当时法国人没有接受。进入20世纪以后，格林尼治天文台本初子午线终于被世界各国接受，人文地球从此有了全世界统一的地理坐标。

小贴士

19世纪推动本初子午线确立的两个国际学术会议

国际地理大会：1871年欧洲地理学家在比利时发起召开了第一届国际地理大会。在举办了十届大会之后的1922年，为了规范国际大会的组织领导，成立了国际地理联合会，简称IGU。联合会成立以后，每四年主办一届大会。目前，国际地理大会已经成为全球地理学界规模最大、学术水平最高、影响力最强的国际会议。

国际大地测量会议：1864年德国建立了中欧弧度测量协会。因这项工作需要各国参与，协会成立的同时，在柏林举行了中欧弧度测量协会第一次会议。1867年因会员国已不限于中欧国家，遂改名为欧洲弧度测量协会。1886年为了扩大弧度测量，又改名为国际大地测量协会。此后每三年举行一次全体会议。1919年国际大地测量学和地球物理学联合会成立，国际大地测量协会遂成为它的下属组织。

第三节　国家制图

我们一直在讲人类对于地图的实用性与科学性的追求，讨论人类如何用自己的智慧去解决绘图的技术问题。其实除了实用性和科学性，地图还具有政治、文化和宗教等人文属性。宗教方面最为著名的，就是作为圣坛壁板装饰画的T-O地图。16世纪以后，宗教地图逐渐退出历史舞台，国家意识逐步增强，从而加速了基于实地勘测的国家测绘，地图的政治性更加凸显。国家地图的出现，将抽象的“国家”可视化了，由此推动了民众对国家的认同感。

❁ 传教士对明清测绘的影响

中国很早就开始了国家地图的测绘，并有专职人员和机构管理图籍。这种状况一直持续到明代，并延续着“制图六体”和“计里画方”的传统方法。明代末期制图技术开始落后于欧洲，正在此时欧洲传教士陆续来华，他们在传教的同时也在中欧之间架起了桥梁，推动了中西交流的浪潮。

利玛窦于16世纪末期来华，他是第一位把西方测绘技术和近代欧洲地图带到中国的西方人。更为重要的是，利玛窦在华的传教方式影响了他的后来者。面对传教士带来的西方世界地图，中国人从不解与抵制，到了解与接触，最终开始了接受与融通。这种进步为清朝初期采用西方技术进行全国范围的实地测绘奠定了基础。

利玛窦在华传教期间广泛结识士大夫，通过他们或者与他们合作译介西方科技知识。他借助翻译著作和绘制地图两个途径，将欧洲的先进技术传入中国。1607—1608年间，利玛窦与徐光启合译《测量法义》，介绍欧洲陆地测量知识。该书影响较大，曾经有七个版本流传于世。

为了翻译西方著作，利玛窦还创立了“西译中述”的翻译模式。即由西方传教士口译，中国士大夫笔记并润色。翻译过程中如果中国人遇到不懂之处还可以讨论，这种翻译方式一直持续到清代甲午战争之前。中西合译的模式不但能够快捷有效地将西方书籍译介到中国，而且经过中方合作者的润色，更利于中国人理解、接受并在社会上传播。《测量法义》就是其中一例。在翻译过程中，徐光启对这部译作有较大的改造并加入了自己的创见，因此易于中国人理解和接受。后来此书在流传和测量实践中，还不断被国人改进。

利玛窦最大的影响，还是他绘制的世界地图。他在来华途中和在华旅行期间，实测了所到之处的经纬度，用以修订欧洲地图中的错误。他把绘制的地图送往欧洲，并把欧洲的绘制技术介绍到中国，成为中西交流的桥梁。

在华二十余年中，利玛窦绘制了大量中文版世界地图，但只有《坤舆万国全图》和《两仪玄览图》留存至今，其中又以前者的地名和注释较为丰富。他于1602年绘制的《坤舆万国全图》采用地图投影方法，并绘制了经纬线。为了让中国人能够接受，利玛窦把中国放在了图的中央。虽然本初子午线仍然采用的是托勒密设定的幸运岛，但此图主要是为了满足中国人对世界面貌的好奇心，不是为了实际应用，本初子午线的意义没有引起国人的注意。图中的信息不但参考了西方的世界地图，也参考了中方的资料。他使用的中文译名（如亚洲、欧洲、大西洋、地中海等）以及地理概念（如地球、赤道和南北极等）一直沿用至今。

西方测绘技术经利玛窦等人传入中国以后，延续上千年的“计里画方”并没有消失，仍然被广泛应用。但是利玛窦等人已经使中国人意识到，要想绘制出精确的地图就必须借用西方的制图技术，实地测量各地的经纬度。

利用西方测绘方法开展全国测绘工作，是在清代康乾盛世完成的。康熙皇帝在与传教士接触的过程中，对大地测量产生了浓厚的兴趣。他每次出巡都会带上传教士和他们呈送的测量仪器，每到一地不但要亲自进行天文观测，还请传教士给他讲授西学。康熙皇帝在平定“三藩之乱”时发现了地图的重要作用，也注意到了中国传统绘制方法的缺陷。1689年中俄签订《尼布楚条约》时，他向充当翻译的法国传教士张诚（Jean-François Gerbillon，1654—1707）了解俄国使团的来华路线，于是张诚呈上了欧洲人绘制的、缺少详细中国信息的亚洲地图，并借此机会向康熙介绍了已有地图的缺点，这让康熙意识到准确测绘的重要性。

康熙皇帝身边有十几位传教士为其服务，尤以耶稣会士为多。他们来自法国、比利时、意大利、葡萄牙、奥地利、德国……其中以来自法国的传教士人数最多。但是想在全国范围内进行大规模的测绘，仍然缺乏足够的人才。为此，康熙派遣他的数学老师、法国耶稣会士白晋（Joachim Bouvet，1656—1730）回法国招募人才。

白晋回到法国的五六年中，招募了十几位精通天文地理、数学的人员来华。在此期间，在京的传教士在协助京师地区兴修水利的过程中进行了实地勘测，他们进呈的地图令康熙十分满意。1698年法国传教士巴多明（Dominique Parrenin，1665—1741）来华，他发现各省地图上很多地点的经纬度标注错误，并将此事上奏康熙皇帝，于是康熙决定用西方的先进方法进行实测。

1707年在白晋的主持下，首先在北京附近尝试用经纬度制图法绘制局部图。在与旧图比较之后，康熙决定从1708年开始全国范围的测绘，这项工作持续了近十年。主持测绘的传教士有十人，并有多位中国官员参与。他们首先对满洲（今东北三省）进行实测。这项为期三年的工作证明经纬度实测制图的精确程度，较之传统制图技术大为提高。于是，从1711年又开始了对华北、华南和西南等地区的实测。至 1718 年最终完成了除新疆和西藏以外的全国测量，并完成了关内十五省和关外蒙古各地的地图编制。

这些图由参与测绘的雷孝思（Jean-Baptiste Régis，1663—1738）和杜德美（Pierre Jartoux，1668—1720）审定后，杜德美把各处的分图整合成全国总图，康熙将其命名为“皇舆全览图”。李约瑟认为《皇舆全览图》是当时所有亚洲地图中最好的。这是中国第一部实测地图，涵盖了东部的辽阔地域。此图完成时，欧洲大规模的国家实测刚刚在个别国家启动。

康熙之后的雍正皇帝虽然没有组织大规模的实测，但是康熙时代的传教士仍多在清廷供职。雍正也十分重视地图，于是传教士和中方的绘图官员在康熙《皇舆全览图》的基础上，吸收中国各地和从欧洲获取的新资料，修订编绘成雍正《十排皇舆全图》。

因为倚重传教士绘制地图，所以此时存在的问题是对地方绘制的地图和方志资料利用不够。雍正时代中国绘图官员参与了更多的工作，图中的内容注记更加详细，地名也略有增加。可能也是因为中方绘图官员的参与，雍正地图吸收了传统的计里画方绘图方法，纵横直线正交，且等分成正方形，每方二百里，按纬度由北往南排列。

雍正《十排皇舆全图》与康熙《皇舆全览图》相比，绘制范围更大，自北冰洋至海南岛，东北临海，东南至台湾，西抵波罗的海里加湾。西方制图技术与中国测绘传统的并行，促使中国人思考并探索传统地图的出路和中西结合之途，雍正《十排皇舆全图》可以算作其中的尝试。此图绘制完成以后主要供雍正阅览，因此流传至今的较少。

乾隆时期逐步平定了新疆、西藏的叛乱，康熙在世时由于地方局势不稳而未能完成的实测部分得以继续。1781 年，新疆全境测绘工作结束，在此基础上编制了《皇舆西域图志》。1750 年在西藏叛乱平定后，开展了对西藏的实测并重新绘制了西藏地图。法国传教士蒋友仁（Michel Benoist，1715—1774）在康熙《皇舆全览图》的基础上增加了新疆和西藏的测绘资料，编制成《乾隆内府舆图》(即《乾隆十三排地图》)，最终完成了全国地图的测绘。

《皇舆全览图》和《乾隆内府舆图》都是先采用天文观测法测量一部分地点的经纬度，然后以天文观测地点为基点，采用三角测量推算其他地点的经纬度。这些工作主要由传教士主持完成。康熙、乾隆完成的实测地图成为后世的蓝本，令其后的各种版本的省区图集准确性大为提高。

此后中国的绘制技术再一次停滞不前。其中的原因十分复杂，最重要的是绘图技术的进步缺乏持续的推动力。清代两次大规模实测的目的是绘制准确的地图，一旦全国性测绘工作完成，就没有了改进的动力。绘制完成的全国地图被收藏于皇宫之中，只有少数官员可以看到。这些地图在中国社会没有广泛利用，也就没有了进一步修正的可能。道光之后，中国又回到传统制图的老路上。此外，康熙皇帝本人对于天文观测的兴趣和康熙、乾隆两位皇帝对大地测绘的重视，是这项工作的主要推动力，但并不是每一位皇帝都有此爱好。仅凭个人爱好、缺乏广泛社会关注的事情自然难以持久，如此大规模的实测过程中，没有借此机会培养出中国自己的测绘人才也就不足为奇了。而同时期的欧洲，地图绘制则进入了全面发展的新时期。

三角测量

国家地图的绘制，早在古罗马和古代中国就已开始。但是欧洲基于大规模实地勘测的国家测绘始于 17 世纪。测绘全国地图在欧洲各国的兴起有着多种原因，包括航海和贸易发展的需要、欧洲大陆的宗教战争、瓜分海外殖民地和各国税收与土木工程建设等的需求。除了这些强大的社会需求外，欧洲天文学、物理学和数学的发展也是重要的推动力。天文观测方法和观测仪器的不断改良、微积分等数学成就带动的投影技术的改良、验证牛顿的万有引力定律等科学理论的需要……这些也是欧洲人从事大地测量的动力来源。当然，最为重要的是从 17 世纪下半叶开始，欧洲共享单一价值、历史、文化或语言的民族国家逐渐形成。各国政府的逐步强大，促进了对精准全国地图的需求，而国家地图的绘制又进一步加强了国家的认同感。

三角测量的广泛应用，也推动了欧洲测绘技术的进步。古希腊人曾经通过三角测量，得到了金字塔的高度、海岸某地点与航船之间的距离等数据。16 世纪，欧洲人用三角测量的方法进行测绘，其中最著名的是荷兰数学家斯涅尔（Willebrord Snell，约 1580—1626）。他利用各教堂、寺院的塔顶作为三角点，借助望远镜、测角仪等简单仪器，取得了较为准确的数据。在 1615 年，他用三角测量得到了位于同一经线上两个地点之间的距离，进而计算出了地球的半径。斯涅尔的工作带动了欧洲各国开

小贴士

三角测量

在地面按照一定的条件选定一系列的地点以构成许多相互连接的三角形，然后在已知点观察各方向间的水平角并测定起始边长，以此边作为基准线，推算其他各点的经纬度坐标。目前三角测量的方法广泛用于土地测量、天文测量、航海，甚至国防方面的火箭模型和武器弹道方向的测算等。

展大规模的三角测量。

最早开始大规模实测的是法国。1667年该国国王批准建设巴黎天文台，1671年完工。全国地图的测绘，就由巴黎天文台的前四任台长——卡西尼家族完成。巴黎天文台早期的工作，侧重于测量子午线的精准长度。为什么他们首先把这项工作作为测绘的重点呢？这源自英、法两位科学家之间的争论。

法国哲学家和数学家笛卡儿和英国物理学家牛顿，曾经就地球的形状问题展开争论。笛卡儿用“漩涡理论”解释行星的运动，认为宇宙空间充满了流体，它们在运动的过程中形成不同大小和密度的漩涡。太阳是一个巨大漩涡的中心，带动着地球和其他行星旋转。牛顿则用万有引力解释行星的运动。漩涡直观易懂，牛顿的“力”抽象且难以理解。后者的理论提出以后，在欧洲大陆引起了激烈的争论。

按照笛卡儿的“漩涡理论”，地球的转动会使地球形成沿着地轴南北拉长的橄榄球形状；而按照牛顿的理论，在地心引力作用下，地球在转动过程中会形成赤道突出、两极扁平的形状。为了判断两个理论哪个正确，需要依靠大地测量数据。巴黎天文台首任台长、法国天文学家G. D. 卡西尼（Giovanni Domenico Cassini，1625—1712）测量了通过巴黎的经线长度，并以此作为证据支持笛卡儿的观点。他去世以后，他的儿子J. 卡西尼（Jacques Cassini，1677—1756）子承父业，测量了从法国北部港口城市敦刻尔克到南部城市佩皮尼昂之间的经线长度。他撰写了《关于地球的大小和形状》一书，支持其父对于地球形状的判断。第三任台长C. F. 卡西尼（César-François Cassini de Thury，1714—1784）开始也支持父辈的观点，后来他的测量结果证明笛卡儿的观点是错误的，于是开始转向支持牛顿的地球扁平说。

除了子午线的测量，卡西尼家族测绘了大量全国地图，留传下来的卡西尼地图就有 180 余幅。卡西尼家族开始测绘时，法国科学院的天文学家和数学家已经开始在全国进行三角测量，1669—1671 年间，他们通过 13 个三角测量网精确测得了巴黎至北部工业中心亚眠之间的经线长度。依据已经掌握的经纬度数据，卡西尼家族里的第一任台长于 1679 年绘制了全国地图。第二任和第三任台长父子曾经在南部从事三角测量，最终由第三任台长 C. F. 卡西尼于 1744 年完成了第一张现代地图：《新法国地图》。他后来又向皇家科学院提供了 18 幅全国各地的详尽地图。1750 年，C. F. 卡西尼制订了全国大比例尺地图的测制计划，依照测定的经纬度，采用三角测量和统一的投影方法，统一测制各地的大比例地形图。这种绘制的新方式，影响了欧洲其他国家。

绘制国家地图的庞大计划，由第四任台长 J. D. 卡西尼（Jacques-Dominique, comte de Cassini，1748—1845）最终完成。在几代卡西尼家族成员的努力下，18 世纪中叶法国建立起覆盖全国的测量控制网，并于 1784—1789 年间完成了 180 幅大比例尺地形图的绘制。这些工作为 1791 年法国科学院出版的《法国国家地图集》奠定了基础。

法国的地图测绘工作为军事活动和行政管理提供了重要的帮助，成为欧洲其他国家的典范。其实在法国开展全国测绘前后，欧洲国土面积比较小的丹麦、挪威、比利时等国也先后完成了国家地图的绘制，但是对其他欧洲国家影响最大的还是法国。

英国的地图测绘首先是受战争的影响才开始的。在 1745 年苏格兰高地战争结束以后，英国国王批准了组织苏格兰高地的军事地图测绘。这项工作由军事工程师威廉·罗伊（William Roy，1726—1790）领导完成。1747年，为了测绘英格兰南部易受敌军攻击的海岸地区地形图，英国军械局专门成立了一个测绘部门，它就是1791年正式成立的陆军测量局的前身，后来成为测绘英国全国地形图的重要机构。18世纪末期应法国天文台的邀请，英、法两国联合开展了格林尼治天文台和巴黎天文台之间的三角测量，这是国际上首次联合开展的大地测绘，也进一步推动了英国本土的测绘工作。19世纪初期，英国完成了本土的测绘后，又把视线转向了国外殖民地。从1800年开始，英国在其殖民地印度及其周边地区进行了持续百年的大规模三角测量。

前文提到的17世纪欧洲制图商绘制的世界地图，多以小比例尺为主。而国家地图是规划、管理、设计和建设过程中的基础资料，需要能够精确表示位置、地形等大比例尺的地形图，国家地图测绘开启了大比例尺测绘的新时代。进入18世纪以后，欧洲人开始用等高线绘制大比例尺地形图。荷兰人最先使用等深线来表示河流的深度和河床状况，后来又把它应用于表示海水的深度。这种方法在18世纪晚期开始用于表示陆地上的地势起伏形态。1791年，法国人绘制了最早的等高线地形图，以表示全国的地势地貌。

等高线的表示方法可以很好地在地图上展示地势的高低起伏变化。等高线的绘制方法比较简单，就是把地面上海拔高度相同的点连接成闭合的曲线，并用垂直投影按比例缩绘在图

小贴士

比例尺

比例尺是地图上的线段长度与实地相应线段水平距离之比，用以表示图形的缩小程度。目前，地图比例尺通常分为小、中、大三类：分别为小于1:100万，1:10万到1:100万之间，以及大于1:10万。

上。但是这种方法直到 18 世纪末至 19 世纪初，才普遍应用于地形图的绘制。

由于实地测量的重要性，各国纷纷成立测绘机构以推动统一勘测。目前全世界已经有 130 多个国家建立了测绘机构，成立较早的除英国外，1797 年俄国成立了军事地图局，1875 年意大利成立了陆军测量局，1887 年法国成立了军事地理局（国家测绘局的前身）……测绘机构的设立，推动了欧洲各国全国地图的绘制与出版。1878 年，国际测量师联合会在巴黎成立，其宗旨就是联合各国测量团体和国家机构，推动测量工作的进展。

世界各国都在开展测量，但采取的标准并不统一，导致各国绘制风格各异，尤其是比例、符号、语言都无法相通。在 1891 年召开的第五届国际地理大会上，德国地理学家彭克（Albrecht Penck，1858—1945）提议绘制能让全球所有人看懂的地图，这就是现在我们所知道的“国际百万分之一世界地图”。彭克指出，统一绘制工作各国都应该参与，并根据统一的标准绘制各自的领土地图，最后只要将所有图整合在一起就可以得到一幅世界地图。1913 年，在巴黎召开的会议上，34 个国家同意按照全球统一的 1:100 万的比例尺绘制一套完整的地区地图，并随后制定了投影、分幅、编号、内容等统一编绘方案。地图绘制的新时代开始了。

从宇宙志到地图学

17 世纪是欧洲地图绘制的转折点。除了前文谈到的各种进展外，此时欧洲地图的绘制还有一项新的进步，就是不再使用奇珍异兽和神话传说来填充图上地理信息空白区域。但毕竟欧洲的制图是一种商业行为，为了保持美感以吸引读者，不同的制图人采用了不同的解决办法。有些制图商用高空俯瞰大地的艺术效果绘制，即用云朵图样来遮挡未知的地理区域，就好像我们现在坐在飞机上俯瞰大地一样；有些则利用一些简单均匀的符号填充未知区域，以保持图面的平衡和美感；当然也有些地图为了显示其科学性，直接在空白地带写上“未知区域”“未探明区域”等字样。不要小看这些变化，用科学替代神话传说，使地图更加具有可信性。这些科学的地图激发了欧洲人的好奇心，“填补地图上的空白点”激励着几代欧洲人，促使欧洲开启了探险未知世界的浪潮。

欧洲人一开始是把对地球的研究作为理解宇宙万物的途径，并从宇宙的宏观视角观察及分析人类的居住环境。因此，在绘制世界地图的过程中，天文学家和数学家发挥了重要的作用。1524 年，德国数学家阿皮安（Petrus Apianus，1495—1552）出版了《宇宙志》，书中用数学模型解释宇宙构造，并引用了大量天文、地理、测绘和航海知识。为了证明数学模型的可靠性，书中一再强调测绘的重要性。这就是为什么 16—17 世纪欧洲的测绘，很多是由天文学家和数学家完成的，阿皮安本人就绘制过地图并制作过地球仪。《宇宙志》主要讨论几何学和天文学中与地理学关系密切的内容，书中的地理知识是后人根据托勒密的著作进行增补而来的。《宇宙志》涉及天文学和地理学，它对实地测绘的重视推动了绘制技术的进步。

随着土地划分、税收、水利设施的兴建、铁路运输以及行政管理对地图需求的增加，绘制准确而详细的大比例尺地图显得格外重要。大比例尺地图对于表示地物和地貌的符号和方法要求更高，需要更加准确的知识，从此以后绘制地图具有了专业性，成为以发展地球科学知识为特色的学科领域。

18 世纪末期，推动欧洲测绘技术进步的宇宙志传统开始衰落。

19 世纪在地理学家的努力下，以客观经验为依据、可以用科学验证的地图学科形成了。

小 结

人类的好奇心是与生俱来的，这就很好解释为什么人们对于地球的认识与其自身的历史一样久远。但是本书的起始时段是人类开始理性思考的时代，此时人类对于周围环境的认识开始建立在观察与理性思考的基础上，由观察和思考得到的知识又以著作或者图像的形式流传。在本时段人文地球的演进史中，这种变化是缓慢的。

两千多年中，地球知识分别在实地观测和哲学思辨两条主线上推进。这个时段的群英谱中，没有职业地学家的身影。人们或沉思于哲学，或迷恋于数学；或为军事目的远征，或为黄金贸易远航；或为批判宗教理论寻找证据，或为国家治理出谋划策……人文地球知识是满足好奇心或者是实现人生目标的工具。无意之间，他们推动了科学的进步。这个时期属于科学研究的业余传统时代，人文地球还没有形成它的范式，但是“用眼睛观察事物，用感官把握事物”的方法开始践行。

两千多年中，我们看到了很多知识的萌芽，但是它们还没有长成参天大树。有些因急于成长，缺乏根基，最后如昙花一现很快夭折。像古希腊时期的数理地理学，因没有明确的研究对象，很难找到新的问题而难以持续。有些长期作为描述的工具，但是作为一门独立的学科却出现得很晚，如地图学。有些则经受住了时间的考验，至今仍然是人文地球知识树的重要枝干，如地理学和矿物学。

地理学是人文地球的本源之一。这个时期无论是东方还是西方，都开始用“地理”一词描述居住的环境，因此“地理学”的知识之树开始萌芽、成长。但是早期的地理学包含了现在的地质学、气象学、海洋学……几乎所有跟地球有关的学科，都可以在这里找到源头。

观测水平的提高，有赖于技术工具的进步。天文观测和数学计算使远距离测量、经纬度确定，甚至地球大小的计算成为可能；采矿技术的进步，促使人们深入认识矿物、岩石和化石，使矿物学很早就成为一门独立的学科；精确钟表和天文观测仪器的出现，让远洋航行可以准确地测量经纬度，以便确定船只在海洋上的位置；地图投影技术可以把球形地面展现在平面地图上，带有人文色彩的世界轮廓、国家形象开始出现；印刷技术的进步推动了书籍和地图的普及，人文地球知识的传播速度加快了。

人文地球的主题之一——人与环境之间的关系，在这个时期还没有占据重要的位置，人类仍然处于认识和适应环境的被动阶段，还在通过区域描述、通过对环境的观察和记录、通过对自然现象的探讨和解释来认识环境、摸索规律。当然，人地关系的思想开始萌芽，古希腊的可居住区理论，被认为是近代地理环境决定论的源头。区域划分和地图描述，也是人地关系的直观展示。

古代东西方在进行地理描述时，都对已知世界进行了区域划分。区域本身是人为的空间划界，是为理解复杂的世界而设定的地理次序。它既反映了人类对自然环境的认识水平，也是历史文化空间特点的地域反映。正是因为人的活动，区域划分才有了意义。中国古代的方志著作，向来把人作为地球知识的一个部分加以记录。

东西方人文地球在两千多年中的发展轨迹，也给后人提供了很好的分析与比较的视角。“为什么在公元1至15世纪的漫长岁月里，中国在发展科学技术方面比西方更为有效并遥遥领先？”“为什么中国传统科学一直处于原始的经验主义阶段，而没能自发地出现近代科学及随之而来的工业革命？”这便是英国学者李约瑟提出的“李约瑟之问”。哥伦布之后有无数的哥伦布，达·伽马之后有无数之达·伽马，为什么郑和以后竟无第二之郑和？这是中国近代思想家梁启超留给后人的思考。欧洲人“所盛加称道的到东方来的新航路……从亚洲和非洲人民看来，这既不能被认为是新航路，自然也就很难说是‘发现’”，这是历史地理学家侯仁之对于欧洲人提出的“地理大发现”概念的质疑……所有的疑问和质疑，都是在比较中、在各自不同的文化语境中产生的。它促使人们思考，给人以启迪。只要能够不断发现新的材料、提出新的问题，科学之树就具有生命力。研究问题的缺乏，往往预示着衰亡。

随着大规模的探险活动和各门学科的专业化，人文地球的科学时代露出了黎明的曙光。大陆轮廓逐渐清晰，信息愈加丰富，观测手段更加精确，理论方法不断涌现……东西方世界也在不断的进步中开始了交流。这个时期东西方之间的交流，主要依靠航海者、商人、传教士，甚至是军人，地球知识还处于间接交流的状态。欧洲人和中国人在努力探索未知世界的过程中相遇了，他们之间已经碰撞出了思想的火花。世界作为一个整体呈现在人类面前，人文地球的知识之树即将长成。

延伸阅读建议

A. 拓展阅读

[1] ［英］彼得·沃森：《人类思想史：平行真理》，姜倩、南宫梅芳、韩同春等译，中央编译出版社，2011。

[2] ［美］大卫·克里斯蒂安、［美］辛西娅·斯托克斯·布朗、［美］克雷格·本杰明：《大历史：虚无与万物之间》，刘耀辉译，北京联合出版公司，2016。

[3] ［美］大卫·克里斯蒂安：《起源：万物大历史》，孙岳译，中信出版社，2019。

[4] ［英］詹姆斯·伯克：《联结：通向未来的文明史》，阳曦译，北京联合出版公司，2019。

[5] ［英］彼得·弗兰科潘：《丝绸之路：一部全新的世界史》，邵旭东、孙芳译，浙江大学出版社，2016。

[6] 吴国盛：《科学的历程》，湖南科学技术出版社，2018。

[7] ［美］斯蒂芬·温伯格：《给世界的答案：发现现代科学》，凌复华、彭婧珞译，中信出版社，2016。

[8] ［美］雅·布伦诺斯基：《科学进化史》，李斯译，海南出版社，2002。

[9] ［美］丹尼尔·J. 布尔斯廷：《发现者：人类探索世界和自我的历史》，吕佩英等译，上海译文出版社，2014。

［10］［美］卡尔·萨根：《暗淡蓝点：展望人类的太空家园》，叶式辉、黄一勤译，上海科技教育出版社，2000。
［11］［美］房龙：《房龙地理：地球的故事》，赵绍棣、黄其祥译，国际文化出版公司，1997。
［12］陈述彭编著：《地图的故事》，中国青年出版社，1955。
［13］宋鸿德、张儒杰、尹贡白等：《中国古代测绘史话》，测绘出版社，1993。
［14］［美］丹尼斯·伍德：《地图的力量：使过去与未来现形》，王志弘、李根芳、魏庆嘉等译，中国社会科学出版社，2000。
［15］［日］海野一隆：《地图的文化史》，王妙发译，新星出版社，2005。
［16］徐永清：《地图简史》，商务印书馆，2019。
［17］［挪威］托马斯·伯格：《地图3000年：从神秘符号到谷歌地图》，张佳静译，中信出版社，2021。

B. 深度阅读

［1］王庸：《中国地理学史》，商务印书馆，1938。
［2］侯仁之主编：《中国古代地理学简史》，科学出版社，1962。
［3］王成组：《中国地理学史（先秦至明代）》，商务印书馆，1988。
［4］中国科学院自然科学史研究所地学史组主编：《中国古代地理学史》，科学出版社，1984。
［5］［苏］波德纳尔斯基编：《古代的地理学》，梁昭锡译，商务印书馆，1986。
［6］王维编著：《地球的形状：人类对它认识的历史》，科学出版社，1982。
［7］方豪：《中西交通史》，岳麓书社，1987。

[8] 彭静中编著:《中国方志简史》，四川大学出版社，1990。

[9] 盛叙功:《西洋地理学史》，西南师范大学出版社，1993。

[10] 曹增友:《传教士与中国科学》，宗教文化出版社，1999。

[11]《中国测绘史》编辑委员会编:《中国测绘史》，测绘出版社，2002。

[12] 张箭:《地理大发现研究：15—17 世纪》，商务印书馆，2002。

[13] [美] 余定国:《中国地图学史》，姜道章译，北京大学出版社，2006。

[14] 廖克、喻沧:《中国近现代地图学史》，山东教育出版社，2008。

[15] [苏] H. M. 休金娜:《中央亚细亚地图是怎样产生的》，姬增禄、闫菊玲译，新疆人民出版社，2012。

[16] 杨文衡、艾素珍、陈丽娟:《中国地学史 · 古代卷》，广西教育出版社，2014。

[17] 张国淦编著:《中国古方志考》，上海古籍出版社，2019。

第二部分

化繁为简

走出“黑暗时代”的欧洲，知识体系发生了根本变革。科学思想逐步摆脱宗教的束缚，人们不再通过个人经验和直觉来认知世界，而是通过观察、实验等方法，借助数学、归纳、演绎、推理等手段来发现事物之间的联系，以便更好地理解世界。18—19世纪建立在系统化、公式化和数据化之上，反映现实世界各种现象的本质和规律的知识体系逐步形成，并发展出现代科学。这种有序的知识系统，是建立在可检验的理论解释之上的。

数学通过公式、物理学通过定律、化学通过方程式，来简化并精确反映客观事实。无论哪门学科，都在借助不同的方法和技术手段寻找规律、化繁为简。地球科学也同样，虽然大自然令人眼花缭乱，很难用公式或者定理加以简单描述，但这些阻挡不了人类寻找规律、将纷繁复杂的自然现象化简的努力。分类就是其中的途径之一，此外科学家通过绘制图表、知识树等方式，探索并展示各种自然要素及其关系。

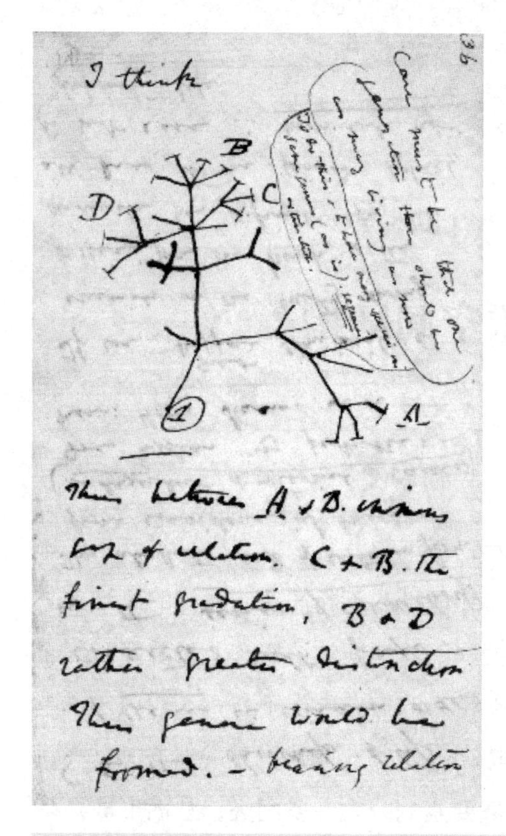

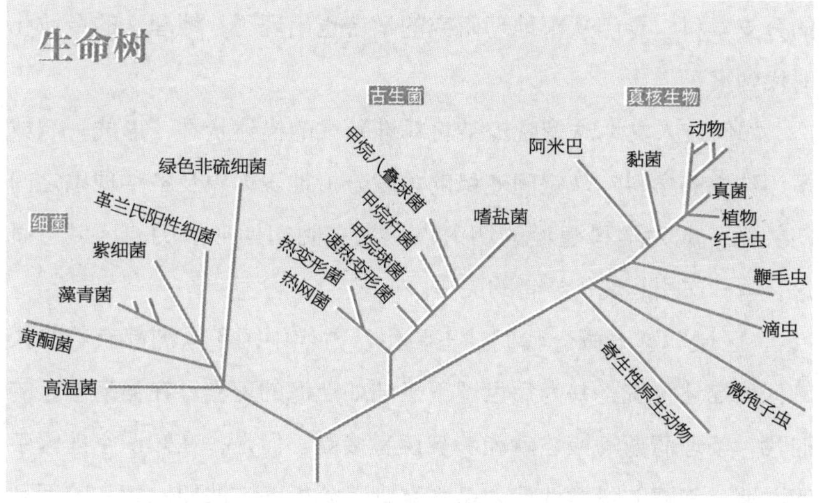

生命树：1837 年达尔文绘制（上）和后人的完善（下）①

---

①［美］卡尔·奇默：《演化：跨越 40 亿年的生命记录》，唐嘉慧译，上海人民出版社，2011，第 102 页。

/ 第四章 /

地球空间结构

科学在人类历史最后这两三百年的发展速度，比过去两千多年还快。随着新发现、新概念、新理论的不断涌现，人们的思维方式发生了根本的改变。中世纪消失的“地理学”概念，又重新回到了欧洲人的视野中。地理大发现带来的信息层出不穷，人们厌倦了单调枯燥、罗列事实的叙述风格，开始寻找描述世界的新方式。18—19 世纪，地理学开始按照自然要素划分为许多门类，从而形成众多的分支学科。专门从事地理研究的学者也出现了，地理学的专业化时代到来了。

如何让人文地球摆脱庞杂材料堆积式的描述状态，形成一门或多门独立的学科？从空间变量的角度分析地表现象及各种现象之间的关系，成为学科建设的切入点。古文明初期形成的“区域”概念，再一次引起现代学者的关注。

“区域”这个概念我们并不陌生，古代中国和欧洲都有着悠久的区域描述传统，并为后世留下了浩如烟海的著作。在信息匮乏的时代，条理清晰的描述就能够被读者接受。但是，在知识空前繁荣的时期，叙述的科学性成为基本准则，分析的方法要比事实的罗列更为重要。

每个时代都有每个时代的英雄，科学的奠基时代更是如此。地理学是人文地球最古老的学科，同时又是一门全新的学科。这一时期欧洲出现了一批学者致力于重新创建这门学科，他们称之为“新地理学”或“科学地理学”。起始于德国并传播到法、英、俄等欧洲国家和美国的新地理学，应该是一门什么样的科学？

第一节　二元结构

各种消息大量涌入欧洲之后，人们开始对它们进行归纳和整理。因为过去的工作大多盲从于远古的权威，很多著作沿袭着已有的知识而不去验证。这种长期阻碍欧洲地理学进步的状况，在 18 世纪以后开始改变。

随着地理著作的大量涌现，相应的科学概念层出不穷。这些概念既是科学研究的产物，也指导着下一步的工作。面对复杂而多样的世界，哲学界的二元论被应用到了地理学界，形成了丰富多样的二元结构：系统与区域、通论与专论、自然与人文、描述与解释、演绎与归纳、多样性与一致性……

不少学者批评二元论，认为它夸大了成见、创造了错误。地理学界也有不少人批评二元划分法，认为这是人为地把事物对立起来。为了纠正错误，有学者致力于创建统一地理学。但是，在整个科学界都分裂为自然科学和社会科学的背景之下，地理学二元结构的出现是必然的。尤其是在学科创建初期，这种理论

> **小贴士**
>
> **二元论**
>
> 二元论认为多样性世界有两个不分先后、彼此独立、平行存在和发展的本原的哲学学说。这个概念很晚才出现，但是历史上的二元学说却很多，例如：柏拉图的“理念—事物”、笛卡儿的“意识—物质”、康德的“本体—现象”等。

是地理学进步的重要推动力。

地理学的通论与专论

17世纪的欧洲，根据新资料撰写的世界地理著作不断涌现，并出现了许多经典之作。但是，在观测基础上开始由描述向解释的转变，德国地理学家瓦伦纽斯（Bernhardus Varenius，1622—1650）是公认的第一人。1650年他的代表作《通论地理学》（也译作《普通地理学》）出版，对这门学科的发展产生了久远的影响。书中指出，通论地理学是研究地球的总体情况，并对各种现象作出解释。这在重点关注以国家为区域单位的时代是个重大的进步，它推动了地理研究在学科性质和方法上的变革。

瓦伦纽斯之前，已经有学者意识到了地理学包括两方面的内容：对特定专题的区域描述和对普遍原则的理论分析。但是，在很长的时间里两种倾向并行，较难找到结合点。在一个学术领域里同时存在着两种并行的传统，不利于学科的统一。瓦伦纽斯明确将两种传统定义为：区域描述的“专论地理学”，和具有普遍原则的“通论地理学”。在他看来，通论是用数学和天文学的方法来解决问题，而专论则是通过经验来加以证实。他强调通论地理学可以借助理论上的建树，为学科的进步奠定坚实的基础，只有专论与通论的有效结合，才能够推动学科的进步。

历史上区域地理著作长盛不衰，与它能够满足行政管理和商业贸易的实用性有关。这类满足应用需求的著作侧重描述而缺乏理论，不利于学科地位的确立。瓦伦纽斯认为地理现象是众多要素相互作用的结果，因此强调地理学的目的就是搞清楚现象的成因，这样有利于更好地进行区域描述，并促进专论和通论的结合。

瓦伦纽斯创造了通论与专论的概念，明确了地理学存在着二元结构，指明了这门学科的研究方法是促使两者结合。但是他还没来得及付诸实践，就在28岁时英年早逝。当然他所处的时代，地理大发现尚未结束，他的思想和理论还缺乏坚实的资料基础。

瓦伦纽斯提出的概念影响了欧洲一百余年，直到康德（Immanuel Kant，1724—1804）才进一步阐述了寻找区域之间的联系、寻找地理现象共同特点的重要性。我们都知道康德是德国古典哲学的创始人，但是在哲学之外他也涉猎自然科学，讲授人类学和自然地理学等多门课程，出版了多部关于自然科学的著作。

康德曾经在德国的科尼斯堡大学教授自然地理学。直到19世纪中叶，包括他在内的很多欧洲学者经常使用“自然地理学”一词，但他们使用这个概念是为了区别于人类内心思想，把自然作为外界事物进行探索。康德讲授的自然地理学包括了人类在地表的活动，考虑到了人对环境的影响，实际上就是我们今天谈论的地理学。

康德以瓦伦纽斯的《通论地理学》为基础撰写讲稿，并根据其他著作补充了其以后的新资料。他在授课时特别强调地理学在知识领域中的地位，认为地理研究要找出各种自然现象的特点，并由此寻找不同区域之间的联系。康德把区域内部的要素看作是相互联系的一个整体，而不是简单的聚集体。

康德的观点对当时地理学的影响究竟有多大？现在已经很难判定。他本人并没有撰写过地理学著作，自然地理学讲义也是在他去世之后根据学生的笔记整理出版的，所以存在着好几种版本，后人也搞不清楚哪个版本最能反映康德的思想，而且这些讲稿出版以后，书中的内容已经过时。在康德之后一百多年里，地理学家并没有提到他的观点。直到20世纪初期，德国地理学家赫特纳（A. Hettner，1859—1941）和美国地理学家哈特向（R. Hartshorne，1899—1992）才在他们各自的著作中提及了康德的观点，认为科学地理学的发展得到了他的“稍有不同的推动力”。

小贴士

后人整理出版的康德地理学讲义

* 《康德的自然地理学》，林克（D. F. T. Rink）整理。
* 《伊玛努埃尔·康德，他的地理学和人类学著作》，格尔兰（G. Gerland）整理。
* 《康德对地球历史与构造的看法》，艾迪克斯（E. Adickes）整理。
* 《对康德的自然地理学研究》，艾迪克斯整理。
* 《新发现的一份听康德讲授自然地理学的大学生笔记》，艾迪克斯整理。

（参见刘盛佳编著：《地理学思想史》，华中师范大学出版社，1990，第147页）

现在很多学者仍然在分析康德的地理学著作[①]，其实他的思想是否影响到他的同时代地理学家及后来者，这个问题并不重要。资料的积累和科学的进步，决定了欧洲必将迎来地理学的科学时代。仅在19世纪最初的二三十年间，德国就出版了近40种地理学教科书。不难想象，康德的同时代人以各种方式表达了类似的观点。

科学的进步造就了属于那个时代的英雄。即便不是康德，也会有其他人物成为那个时期的代表。这令人想起了胡适（1891—1962）创造的概念：“箭垛式人物”。每个时代、每个领域都需要一个或几个代表性人物，后人多将某项成就都归功于此人身上。古今中外皆是如此，这种人物往往是一个化身，承载着民间的集体记忆。

① 后人关于康德地理学著作的讨论，参见：Stuart Elden, “Reintroducing Kant's Geography,” in *Reading Kant's Geography*, ed. Stuart Elden and Eduardo Mendieta (Albany: SUNY Press, 2011), pp 1-15.

❁ 自然与人文

从瓦伦纽斯到康德都强调联结地理学二元结构的重要性，但是由于多种原因，他们都没能亲身实践，这项工作留给了后来者。时代呼唤着实践者。经过几代学者的努力，到了19世纪，强调依据实地观测寻找原因、建立理论体系的倾向在欧洲越来越强烈。科学地理学的创建者应运而生。德国学者洪堡和李特尔（Carl Ritter，1779—1859）毫无疑问地成为里程碑式人物。

洪堡和李特尔用他们的实践与思考，重新界定了地理学作为一门科学的可能性。两人均重视区域性研究，试图利用区域来统一通论与专论的二元结构，从而建立起统一地理学。但是他们在寻找普遍性原则的过程中，又各自形成了偏重于自然特征或人文特征的不同倾向，建立起了地理学的自然和人文两种传统。

洪堡在大学里完成地质学学业之后，曾经一度成为采矿工程师。不久，他因母亲去世继承了一笔遗产，这使他有能力辞去公职转向自由探险和科学研究。1799—1804年，洪堡在拉丁美洲的著名探险活动，开创了人类历史上的很多探险之最，也为他后来开创科学地理学奠定了基础。

在探险过程中，洪堡随身携带了四十余种科学仪器，以便于在野外观测经纬度、海拔高度、温度与湿度等。这些观测使他的研究不但有定性的描述，更具有科学数据支撑的定量分析。他测定了鸟粪所含化学成分，认定这是一种优质的有机肥料，推动了南美洲西海岸国家鸟粪的开采与出口。19世纪后半叶被称为秘鲁的“鸟粪时代”，鸟粪的出口给这个国家带来了半个多世纪的经济繁荣，并使秘鲁一跃成为拉丁美洲最富有的国家之一。

在乘船远航的过程中，洪堡测量记录了海水的温度。海洋中的海水按照一定的方向、速度和路径在全球范围内流动着。流动的海水温度跟周围温度不同，比周围海水温度高的人们称为“暖流”，反之就是“寒流”。他在测量海水温度的过程中发现了秘鲁寒流，这个寒流被后人称为“洪堡寒流”。这是大洋寒流中极为强大的一支，厄尔尼诺现象就与它密切相关。

洪堡在野外收集了丰富的植物和岩石标本，回到欧洲以后他居住在巴黎，用二十余年撰写了地理著作。后来人们把他在拉丁美洲的旅行记录汇集在一起，成为三十四卷本的《去往新大陆赤道地区的旅行》，并附有一千多幅插图，书中既有自然现象的描述，也有人文因素的记载。其中在墨西哥考察基础上撰写的《墨西哥》，成为区域地理学的经典著作。

1827 年，洪堡继承的财产在探险旅行和出版著作中全部耗光，他只好回到柏林担任普鲁士王公的宫廷大臣以获得一笔薪资。1829 年，六十岁的洪堡应沙皇的邀请去西伯利亚探查矿产资源，后又到帕米尔一带考察。这一次他是乘车旅行，因此行程比在拉丁美洲的考察要长。虽然不能像在拉丁美洲时仔细观测和记录各地的风物、采集标本，但是广阔的旅行空间，让他更加关注各种自然要素在辽阔空间上的变化规律。

在考察沿途，洪堡注意观测气温的变化规律，并绘制了第一幅等温线图。这让他发现了距离海洋远近的差异对温度的影响，从而创立了海洋性与大陆性的气候分类。野外考察结束以后，他建议各国广泛建立气象台和地磁台，这项建议为俄、英、美等国采纳。1843 年，他在这次考察基础上完成的《中亚：山系与比较气候学的研究》出版。洪堡创造的“中亚”（也译为“中央亚细亚”）概念一直为后世沿用。

晚年的洪堡花费二三十年撰写了《宇宙：对世界物理情状的简要描述》。此书在 1845—1862 年间陆续出版了五卷，是其集大成之作。书中以讨论自然原理为主，强调写作的目的就是解释一切自然现象的联系性，进而阐明自然现象的统一性。洪堡把地球看作一个整体，以实地观察为基础并广泛搜集资料，通过综合比较阐明地理现象的因果关系。这为近代地理学奠定了科学的研究传统。

洪堡的研究涉及广泛，包括气候学、水文学、植物地理学、海洋学、地质学、火山学等众多学科。后人认为有些领域就是由洪堡创立的，比如气候学、植物地理学等。可以说，他为人文地球诸多分支学科的建立奠定了坚实的基础。

洪堡用区域把组成自然环境的各种要素整合在一起，并用比较的方法揭示各种自然现象之间的关系。虽然他在描述中也涉及人，但对于人地关系的认识侧重于自然的影响，即过于强调自然对人的作用，而把人类置于次要的位置。洪堡之后，自然地理学各个分支学科迅速发展，形成了地貌学、气候学、冰川学、水文地理学、土壤地理学、生物地理学等众多分支学科。20 世纪 30 年代以后，自然地理的各分支学科有分散发展的倾向，各国学者通过综合性研究、地带性分析促进学科之间的整合。

洪堡虽然没有到过中国，但是十分关注中国的情况。他曾经收集了清代绘制的地图，阅读过《禹贡》，认为中国古代的地理学水平超过了古希腊。洪堡在《中亚》一书中表达了壮年时代曾经渴望到中国考察，在《宇宙》中称赞了中国先进的科学技术，遗憾的是他未能实现到中国进行考察的夙愿。中国地理学家对洪堡也不陌生，对他的成就更是给予了高度评价。1933 年，南京钟山书局出版了中国地理学家联合编译的《新地学》一书，书中介绍的“新地学开山十二名家”中第一位就是洪堡，说他是“近世地理学创立者中之第一人”。1959年，中国地理学会举办了洪堡逝世一百周年的纪念活动。著名地理学家竺可桢（1890—1974）、黄秉维（1913—2000）、侯仁之等人都曾经撰写过纪念文章。

比洪堡晚十年出生的李特尔，在人文方面弥补了洪堡的不足。与自然地理学一样，人文地理学在古代文明时期就已萌芽，因为任何对世界的描述均离不开对人的关注。但是现代人文地理学的发展却比自然地理学晚很多。或许是因为人文因素与社会的关系更加密切，这门学科在发展过程中更容易受到社会思潮的影响，一直起起伏伏。人文地理在中世纪的黑暗时代停滞了近千年，直到19世纪科

洪堡在野外考察（1856年的画作）

学的人文地理学才逐步萌芽。

1806 年李特尔与洪堡相见，促使李特尔转向地理学研究。与洪堡拥有广泛的探险经历不同，李特尔是个书斋学者，他虽然做过大量的短途旅行并擅长景物素描，但这些旅行对他的研究影响有限。尽管如此，他对德国的影响更加深远。他长期在大学执教并擅长演讲，尤其是担任柏林大学地理系首任系主任期间，培养了大批学者，大哲学家马克思（Karl Heinrich Marx, 1818—1883）曾经师从他，柏林地理学会也是由李特尔创办的。他在方法论上多有建树，并把其思想付之于地理教育之中，有人甚至将他和他的后继者称为李特尔学派。

与洪堡一样，李特尔在最后的三十多年中致力于撰写地理著作。其所撰写的地理巨著《地学通论》全名很长，但能够更加清楚地表达其核心内容："关于自然和人类历史的地球科学：普通比较地理学，研究和讲授物质及历史科学的可靠基础"。这部他去世时没能完成的鸿篇巨制共有十九卷，书中只写了亚洲和非洲部分，连他最熟悉的欧洲部分也没能完成。书中开篇就强调此书运用了新的研究方法，因而不同于过去的传统。他强调地理学是一门经验性科学，它的方法就是从观察到观察，以总结全部的地球知识并建立起统一体。他认为，区域是个有机体，物质的地球是为人类服务的。在区域研究中人地关系十分重要，因此地理学的中心问题，就是一切自然现象和形态与人类的关系问题。

李特尔把区域作为有机体进行描述，并强调人是地理学的核心和顶点。这种以人为本的观念，推动了人地关系研究的深入。由于人与环境之间的关系在不断变化，在不同的历史时期人文地理学的重点会随之改变。李特尔之后的人文地理学产生了众多的学说，如德国拉采尔（Friedrich Ratzel，1844—1904）和美国辛普尔（E. C. Semple，1863—1932）的地理环境决定论，法国维达尔（Paul Vidal de La Blache，1845—1918）和白吕纳（Jean Brunhes，1869—1930）的"或然论"，英国罗士培（P. M. Roxby，1880—1947）的"适应论"，美国巴罗斯（H. H. Barrus，1877—1960）的人类生态论，美国索尔（C. O. Sauer，1889—1975）的文化景观论，等等。

洪堡和李特尔十分重视区域研究，但前者将重点放在自然，而后者则偏重人文。两人从不同的角度为地理学奠定了坚实的基础，使"自然一人文"二元结构延续了很长时间。在其后的历史时期，自然与人文两者的命运却大不相同。洪堡开创的自然地理学为世界各国所重视，直到今天仍然具有旺盛的生命力；人文地理学则命运多舛、几经起伏。西方世界一直把李特尔作为近代地理学之父，但是他的理论一度在苏联、东欧和中国受到了批判。苏联学者用经济地理学代替人文地理学，形成了"自然一经济"二元结构。中国在20世纪五六十年代学习苏联，采用了苏联的划分法。直到20世纪80年代以后，人文地理学在中国才得到应有的地位。但是直到现在，人文地理学的发展仍然不如自然地理学迅猛。

第二节　人为划分

区域地理学在18—19世纪的德国快速发展。正如李特尔所说，就像年代学为历史研究提供了框架一样，区域空间为地理学提供了研究框架。在区域研究的框架内，复杂的现象被综合成为一个有机的整体。由于地理学研究的是包括人类在内的地表自然界，涉及空间广阔、内容丰富，为了能够深入地分析，需要对其进行区域划分，区划就成为地理学的核心内容。

❁ 自然的边界

以政治单元为基础进行区域划分，这种传统从古希腊一直延续到18世纪中叶。以国家为单元、百科全书式的描述方式，在满足人们好奇心的同时，也为行政管理人员提供了便利。但是过于强调应用价值的导向，往往忽略了自然要素的共性和区域之间的差异性。以国家疆界作为划界标准的方法，常常使区域描述建立在"国家碎块"的基础上，而且政治疆界的变更还会导致区域描述的过时。于是人们开始寻找一种长久、稳定、科学的划分标准。毫无疑问，与频繁变动的政治疆界等人文因素相比，河流湖泊和山脉等自然因素就显得持久和稳定。

欧洲人的远洋航行让他们很早注意到陆地与海洋的差异，于是古希腊人开始以海洋为界划分世界。这个传统对后来的区域描述影响深远，在摒弃了以国家为界的划分标准以后，河流和湖泊等水体很快成为区域界线的替代品。这些水体虽然比国界线更加可靠和稳定，但是河流两岸的自然环境差异不大，这显然不符合科学的划分原则。

1756年，法国制图学家比阿什（Philippe Buache，1700—1773）出版了《论自然地理学》。书中利用地球上的山脉划分地理区域，认为地球被山脉分割成很多流域盆地，从而把陆地划分为多个区域。他用同样的方法把海洋分为三个大洋和南极海、北极海两个极地海。由于全球的地势地貌资料有限，这种划分不但粗略而且还有错误。比如我们现在都知道南极一带是大陆，并不是海洋，不存在一个“南极海”。但是比阿什的自然区划方法还是给欧洲带来了一缕清新的空气。

以河流或山脉作为划界标准的优点，是能够提供明确、稳定的分界线，因此成为早期自然区划的主要方法。两种划分各有优劣，长期存在着争论。虽然最终以山脉为界被更多的人接受，但是很多时候山脉两侧的自然区域也没有本质的差别。于是欧洲人开始思考更为科学的划界方法。

比阿什之后，不断有学者提出划分区域的新标准，比如以地貌、水文、植被、气候、土壤等为界。由于依据的标准不同，划分出的区域就存在着明显的差异，学者们为此争论不休。19 世纪以后，地理资料愈加详细和丰富，人们开始关注自然空间的总体特征，综合考虑各种因素的作用。

李特尔把区域看作是具有不同特征的有机体。他认为区域划分的基础是土地的构成，而气候、水文、动植物都是由土地派生出来的。相比于依据单一的自然要素划分区域，这种综合多种自然要素的方法又前进了一步。但是李特尔并没有给出划分的量化标准，还是一种感性的综合，这让后人难以掌握。李特尔的观点给后人以启发，推动了用综合的视角考虑区域的划分原则。

在确定综合区域划分原则时，首先要考虑的就是众多要素孰轻孰重、如何选择的问题。任何一个地方都包含着自然和人文两方面的内容，自然因素又包括地质构造、地形、水文、气候、土壤、植物等；人文因素包括民族、人口密度、生活方式、经济交通与政治文化等。众多要素难以等量齐观，因此选择的标准就会因人而异、因划分目的不同而存在差异，难以统一。比如，为农业生产服务的区划更多考虑气候和土壤因素；为工程建设服务的区划更多考虑地质构造和地形地势因素；为旅游开发服务的区划更多考虑交通和文化因素；为行政管理服务的区划更多考虑人口密度和经济条件等因素。

每位学者在区域划分中的侧重点不同，真可谓仁者见仁，智者见智，学术思想异常活跃。他们希望在这个过程中尽可能全面地综合考虑各种因素，同时又认识到绝对无法面面俱到。所以在具体分析中只能有所侧重，这种状况一直延续至今。

❁ 因地而异

科学地理学传入中国之后，中国学者也尝试着制定适合本国条件的地域划分原则。有些学者侧重于自然因素，也有学者在综合考虑自然要素的同时，强调人口分布和交通道路是区域划分的重要依据，甚至建议以大都会作为提纲挈领之法。这似乎又回到了古代早期的区划原则。也有学者建议采用折中之法，以自然要素中的气候和地貌为经，以人类活动方式的差异（如农、林、工、矿等）为纬进行划分。观点繁多、难以统一，这就造成了因学者不同，区域划分各异的局面。到了20世纪中期，对中国的自然区域划分较有影响的方案就有将近十种[①]。显然，自然区域的划分已经不是个别学者能够完成的，它的统一需要借助集体甚至国家的力量。

中华人民共和国成立以后，为了配合经济建设，中国地理学家在全国范围内开展了大规模的资源考察和综合区划。1955年12

① 冯绳武：《中国地理区域（附各区音译义译之西文名辞及分区图一幅）》，《地学集刊》1946年第1–2期。

月，中国科学院提出了《中国自然区划工作进行方案（草案）》，并组织了“中国科学院自然区划工作委员会”。委员会的任务是组织有关学科人员收集整理资料，进行中国地貌、气候、水文、土壤及动植物区划及综合自然区划。1956年，自然区划被列入国家科技发展的长远规划当中。规划明确指出了其目的在于，全面了解全国各地的情况：它的类型，它的发生、发展和分布，它的主要组成部分以及这些组成部分与其周围现象的联系。从此，这项工作具备了在统一领导之下、在中国辽阔的国土上进行综合区划的条件。

进行综合自然区划的目的，是为国家的生产建设合理布局提供科学依据，尤其为国家部署农业生产提供依据。所以，确定的区划原则是，先将全国分为东部季风区、蒙新高原区、青藏高原区三大部分。然后主要遵循地带性原则，首先按照温度、其次按照水分条件、再次按照地形划分区域。

原则确定下来了，但是具体的界线怎么确定？相应的分界指标如何选择？自然环境的变化是一个渐进的过程，不存在明显的分界线。这就造成人为划界因为资料不足和意见分歧困难很大。以亚热带范围的确定为例，当时苏联的几种权威地理著作都把中国境内的亚热带北界划到了东北的中部，包括内蒙古和新疆大部；南界划在福建北部与江西、湖南的南部。但是，毕竟苏联主要在高纬度的寒冷地区，其最南端的黑海沿岸和高加索南部是北半球亚热带的最北缘，纬度在北纬41—43度之间，相当于我国吉林省南部和辽宁省北部的纬度。而且，气候还会受到多种自然因素的影响，不仅是纬度的高低这么简单。比如橘子、柠檬等亚热带植物越过淮河就已经很难存活了。于是，中国地理学家提出了与苏联同行不同的看法。

竺可桢是中国著名的气象学家和地理学家，他曾经在美国哈佛大学学习地理学，回国后创建了中央研究院气象研究所，后又担任浙江大学校长。中华人民共和国成立后他长期担任中国科学院副院长，这时的自然区划工作就由他主持领导。1958 年，他在《科学通报》第 17 期上发表了《中国的亚热带》。综合温度和植物等多种指标，文章把亚热带的北界划在了淮河、秦岭一线，南界穿越台湾中部与雷州半岛南部。

经过多年的努力，1959 年底《中国综合自然区划（初稿）》《中国地貌区划（初稿）》等 8 种 9 册区划说明书正式出版，同时中国学者完成了比例尺为 1∶400 万的全国综合自然规划、地貌、气候、水文、水文地质、土壤、植物和动物等多种区划图。

从比较法到发生学解释法

洪堡曾经提出一切观察都是基于比较，指出用比较方法综合研究区域特征的重要性。李特尔《地学通论》的副标题就包含“比较地理学”。但是他们并没有解释清楚如何在研究中应用比较的方法。真正把这一方法应用到区域研究和划分当中的，是德国学者赫特纳。

在众多区域地理研究者中，对后世影响最大的就是赫特纳。他创办了《地理杂志》并主编该刊 40 年。在他的努力下，地理学从庞杂资料的堆积整合为一门学科。他的观点“地理学与其他学科的区别在于方法，而不是事实”影响广泛。赫特纳曾经在南美洲、俄罗斯、北非和亚洲一带旅行。他认为区域性是地理学在科学体系中占有重要地位的直接原因，区域研究应该侧重于自然要素的区域结合，并强调用比较的方法研究地理学。

传统区域描述多采用位置、地质、地形、气候、自然资源、史前时期、中古时期、人口分布、职业、道路与政治区划等的描述方式。赫特纳认为这种描述方式无法揭示自然要素之间的内在联系，并创建了被称为“区域地理学模式”的地、水、大气、植物、动物和人类的区域描述纲要。他提出的“地理学就是研究地表差异性”的观点，在国际上产生了广泛而持久的影响，他被认为是区域地理学派的创始人。

当然，并不是所有人都接受赫特纳，苏联学者就批判过他的观点。1932 年，苏联学者编著的论文集《地理学新论》中指出，赫特纳关于“地理学为各现象及各事物的空间配置的科学”这一观点，“恶化了地理学的立场”，他的思想“舍去内容和动态而倾心于形式和静态”。书中指出：“形式和内容及此等现实性和过程之这种隔离，是和应该深切地理解研究对象的根本要求不相容的，从辩证物质论的观点说来，断然不能容许。”

但是赫特纳的观点在西方世界影响很大。进入 20 世纪，美国的地理学开始进步，与欧洲不同的是，美国地理学是随着 19 世纪末期西部大调查发展起来的，是建立在野外考察的传统之上的。随之而来的是美国学者更重视从观察到归纳的研究方法。20 世纪初期，美国大学中不但有了地理系，而且开始培养地理学的博士研究生。教学方法的改革在培养专业人才的同时，也促进了这门学科的进步。

20 世纪二三十年代，区域地理研究中心由欧洲转移到了美国。1925 年，美国地理学家索尔发表了《景观的形态》一文。他接受了赫特纳的观点，把地理学作为研究区域内部事物的组合与相互联系的科学，却摒弃了赫特纳的“区域地理学模式”。他强调区域研究应该在自然和文化景观结合的基础上，侧重历史的、发生学的分析。索尔的思想对美国区域地理学派产生了深远的影响，导致这一时期的区域研究广泛采用了发生学的解释方法。稍后的哈特向继承了索尔的思想，强调差异性研究的重要性，并将美国的区域研究推向新的高峰。他在1939年出版的《地理学的性质》书中，阐述了地理学是研究地球表面的区域分异特征的科学。这本书是20世纪上半叶中国学者的重要参考文献。

瓦伦纽斯和康德设想的“二元统一”，在其后的历史实践中没有实现。学者们往往根据个人的兴趣而各有侧重，二元结构反而愈发分裂。从赫特纳到哈特向都试图通过区域，把自然和人文统一起来，解决二元结构带给地理学的困境。

区域地理学以其他学科无法替代的综合特色成为地理学的核心，引起了世界学者的广泛重视，并一度被看作是地理学的终极目的。此后的区域研究多从实地考察入手，既有全球性的大区域划分，也有特定的小区域研究。

✿ 小区域

“区域”是科学地理学传入中国以后，使用频率最高的术语。此前，中国的区域地理内容主要包含在方志著作之中，并有了悠久的历史和传统，积累了大量的资料和经验。描述性区域地理著作在中国不但历史长、数量多，而且内容丰富，但是这些著作多缺乏方法论的探讨。西方区域地理学传入中国之后，有些人没有完全分辨清楚方志与区域地理学的差别。但理论上的差距并未阻碍方法的接纳，中国学者开始从传统描述转向科学分析。20世纪早期，中国还缺乏组织大规模区域考察、规划和开发的条件，大范围的区域研究尚不成熟。为了克服这种困难，中国学者从小区域入手，以期解决具体问题、推动学科进步。

除了研究条件的限制外，多数学者也反对在大范围内探讨区域问题。他们认为地理研究最重视人地关系，而这一点在大地域分析中很难反映出来。因此，在地区的选择上，“最好是一个岛屿、山谷、冲积扇、三角洲，一丘一埠等，因为这一类的研究，宜于精细”[①]。这种认识推动了中国的小区域研究。

20世纪上半叶中国的小区域研究相当精细。自然、人文，甚至教育和历史背景等要素都被纳入分析的框架，每一个需要调查的要素下还有1至2级的亚类。小区域研究不但内容全面，分类也较为合理，分析的结果更有利于对区域的综合认识与利用。

中国学者的小区域研究成果丰硕。《嘉陵江流域地理考察报告》《汉中盆地地理考察报告》《曲靖盆地》《江都西山丘陵区之地理概述》《渤海地域之研究》《川东平行岭谷区之自然与人生》，都是那个时期的代表作。地域范围上大到山区、盆地，小到城市、村落，研究内容上从自然、人文的综合到对自然要素及居民的具体研究等，皆有涉猎。研究性质上既有纯学术研讨，更有应用性探究。

① 田世英编著：《地理学新论及其研究途径》，商务印书馆，1947，第90页。

第三节　多样性中的一致性

科学地理学从创建到发展，始终没有摆脱二元论的影响。对于“二元”之间的关系及两者之间的轻重、主次之分，学界一直争论不休，无法形成共识。往往一种观点还没有说服另外一种观点，很快就被更新的观点替代了。但是这种看似毫无结果的争论并非没有意义，正是在各种观点和思想的不断碰撞中，产生了新的火花，地理学在争论中进步着。

地理学具有强大的生命力，还与这门学科的应用价值密切相关。地域系统、空间结构、时间过程、人地关系……这些重大问题都与人类生存息息相关。当环境的探究进入科学时代，古代的描述传统就过时了。洪堡、李特尔这代学者试图为地理学建立起科学的范式，开始了从描述向解释、由简单罗列向系统分析方向的转变。

随着探索的深入，出现了大量的科学概念和理论用以解释复杂的自然现象。新的概念、新的方法、更深入的思考，从四面八方把地理学充实起来。19世纪末期至20世纪初期，地理学的中心的、综合的科学地位逐步确立。职业学者群体形成了，高等教育中的地理学专业建立了，相关的学术团体和机构出现了……地理学最终成为一门科学，成为一种包含了众多分支的学科体系。

垂直地带性

地带性是地理学的一个基本概念，它包括纬度地带性和垂直地带性。本书第一章曾经谈到古希腊人最早发现了纬度地带性，即因地球自转和公转的影响，地面上的自然景观呈现出沿纬线方向东西延展、南北更替的带状分布。垂直地带性是指随着海拔高度的上升，气温不断下降，自然景观也随着高度的变化发生了改变。现在我们都知道海拔每升高100米，气温约下降0.6摄氏度，植被和其他自然要素也会相应地发生带状变化。地带性的发现，是地理学由现象的描述转向空间分布规律认识的重要一步，它推动了这门学科的系统化和理论化。

与很早就了解了纬度地带性不同，人们对于垂直地带性知道得很晚，直到19世纪洪堡在位于赤道附近的南美洲钦博拉索峰上考察时才发现。读者可能感到奇怪，纬度地带性的空间尺度比垂直地带性要大很多，在人类活动的范围还受到技术条件限制的情况下，为什么反而先发现了纬度地带性而不是垂直地带性？这要从最能反映地理现象垂直变化的条件谈起。

垂直地带性一般是在位于赤道附近的高山地区表现得最为明显。首先，山体要足够高。这样才能显示出随着海拔高度的升高，自然现象的变化特征。其次，赤道地区在山脚是热带，随着海拔升高、温度下降，就会依次出现温带、寒带等众多自然景观，甚至山顶会出现终年积雪。而温带地区的高山，山脚地区就是温带，随着海拔升高的自然景观变化没有热带地区那么丰富。

位于南美洲厄瓜多尔的钦博拉索峰，是安第斯山脉的最高峰，山体海拔高度为6272米，是距离地心最远的地方。在洪堡时代，它是欧洲公认的世界最高峰。那时候欧洲人还不知道珠穆朗玛峰。而珠峰早在清朝康熙年间的《皇舆全览图》中就绘出了它的具体位置。洪堡登上钦博拉索峰将近40年之后，英国人才准确记录了珠穆朗玛峰的位置。珠穆朗玛峰的名字来自藏语，意为大地之母。尼泊尔人称之为萨加玛塔峰。英国人“发现”了这座山峰之后，将其命名为埃佛勒斯峰。直到1953年，人类才首次登顶珠峰。

钦博拉索峰海拔高，又位于赤道附近，是理想的垂直地带性的观测地。这是一座位于赤道地区的圆锥形死火山，山顶终年积雪，形成很多冰川，山脚却是热带风光。1802年6月23日，洪堡爬到了海拔近6000米的位置，离顶峰只有300多米。因积雪太厚无路可走，只好放弃。尽管如此，这个高度也是当时人类攀登的最高纪录。洪堡之后将近三十年，这个纪录才被打破。洪堡一行人沿途观测记录温度、湿度、气压，以及水在不同海拔下的沸腾温度，同时采集了空气样本。在这次考察中，洪堡首次记录了高山病，并对其成因给出了科学的解释：这是一种在高山缺氧环境下人体适应能力不足引发的疾病。

攀登钦博拉索峰的过程，像是从热带到了极地地区。在前往山峰的路上，洪堡看到了茂盛的热带植被，而站在高山之上，眼前一片白雪皑皑，脚下是雪线近旁的地衣。各个温度带的植被随着海拔的升高渐次展现在洪堡面前。他详细记录了这种变化，并根据实地观测数据作出了解释，因此被认为是清晰阐述了自然万物之间千丝万缕关系的第一人。洪堡把自然万物看作有机整体，它们不是机械地拼合在一起的，它们都有着生命之源和相互联系。

洪堡通过描绘钦博拉索峰的温度、湿度、气压和动植物在不同海拔高度的分布特征，展示了自然景观垂直变化的“自然之图”。他从全局观念出发，对地球上相隔遥远的两个区域进行比较，以构建自然环境的生命之网。他还通过绘制全球等温线，以及气候带状分布、植被水平和垂直分异图等途径，展示了复杂多样的地理现象中的一致性。从此，地理学从对地表现象的描述过渡到了推理、归纳的阶段。

坚固的外围与缺失的核心

地球表面的差异性是地理学的关键问题，决定了这门学科必将由复杂的学科体系所构成。进入19世纪，伴随着内容的扩大和方法的深入，一位学者已经无法掌握人文地球的全部知识，学科分化成为必然趋势。于是，地理学在不断分化之中向前发展，随之而来的，是它由一门学科变成了一个学科体系。

科学分类原本是哲学家关注的问题，但是从19世纪末期开始，尤其是进入20世纪以后，也为科学家所关注。通过分类，各门学科的性质、特点和任务逐步明确。洪堡和李特尔之后，通论地理学开始停滞，但是专论地理学却进入了兴盛时代，这进一步促进了各分支学科的繁荣。

20世纪初期是群星闪烁的时代，继德国之后，法、英、俄、美等国均涌现出大批著名学者，他们从不同的角度专门研究自然界中的某一类或几类因素，推动了新学科的创建和地理学的分化。美国学者泰勒（Thomas Taylor，1880—1963）主编的《20世纪的地理学》，由20位欧美地理学家联合撰写，此书1951年出版以后多次再版，最新一版出版于2015年。书中生动地用树状图展示了人文地球这棵大树，自18世纪到20世纪初期的二百多年中的成长过程。树干上写着各分支学科的名称，枝干旁则是群星闪耀，写满了历史上开创该学科的人物，或者是作出突出贡献的著名学者。

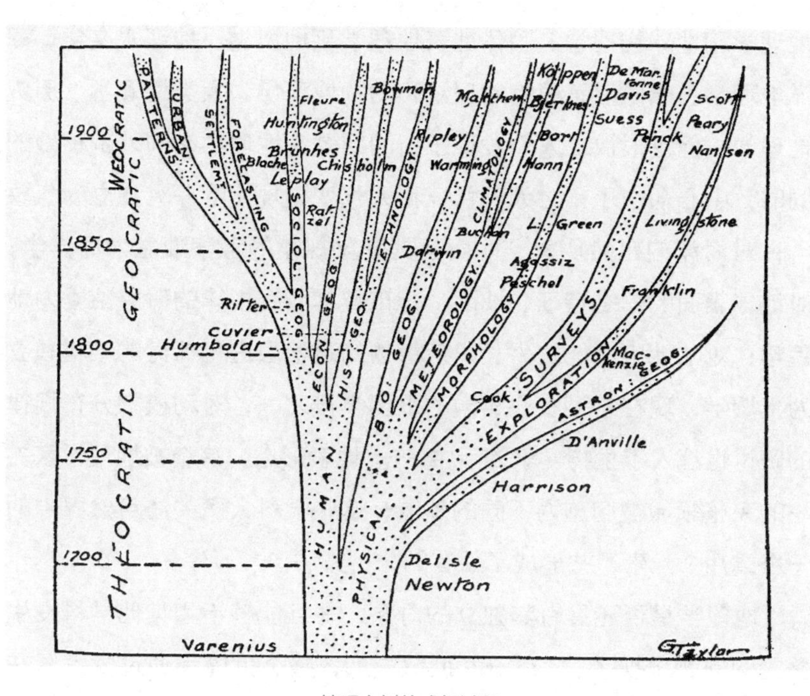

地理之树的成长过程

图中的地理树开始分为自然与人文两个主干，随着时间的推移生长出更多的枝杈。显然此图总结得并不全面，却生动地展示出这门学科的发展脉络。树的根基之处的代表人物是瓦伦纽斯，洪堡和李特尔分别在 1800 年人文地理学和自然地理学分叉之处。此外，航海天文钟的发明者哈里森（John Harrison，1693—1776）、利用万有引力定律解释地球形状的物理学家牛顿、进化论的创立者达尔文（Charles Robert Darwin，1809—1882）、地缘政治学的开创者拉采尔、提出气候对人类文明影响的亨廷顿（Ellsworth Huntington，1876—1947）等人均位于不同的枝杈处。

20 世纪以后学科愈加分化。赫特纳把地理学分为八大类：数理地理学和地球物理学、固体地表地理学和地质学、地理水文学、海洋地理学、气候学、植物地理学和动物地理学、人类地理学、历史地理学。但是很快，人们发现了新的问题。地理学在向外围扩散的同时，中心却空了：对大气特征和天气变化规律的探究独立为气象学；对海洋的自然现象、性质及其变化规律的考察独立为海洋学；对地球表面的形态特征、成因、分布及其演变规律的研究独立为地貌学；对陆地表面能够生长绿色植物的疏松层进行探讨的学科独立为土壤学，现在它是农业科学的重要学科之一；对动植物分布规律的研讨也落入了生物学家的手中⋯⋯地表形态，这个被地理学家关注的完整领域被切割为不同的领域，这些学科大多关注自然界中的一个或几个元素，并形成了独有的分析方法。

地理学是否还具有其独立的对象，并且能够不和其他学科发生叠置的问题出现了。“在十九世纪末期，整个世界都通过学术界在问：什么是地理学？”20世纪初期这种状况依然如此。1914年美国宾夕法尼亚大学一位教师，给很多自称为“地理学家”的人寄送了一份调查问卷，结果发现每位学者对这门学科都有着不同的定义。当然，所有学者都认同地理学是研究地球与人类生活之间关系的科学。这个答案被学者讥笑为“完全正确、完全一般化、完全无意义”。①

第二次世界大战结束以后，地理学的科学地位仍然受到质疑。尤其是这门学科以外的学者，总在抱怨它侵入了许多领域，但又不具备解决问题的能力和专门手段。地理学家也意识到，这门学科需要明确而具体的定义，以确保其独立的地位和进一步的发展。

① ［美］普雷斯顿·詹姆斯、［美］杰弗雷·马丁：《地理学思想史（增订本）》，李旭旦译，商务印书馆，1989，第205、369页。

对地理学的不同定义是一个世界性的问题。一门学科必须有科学内涵、有完整的体系，以反映出这门学科的性质。地理学中经常探讨的地表，并非几何意义上的地球表面，而是综合着大气、海洋、地层、生物、人类社会的复杂的综合体，确切地说，是地球的表层。因此对地理学的定义，只有通过对一组问题的综合诠释才能涵盖其全貌，而且这种集合性的解释会因人而异。

英国牛津大学的卡彭特（Nathanael Carpenter，1589—1628）可能是第一位给地理学下定义的人。他在 1625 年出版的《地理学，全球和局部》中提到地理学是一门描述整个地球的科学，并将其研究内容分为全球性的和区域性的两大类。

地理学曾经被视为关于整个地球的科学，德国人就称其为“地（球）学”（Erdkunde）。Erde 意为地球，Kund 则是科学。科学地理学起源于德国，德国人也一直在努力用 Erdkunde 替代源自希腊语的 Geographie 作为这门学科的专有名词。因为从语源来说，后者在希腊语中的意思是“描述大地”，并没有“科学”的含义。

1792 年德国哲学家布申（Anton Friedrich Büsching，1724—1793）出版了《新地学》一书，他用地学代替地理学的目的是希望区别于传统的学科。书中确实应用了很多新的、更为可靠的资料，也提出了人口密度等新概念。但是他仍然采用了传统的描述方法。18 世纪下半叶的著作也有不少在书名中冠以“新地理学”“纯地理学”等，以区别于传统著作。但是在瓦伦纽斯之前，多数书籍还是以描述性科学来定义这门科学。

摆脱描述科学定义的是瓦伦纽斯，他认为地理学是解释地球及其各个部分的外表、位置、大小和运动的学问。此后，洪堡提出了地理学的目的，是研究现象的空间分布、空间关系及其相互之间的关联。李特尔则认为这门学科的对象就是布满了人的地表空间，人类是地理学的核心和顶点。他提出要从自然的差别中发展普遍规律，强调人地关系的一致性或统一性，认为地理学的基本概念是多样性中存在着一致性。

德国学者李希霍芬在学科分化的时代，为了避免把整个地球作为对象，而造成从业者必须掌握多种概念和方法的困境，强调地理学必须限于地球表层，以加强学科的统一性；指出该学科重点研究岩石圈、水圈、大气圈和生物圈互相接触的地方，并探讨自然现象之间相互联系的发生学规律。李希霍芬把地理学内容限于地球表层的思想，受到了地质学家的嘲讽。19 世纪末期，在地质学家中流传着一句双关语："一个地理学者，是一个研究地球表面的肤浅的学者。"[①] 在英文中，surface 这个单词既包含有"表层、表面"的含义，也有"肤浅"的意思。

综上所述，多数学者都给这门学科下过定义，其中包括了我们熟悉的众多著名学者。这些来自德国、法国、英国、美国等西方国家的代表性定义，强调的核心主要包括三类，即人地关系、区域研究和地理要素因果关系。

科学地理学传入中国是多方位的，既有欧美思想的熏陶，也有日本的间接影响，这就造成了这门学科定义的多元性。与此同时，地理学在中国也面临着一系列新问题，它促使中国学者重新思考这门学科的性质、对象和范围。理论探讨成为中国现代地理学的主要特色之一。在 20 世纪 30 年代中期不到十年的时间里，仅以"怎样研究地理（学）"为题发表在各种期刊上的文章就有十几篇，其中

① ［美］普雷斯顿·詹姆斯、［美］杰弗雷·马丁：《地理学思想史（增订本）》，李旭旦译，商务印书馆，1989，第 215 页。

也包含了对这门学科定义、特点和性质的探讨。李长傅在其文章中，把当时流行的定义归纳为七类[①]：

一、记载地球的学问。

二、研究地球表面诸现象分布的科学。

三、讨论地球与人类关系的科学。

四、讨论土地的形态与空间关系及与人类影响之科学。

五、自然的无机因子之原则与有机因子之活动中间关系的科学。

六、讨论地壳上起伏形状并讨论此等形状及与其他现象分布上的影响之科学。

七、研究大有机体之状态与其构成部分的空间关系之科学。

20 世纪 20—30 年代地理环境决定论在中国影响深远，使同时期的学者多强调人地关系的重要性；30 年代以后则多强调区域和综合研究的重要性。直到 20 世纪中叶，中国学者对于地理学的定义也没能达成共识。总体上看，中西方对这门学科的定义，大体可以划归为三类：（1）研求地面自然现象之学问；（2）探究地面自然环境与人类生活关系之学问；（3）综合的科学。

“地学”大家庭

科学地理学传入中国时，西方世界对于这门学科的定义、性质、范围的讨论还在继续，学科体系尚不完善。中国的情况更是如此，虽然从发表在各种期刊上的论文统计分析，在 20 世纪 30 年代以前，地理学论文从数量上来说在地球科学中占有绝对的优势，但是作者

① 李长傅：《怎样研究地理》，《读书生活》1935 年第 6 期。

队伍庞杂、分散，文章也缺乏集中的主题。中国早期的高等教育中，地理学、地质学和气象学通常合为一体，统称为地学。只是随着研究的不断深化，才逐渐分离。

中国人学习过舆地学，熟悉把人类居住的环境作为一个整体来看待的知识体系。地理学在传入中国时学科理论的不完善，给中国学者留下了许多要解决的问题。它在中国究竟应该如何发展？是否应该照搬西方的体系？中国学者在努力探索。早期“地理”基本上作为地球科学的代名词而存在于各种著作之中，随着学科的发展和相应术语的演化，“地理”逐渐有了新的含义。

传统舆地学教育只是罗列事实，不但科学意义不大而且枯燥乏味。20 世纪早期虽然已经有了多部译自日文的教科书，但这些书中没有涉及中国的情况，这与中国政府希望通过地学教育“养成其爱国心性志气”大不相符。1904 年清政府颁布的《奏定学堂章程》，是中国近代第一个以教育法令公布并在全国实行的学制。该章程特别强调了地理教育“须就中国之事实教之”[1]。要做到这一点，就需要中国人自己编写教科书。

在中国教育界影响最大的第一部地理教科书，是 1908 年上海文明书局出版的张相文（1866—1933）所著《地文学》。书中首次使用中国的自然环境资料说明现代科学理论，该书主要参考日文书刊写成，所以介绍的还是 19 世纪末期西方的学说。

辛亥革命以后中国的高等教育开始有了现代的格局，地理教育发生了彻底的改变。较早建立地学系的中央大学（早期称为东南大学等，南京大学的前身），要求把“地学通论”作为文理科各系学

① 邹振环:《晚清西方地理学在中国：以 1815 至 1911 年西方地理学译著的传播与影响为中心》，上海古籍出版社，2000，第 279 页。

生一学年的共同必修科目。这门课程试图将地球科学的总体框架介绍给学生，该课程讲义《地学通论》相当于现在的通识教材。

地球科学涉猎范围广泛，当时地质学在中国已经有了长足的进展，气象学也有了专门的课程，唯有地理学涵盖知识面广又缺乏成熟的理论体系，因此《地学通论》首先把重点放在对学科分类的介绍上，这本讲义最初就定名为“地理学通论”。讲义的指导思想就是系统地讲授各种自然要素。出于这种考虑，这本教科书首先把重点放在了阐述现代自然地理学的理论体系。

《地学通论》介绍了美国最新的理论。内容虽然以自然地理学为主，但融汇了地质学和气象学。该书的编写参考了西方的《自然地理学》《数理地理学》《天文学》《地质学》《地图投影法》等著作，同时也参考了一些日文著作和中文译著。书中的理论基本上采用了美国最新的观点，尤其是地貌学家戴维斯（William Morris Davis，1850—1934）的学说。

美国现代地学发展的重要基础是野外调查的传统，以及由此而来的重视从观察到归纳的方法，而不是从演绎到理论的方法。这种传统深刻地影响着美国大学教育。戴维斯 1878 年在哈佛大学地质系担任自然地理学讲师时制订了教学计划，并创建了学术机构。他感到美国的地学教育太注重事实的罗列，而用来组织事实的一般概念则不足。这些思想也反映在《地学通论》当中。

由于《地学通论》侧重于介绍新的理论，所以在内容上并不像张相文的《地文学》那样系统，书中所举的实例也以西方的自然现象为主。但是在实际教学中，教授的教师则加入了中国的情况。讲义重视向学生介绍现代地学的研究手段，因此加入了《地图测绘法》一章。另外在《月球》一章中加入了阴历与阳历的对比，以使学生更好地了解东西方科学的异同。

20世纪20年代末该书再版时定名为“地学通论”。虽然在内容上将地质学、地理学、气象学合为一体，但对于如何更好地将三者协调在地学的框架之内，理论准备不足。尤其是在各门学科发展不平衡的情况之下，较难建立起一个学科之间互相协调的模式。早期各分支学科能够合为一体，有着客观的原因。进入20世纪以后，西方的多种学科和学术理论同时传入。而在中国，无论是体制上还是知识基础上，都没有完全接受学科分化的条件。尤其是地理学，在还没有专门的研究机构和专业人员不足的情况下，早期的许多科研工作是由地质学家或其他领域的学者代为完成的。

西方现代地学是以分化后的地质学、地理学和气象学三大学科先后传入中国的。在理论、人才数量和体制化程度等方面三门学科的发展极不平衡，但中国学者仍然希望创造一个中国式的地学“大家庭”：“盖地学譬犹一大户人家，当初家累奇重，极为复杂，其后群从昆季，各自成家立业，…… 顾门户虽专，而系统仍存，望衡对宇，声气相连。‘大块文章’，原无此疆彼界之见，惟有拘儒，不知会通之义。”[①]

高等教育中把地质学、地理学和气象学三门学科合为一系，就是希望发挥它们的互补作用。1928年，在地质学家翁文灏（1889—1971）的倡议下，清华大学创建了地理系。他认为中国现代地理学发展最为薄弱，希望借此推动这门学科的进步。可是该系创建以后，教师中地质学家的阵容最为强大，于是1932年该系改名为地学系，下设地理组、地质组和气象组。在该系的教学目的中，一再

① 《新地学》，竺可桢等译，钟山书局，1933，“序”。

强调三门学科之间的关系：气候作用会影响地质变化，所以地质学家不可不略知气象学。地质学家研究地壳需要有水陆分布、山川形势等知识，因此又不可不略知地理学。至于地理学包罗万象，上自天文气候，下至山原河海，均须略知梗概，然后还要了解动植物分布、民族消长、政治盛衰、社会经济状况，所以地理学家也需要有地质学和气象学的基础。

上述的多种原因本来为地学在中国成为一个整体创造了条件，但是随着研究的深入，学科发展不平衡的问题不但没有减弱，反而更为突出。在清华大学地学系内部，这种不平衡的关系造成了师资、经费、各种配备上的倾斜，甚至人事上的矛盾，弱势学科反而受到了制约。1947 年气象学从地学系独立出来，1950 年地质学也独立建系。最终，清华大学的地学系在 1952 年高等院校的院系调整中取消。

尽管中国学者一直在探索着现代地学在中国的发展模式，但是在以科学分化为主流的时代，无论是客观上还是主观上，都无法构建一个完整的、综合性的地学模式。为了促进地学的进步，中国高校中的地学专业，最终完成了由综合向分化的转变。

专业化时代

高等教育、科学组织和研究机构的出现，是一门学科形成的重要标志，也是学科能够可持续发展的体制保障。高等院校中地理专业的设置，使人才的培养成为可能；学术团体和研究机构的创建，为学术活动提供了平台，也促进了科学合作。现在公认的最早的科学团体是在罗马成立的山猫学会，创建于 1603 年，伽利略（Galileo Galilei，1564—1642）也是这个学会的成员。著名的英国皇家学会和法兰西科学院分别成立于1660年和1666年。

地理学的学术组织成立较晚，基本创建于19世纪。学会的成立与遍及欧洲的探险热潮密切相关。民众乐闻世界各地奇风异俗和探险家的冒险故事，政府对领土扩张野心勃勃，共同把探险事业推向了巅峰。以提供探险经费、颁发探险奖章、收集和出版地图及著作以供研究和宣传为目的的地理学会，在欧洲应运而生。

中国的地理学会成立于20世纪初期。最早是1909年成立的中国地学会，这个学术组织的成员涉及的专业领域比较宽泛。而以职业学者为主体的中国地理学会成立于1934年。此时学术团体的宗旨，已经侧重于促进学术交流与合作、推动学科建设等方面。但学术团体毕竟是科学共同体的松散组织，较难持久且强有力地保证科学的进步。

大学是培养专业人才的主要基地。中世纪的欧洲已经有了大学教育，但那时的大学以讲授宗教、政治、法律、逻辑和修辞学为主。直到19世纪初期，科学课程才逐渐纳入其中。地理学的专业教育始于19世纪后期。1874年德国在大学里设置了地理学教授席，李特尔是首位地理系教授。他之后的十几年间，德国和法国有了十几位专职教授。1887年在英国牛津大学、1888年在英国剑桥大学也相继设立了地理学教席。美国的第一位地理学教授是在1900年任命的。1920年在澳大利亚、1935年在加拿大也先后设置了地理学教席。

19世纪末至20世纪初，欧洲人新发现的陆地基本上被各国瓜分完毕，各国经济发展的不平衡造成新、旧殖民地之间矛盾激化。为了重新瓜分世界和争夺全球霸权，1914年爆发了第一次世界大战。这次人类历史上破坏性最强的战争之一，刺激了公众对地理知识的需求，并导致战后各国大学地理系的数量猛增。到20世纪二三十年代，在德、法、英、美等国的大学中，地理学已经成为高等教育的普遍专业。

20 世纪 20 年代前后，中国的现代大学制度逐渐完善，西方大学中所开设的各种科系在中国也逐渐建立起来。高校地学教育机构从最初的历史地理类，到史地系，再到后来的地学系，直至地理学、地质学、气象学逐步分离、独立成系……这个时期从事地理教育的老师以留学归国人员为主，他们分别在美、欧、日等不同国家进修和留学，直接掌握了西方先进的理论和知识体系。他们回国后通过在高校开设专业研究课程，直接使用西方教材，推动了科学地理学在中国的创建。

1859 年：人文地球的转折点

18—20 世纪初期的二百多年是科学地理学的创建时期。其中，1859 年，对于人文地球来说是一个非常特殊的年份。这一年，相差十岁的洪堡和李特尔先后去世，“整个时代都跟着他们进了坟墓”[①]。洪堡和李特尔是划时代的人物，很多学者把他们去世这一年作为近代和现代地理学的分界点。

这一年赫特纳出生，他开创的区域地理学传统对现代地理学产生了深远的影响。

这一年达尔文的《物种起源》正式出版。达尔文的远洋探险受到了洪堡的影响，进化论观点受到了地质学家莱伊尔《地质学原理》的启发。而达尔文所处的时代，正是欧洲地质学的“英雄时代”。

---

① ［德］阿尔夫雷德·赫特纳：《地理学：它的历史、性质和方法》，王兰生译，商务印书馆，1983，第 107 页。

也是这一年，人类遭遇了有记录以来超级太阳风暴的袭击，欧洲人因此发现了地磁暴与太阳风暴的关系。这个发现也有洪堡的功劳。他在南美洲考察时通过野外观测，注意到了地磁在不同区域之间的差异。19世纪30年代，德国科学家开始建立地磁台站，并发现了地磁场经常有微小的起伏变化。洪堡意识到要想掌握这种变化的规律，就要有更广泛的观测数据，于是他建议各国建立地磁台站。洪堡从各国测得的报告中了解了地磁变动的性能，创造了“地磁暴”的概念。他于5月6日去世，同年9月1日超级太阳风暴袭击地球，引起了地磁暴。

小贴士

地磁暴

地磁暴是地球磁场全球性的剧烈扰动现象。原因是太阳风暴发出的高速等离子体到达地球空间以后，引起全球范围剧烈的地磁扰动。

洪堡倡导全球地磁观测的广泛合作，直接推动了1882—1883年第一次国际极地年的观测活动。这是全球科学界的第一次联合观测活动，可以说是洪堡推动了科学的全球合作。这些工作我们将在本书最后一章讨论。

地理学在两千多年的发展进程中面临着各种挑战，但这门学科却一直保持着旺盛的生命力，直到今天仍然是人文地球的重要组成部分，是世界各国基础教育中的主干课程之一。尽管现代科学建立之后对于地理学的科学属性一直存在着争议，但这些争议并没有阻止其发展的脚步。战争需要详细地图，行政管理需要详细的区域信息和人口资料，旅行需要所到之处地貌、水文和气候资料……地理学的生命力源于它紧密联系时代重大问题、满足社会的需求，具有应用价值。

地理学帮助古希腊学者建立起了地球空间秩序，使人类对于周围的生存环境有了初步的认识和较为准确的把握。到了地理大发现时代，从世界各地涌入的大量信息为欧洲人摆脱宗教神学的束缚提供了资料基础。

古代中国延续千年的描述性地方志传统，为人们了解环境的变迁提供了丰富而连续的资料，为行政管理者掌握地方信息提供了可靠的文献，为水利工程、城市建设提供了基础资料。19世纪末期，面对鸦片战争之后的内忧外患，中国有识之士开始“睁眼看世界”。世界和边疆地理著作大量涌现，这些著作撰写的目的多是“备国家缓急之用”。

复杂而多样的信息为科学提供了丰富的对比分析的素材，促使比较研究、归纳分类、因果分析等科学方法在自然科学和哲学等领域广泛应用，从而揭示出其他学科的未知规律，也促进了地理学本身的进步。

地球起源、人类进化、环境演变、人地关系，甚至资源调查、区域开发、土地分类等社会经济领域的重大问题，也需要地理学家的参与。在众多的自然科学当中，地理学的概念和方法与实际需求的相关程度高、社会需求大。这就是它的生命力。

/ 第五章 /

“现在是理解过去的钥匙”

与新地理学创建过程中，努力摆脱延续了两千多年的“地理学”概念和描述传统不同，地质学在 18—19 世纪，是以一门全新科学的形态加入人文地球的大家庭中。新地理学发源于德国，地质学则兴起于英、法等国。

与人文地球的众多学科关注地球表层的自然现象不同，地质学重点关注地壳内部，开始时主要关注人们能够看到的岩石层，后来深入到地下看不见的部分。通过对岩石层的分析，人们发现地球是有历史的，这个历史可以从归纳岩层所包含的各种信息，尤其是古生物化石中解读出来。因此地质学也被认为是一门历史科学。

19 世纪，地质学是探索组成地壳的岩层的科学，它关注岩层怎么成为现在的状态，岩层之间的关系如何，以及它们是如何变化和运动的。随着人类观测技术水平的提高，现代地质学的内容已经扩展到岩石圈的物质成分和物理化学性质、地球的构造和生成历史、地球上生命的发生和演化历史，以及地壳运动的形成和发展等。

作为一门全新的学科，地质学在早期形成阶段并没有摆脱历史的重负。在科学地理学努力脱离长期形成的描述传统影响时，地质学是以摆脱宗教神学的桎梏开始的。这是因为《圣经》中已经对地球的形成过程作了说明，不容置疑。

作为一部犹太教与基督教的共同经典，《圣经》是三千年来在世界上发行量最大、读者面最广的著作。它的影响渗透到西方世界的各个角落。《圣经》包括《旧约全书》和《新约全书》。《旧约全书》在开篇之作《创世记》中，讲述了天地万物的创造过程。书中的第一句话就是：“起初，神创造天地。”《创世记》介绍了宇宙的起源——神创造天地，人类的起源——神创造了亚当和夏娃等内容。

自从中世纪基督教在欧洲兴起，沉重打击了古希腊文明，科学思想受到了宗教的压制。欧洲人因基督教统一在神权之下，形成了同类型的文化圈。直到文艺复兴之后，建立在实验和数学方法之上的各门自然科学才纷纷登场。哥白尼（Mikołaj Kopernik，1473—1543）革命推动了天文学的进步，牛顿等人推动了物理学的诞生，从波义耳（Robert Boyle，1627—1691）使化学从炼金术中脱离出来到拉瓦锡（Antoine-Laurent Lavoisier，1743—1794）的化学革命标志着化学学科的建立……与众多自然科学的建立相比，地质学创建稍晚，而且是在调和科学与神学的矛盾中开场的。

第一节 科学与神学

地质学的研究主题之一就是地球的形成过程，这个问题在《圣经·创世记》中已经给出了解释：神创造了白天与黑夜、空气与水分、陆地与海洋、植物与动物、亚当与夏娃……这些事情都是在六日之内完成的。第七日天地万物创造齐备，于是神休息了，因此第七日也被称为安息日。整个 17 世纪，甚至 18 世纪的早期，多数欧洲人还是按照《圣经》中的文字来观察和解释世界。人们努力探索自然界的各种现象，是为了寻找更多的证据以支持《创世记》所述的“神创造天地”。人们寻找原因、解释观察的结果，是为了证明科学理论与《圣经》是协调的，即造物主是如何使地球从原始混沌状态，转变为现在适宜居住的自然状态。这种被称为“自然神学”的运动在17世纪的欧洲兴盛起来，有些国家一直延续到18世纪。

自然神学为欧洲的自然科学和神学提供了衔接点。对于自然神论者而言，上帝创造了宇宙和它的规则，此后就不再对这个世界的发展产生影响，而是让世界按照其自身规律存在和发展，因此上帝是不可知的。自然神学强调，人类理解上帝某些真理的能力来自自然，促使人们凭借理性与经验来构建关于上帝的教义，基于对自然的观察去研究上帝。

地球的年龄与“水成论”

《圣经》中的《旧约全书》除了开篇的《创世记》外，还描述了以色列人的历史。于是欧洲人根据以色列人的家族谱系，追溯到上帝创造的第一个人——亚当的具体时间。按照《创世记》的记载，上帝创造亚当是在第六天，于是英国一位大主教计算出了地球创生的日期：公元前4004年10月23日。这个结论使具有46亿年历史的地球，年龄一下缩减至几千年。几千年的时间给解释化石的成因、地球的演化带来了巨大的困难。

拿《圣经》的时间框架去推断地质事件，岩层的沉积只能有两个时间点：一次是在上帝创世的时候，一次是在诺亚洪水的时候。根据《创世记》第六章的描述，上帝对人类的腐朽感到绝望，决定制造一场毁灭人类的灾难——大洪水。上帝事先让一位叫作诺亚的人建造了一艘方舟，以拯救他和他的家人以及各类动物。这场被称为诺亚洪水的灾难搅动海底、冲刷地表，并且埋葬了有机体的遗骸。这些被埋葬的有机体遗骸后来就形成了现在地层中的古生物化石。这种观点被称为“水成论”。

小贴士

岩层与地层

地质学专业术语。作层状分布的岩石称为岩层，地质历史上某一时代形成的一套岩层称为地层。构成地层的岩石或是因火山喷发，或是在沉积作用下，经过漫长的历史时期形成。层层叠叠的地层是一部记录地球几十亿年演变历史的“地书”。一般先形成的古老地层在下，后形成的在上，越靠近上部的岩层形成的年代越近。

英国人伍德沃德（J. Woodward，1665—1728）最早提出了“水成论”。他毕业于英国剑桥大学并获得医学博士学位，27岁就担任了伦敦格雷山姆学院的物理学教授，1693年当选为英国皇家学会会员。他在英格兰作过广泛的野外考察，对那里的岩层进行了深入的探究并搜集了大量的化石标本。1695年，伍德沃德发表《地球自然历史探讨》，明确提出了洪水导致生物灭亡的“水成论”。

根据在野外观察到的地层中的化石，伍德沃德推测化石是洪水的产物。为了印证《圣经》的记载，他提出了按照相对密度沉积的理论。按照这个说法，洪水过后最重的物质如金属、矿物和较重动物的骨骼留存在最下层，较轻的海洋生物沉积其上，而人类和高级植物的遗骸则存在于最上层。这个结论显然是错误的，但是“水成论”在推动岩层沉积作用研究上起到了积极的作用，并促进了地层学和化石分类的萌芽。

伍德沃德临终时把他一生收集的化石标本捐献给了剑桥大学，这些标本至今仍然陈列在那里的塞奇威克地球科学博物馆内。他希望在剑桥形成以他为首的地质学派，1727 年英国剑桥大学设立了“伍德沃德地质学讲席”，规定只有终身不婚的学者才能主持该讲席。第一任教授就是著名地质学家塞奇威克（Adam Sedgwick，1785—1873）。

毕业于英国剑桥大学数学系的塞奇威克，在担任地质学讲席教授时对这门学科一无所知。当时欧洲大学中任命教授，往往是根据其学术声誉而不是学术专长。塞奇威克自豪地说，他因为从来没有摸过一块石头，更适合这个地质学教授席，因为他还保留着一个开放的、没有注入教条的头脑。塞奇威克还是胜任地质学教授一职的，他在任教的 55 年中，开展了大量野外调查，并努力推动地质学在高等院校中学术地位的确立。他在理论上也对这门学科作出了重要的贡献，通过对英国威尔士北部的考察，他建立起当地的岩层顺序，创建了用标准化石来确定地层年代的方法。

“水成论”在 18 世纪普遍被欧洲学者接受。德国弗莱堡矿业学校地质学家维尔纳进一步促使这一理论系统化，所以有人把他作为这一理论的创始人。为了便于区别，他们把伍德沃德创建的理论称为“洪积说”，而把维尔纳创建的理论称为“水成论”。前者的理论侧重于解释化石的成因，而后者的理论已经开始解释地球的演化过程了。在研究方法上，维尔纳反对推测，强调观察。由此可见他的理论较伍德沃德有了很大的进步。

维尔纳出身于矿业家庭，终身未婚，长期在德国东部的撒克森地区任教，这里是德国人口最多、工业化程度最高的地区。他的主要科学成就在实用矿物学领域，但是对于“水成论”的贡献十分突出。矿物学现在是地质学下面的一门分支学科，却比地质学的创建早很多。准确地说，地质学是从矿物学中独立出来的，这个功劳归于维尔纳。他在长达40年的教学生涯中提出了地质学的学科体系，即地质学包含了实用矿物学、矿物化学、地球结构学、矿物地理学和经济矿物学。可以看出，这种分类明显地受到了他本人的知识结构和地质学发展水平的影响，与现在的地质学学科体系不同。

维尔纳的“水成论”观点认为，地球上的所有岩层都是在洪水期形成的。最初被“原始海洋”包围，于是海水成为最重要的地质力量，岩层都是在海水中经过结晶、化学沉淀和机械沉积等作用形成的。从“原始海洋”到诺亚大洪水，在海平面不断下降的过程中岩石露出水面，后经风化和再沉积，形成了含有生物化石的岩石层。这一理论关注两个方面的内容：一是地层的起源与变化；二是地层的划分。维尔纳把研究的重点放在了地层划分上。

正是维尔纳的科学方法和出色的演讲才能，使他的观点在欧洲大陆产生了广泛的影响，从而导致“水成论”成为主要的、影响最大的地质学理论。当然，这一理论也有无法自圆其说的解释漏洞，比如“原始海洋”的存在是它的出发点，那么形成陆地以后原始海洋的海水到哪里去了？显然，强调以观察为依据的维尔纳很难找到证据。他和他的门徒给出了多种解释都难以服众，比如说水流到了地球的内部，但是当时的地球物理学家已经计算出地球内部没有这么大的空间。还有“水成论”对火山作用的忽视也是它的缺陷。维尔纳长期生活在以沉积岩系为主的德国东部地区，地域限制不可避免。

✿ 玄武岩与“火成论”

世界上有四个主要火山带，分别是地中海火山带、环太平洋火山带、大西洋海岭火山带和东非火山带。地中海是火山活动频繁的地区，这就决定了居住在地中海沿岸的欧洲人最早注意到了火山的作用，以及在这种作用下形成的玄武岩。玄武岩是火山喷发出的岩浆冷却后凝固而成、呈致密状或泡沫状结构的岩石，仅从外表方面看就与沉积岩有着明显的不同。

小贴士

岩石的种类

岩石是组成地壳的基本物质之一。按照形成的原因可以分成三类：因火山作用形成的“岩浆岩”、因水成作用形成的“沉积岩”和因变质作用形成的“变质岩”。常见的岩浆岩有花岗岩、流纹岩、正长石、闪长石、安山石、辉长岩和玄武岩等。

意大利是火山活动非常频繁的地区，早期的火山研究专家多来自这里，最早提出“火成论”的人同样来自意大利。威尼斯修道院院长、火山学家莫罗（A. Moro，1687—1764）研究过意大利西西里岛东岸的埃特纳火山，第一个提出了“火成论”。埃特纳火山是欧洲海拔最高、世界上喷发次数最多的火山，而且它的高度在不断变化。莫罗出生前九年，那里发生了历史上最猛烈的一次火山喷发。持续四个月的火山喷发造成了两万多人丧生、多处城镇被焚毁。

通过观察和思索，莫罗指出“水成论”忽视了构造活动和地球动力在山脉和陆地形成过程中的重要作用。1740 年，他出版了两卷本的《山顶上发现的壳类和其他一些海洋生物体》，认为地球最初被水层覆盖，地球内部温度很高，所有的岩石都来源于火山喷发的物质。地下火创造了岛屿、陆地和山脉，火山喷发物把动植物遗体掩埋于地层当中，地震再次引起山脉的隆起。作为神职人员，他也是按照《圣经》作出解释，把漫长的地质演化历史硬塞进了很短的时间框架之内。

把“火成论”从神学的解释框架中解放出来的，是英国人赫顿（J. Hutton，1726—1797）。他在爱丁堡大学攻读古典文学，却对欧洲刚刚兴起的化学更感兴趣，并做过初步的化学实验。虽然后来在莱顿大学获得医学博士学位，但是他的兴趣仍然在化学领域，并参与创办了化工企业。后来赫顿因继承家产创办农场，在与土壤、河流、地形地貌接触的过程中才对地质学产生了兴趣。1768 年，已经 42 岁的赫顿开始钻研地质学。1785 年，年近 60 岁的赫顿才在爱丁堡哲学学会的演讲中，报告了《地球学说》，正式提出了“火成论”。

赫顿认为陆地的形成过程是缓慢的，地球历史相当漫长，他建立起的地质时间概念被后人认为和哥白尼革命一样重要。但在当时，他的观点却受到了猛烈的攻击。为了证明“火成论”，赫顿长时间在野外考察收集资料。他终身未婚，把后半生的时间和精力全部投入野外考察当中。十年以后，年近七旬的赫顿重新发表了《地球学说》，并最终奠定了作为“火成论”代表人物的地位。

赫顿在苏格兰高地考察时看到了各种结晶岩石，一些花岗岩脉穿插进片岩当中。通过观察和思考，他认为这是熔岩冷却的结果，而不是在水中结晶形成的。他在野外观察到大量的地层不连续的现象，进而提出，所有地层的沉积都是水平的，倾斜是由后来的抬升运动造成的，地层就是在地内热力的作用下抬升的。“水成论”把花岗岩看作是原始地层，但赫顿证明了花岗岩没有阿尔卑斯的沉积岩古老。他从花岗岩不成层而是结晶状判断，这是一种火成岩。

赫顿宣称自然界有神的意图，并使他在地质学研究中得到了启示。神的意图就是维持动植物的生命以符合人类的利益，因此地球就会按照正确的方向发展，即地质事件中的自然力和所表现出来的规律总是不变的。但他提出的观点并不符合传统宗教的理念，倒是

“水成论”更能与《圣经》协调。所以在相当长的时期内，“水成论”依然占据上风，直到1807年伦敦地质学会成立时，十三名发起会员仍然全部支持“水成论”。

赫顿的观点不为欧洲学者接受，还有一个原因就是他的文字晦涩难懂。他的支持者和朋友普莱费尔（John Playfair，1748—1819）在爱丁堡大学接受了数学教育，后担任过数学和哲学教授，他曾经在欧洲旅行并从事地质和矿物研究。1802年，在赫顿去世五年以后，普莱费尔出版了《赫顿地球理论解释》。此书文字优美，使赫顿的观点易于理解，这才使“火成论”思想得以传播。

19世纪初期，在英国的爱丁堡汇集了两派的支持者。“水成论”的支持者、维尔纳的学生詹姆森（Robert Jameson，1774—1854）在爱丁堡创建了“维尔纳博物学会”。1811—1839年间，这个学会出版了8期会刊宣传“水成论”，从而掀起了“水成论”与“火成论”之争。传说两派曾经在爱丁堡附近的山上（也有传说是在山脚下）讨论地层的成因，并产生了激烈的争论。最后由争论到谩骂，由谩骂到动武。无论此说是否属实，两种观点“水火不容”，却是事实。

经法国学者的努力，“火成论”最终占据了上风。位于法国中部城市克勒蒙菲朗西面的奥弗涅火山群，由近90个规模不等的火山锥组成。法国岩石学家德马雷（N. Desmarest，1725—1815）详细分析了那里玄武岩的成因和特性，证明它们是由火山作用形成的。这项工作为“火成论”奠定了坚实的基础，但是德马雷本人却没有兴趣参与争论。

后人为了便于区分，把反对“水成论”的观点统称为“火成论”。实际上“水成论”者也承认火的作用，但认为那只是地质变化的辅助作用；“火成论”者只是认为水不是地质变化的唯一动力，他们强调地质作用是在水、火两种动力下形成的。最终“火成论”替代了“水成论”，成为解释地质变化的理论框架。

“水火之争”促进了地质学的进步，双方为了驳倒对方都在努力寻找新的、更多的证据。“水成论”者曾经质疑“火成论”提出的玄武岩是火成岩的说法，因为玄武岩看不到玻璃质体，如何证明是火成的？支持“火成论”的英国物理学家霍尔爵士（Sir James Hall，1761—1832）为此做了一个实验，他把火山渣熔融后再在高压条件下冷却，证明火山渣在缓慢冷却的过程中没有形成玻璃质体。霍尔通过各种实验支持了赫顿的“火成论”，也在不经意间成为实验地质学的创始人。

随着野外考察证据的增多，“水火之争”最终因“水成论”的支持者纷纷放弃原来的观点改为支持“火成论”而结束。其中影响最大的，是“水成论”的支持者、德国地质学家、维尔纳的学生布赫（Christian L. von Buch，1774—1853）。家境富裕的布赫23岁即辞职开始野外考察。随着考察的深入，他发现了“水成论”的缺陷。但是他相信，支持一种观点可以找到很多事实，反对同一个观点也能找到很多事实，因此地质学理论需要到世界不同的地区去印证。

布赫广泛游历了欧洲南部意大利的维苏威火山、法国奥弗涅火山群、欧洲西北角遍布火成岩的斯堪的纳维亚半岛、非洲西北部的火山形成的加那利群岛，他还到苏格兰和爱尔兰北部的火山喷发过的地区实地观察。当然，他关注最多的还是阿尔卑斯山脉，并确定那里是由地下火成岩体的抬升作用形成的。

直到75岁高龄，布赫仍然常到阿尔卑斯山区考察。大量的野外证据使他最终放弃了“水成论”，改为支持“火成论”。布赫用35年的时间完成了这种转变，这期间不少“水成论”者放弃了原来的观点，改为支持“火成论”。布赫十分谨慎，正是由于他的工作是建立在坚实野外考察的基础之上，再加上他在欧洲学术界的崇高声望，他的转变最终动摇了“水成论”。

德国弗莱堡矿业学校最终为“水火之争”画上了句号。弗莱堡矿业学校因为维尔纳在那里宣讲“水成论”而盛极一时，各国学子纷纷前往该学校聆听维尔纳的讲学，学习水成理论。19世纪初期，随着“水成论”逐渐式微，到弗莱堡学习的人也渐渐减少。为了查明情况、寻找支持“水成论”的证据，矿业学校派出地质学家到法国奥弗涅火山区考察。考察的结果使“火成论”最终击败了“水成论”。此时维尔纳还健在，已经六十高龄的他无法继续从事远途地质考察。他仍然拒绝接受“火成论”，不相信他没有亲眼看到的证据。

第二节 “英雄时代”

恩格斯在《自然辩证法》中评价莱伊尔的《地质学原理》，破天荒“第一次把理性带进地质学中，因为他以地球的缓慢的变化这样一种渐进作用，代替了由于造物主的一时兴发所引起的突然革命”。而莱伊尔却把这份荣誉送给了赫顿，说赫顿是试图为科学和创世论之间划出一条严格界线的第一人。莱伊尔是谦虚了，他的《地质学原理》以及那句名言“现在是理解过去的钥匙”，在科学史上的划时代意义有目共睹。

1790—1830年，被德国古生物学家齐特尔（K. A. von Zittel，1839—1904）称为“地质学的英雄时代”。他所描述的“英雄时代”正处于欧洲工业化时期，也是地质学最终摆脱神学、开始科学探索的时期。此时欧洲工业、采矿业、冶炼业兴盛。在工业发达的国家里，矿业和以矿产品为基本原料的工业，一般要占到整个工业生产的百分之六十左右，而进行生产所使用的动力几乎全部取之于地下资源。工业化带动了地质学的进步，并造就了这门学科的英雄时代。

如果从现在来看，齐特尔在1899年出版的《地质学与古生物学史》书中划定的“英雄时代”的下限，至少应该延续到19世纪末期的齐特尔时代，甚至20世纪初期。地质学成为一门独立的学科，是经过几代人的不懈努力、前赴后继共同完成的。齐特尔设定的“英雄时代”的终点，才是科学地质学的真正起点。

莱伊尔与“渐变论”

莱伊尔曾经在英国牛津大学学习古典文学和数学，后遵父命改学法律，但他热衷于探索大自然的奥秘。此时英国已经出版了很多地质学著作，这使他有机会了解这门学科的基本理论。前文谈到的介绍“火成论”的著作《赫顿地球理论解释》，是莱伊尔最感兴趣的著作之一，书中的观点对他产生了深远的影响。

莱伊尔时代，在英国大学中已经设立了地质学讲席。他在牛津大学选修了著名地质学家巴克兰（William Buckland，1784—1856）的课程，参加了牛津大学地质学小组的野外考察活动。在牛津大学的学习，为莱伊尔从事研究奠定了基础。但他后来却提出了与他的老师巴克兰支持的“灾变论”不同的观点，即被恩格斯赞赏的“渐变论”。因此，这里有必要多用些笔墨介绍巴克兰所支持的“灾变论”。

莱伊尔在大学读书时，地质学的“水火之争”已近尾声。这个领域新的争论即将开始，而这对师生则站在了不同的立场之上。巴克兰曾经是“水成论”的支持者，后来又支持“灾变论”。这一理论最初是由法国博物学家居维叶（Georges L. Cuvier，1769—1832）提出的。居维叶对法国巴黎盆地不同地层中的生物化石作过深入的调研，并在1812年发表的《脊椎动物骨骼化石》绪论中最早提出了“灾变论”。1825年居维叶将其作为独立篇章，定名为“地球表面的变动”。

居维叶所在时代的欧洲人已经发现，大量保存在地层中的化石生物已经灭绝，在陆地上生存过的最大的哺乳动物之一猛犸象就是其中一例。这种曾经广泛分布于北半球寒带地区的大型动物身体肥硕，体重可达6—8吨，草原猛犸象体重可达12吨。大约1万年前猛犸象陆续灭绝。居维叶据此提出地球上生物的变化是各种灾难造成的，每一次灾变使生物大量灭绝，然后再重新创造出新物种。现代的生物物种不是从过去演化而来的，而是全新的、与过去的物种没有任何的关系。巴克兰接受了居维叶的观点，并在英国找到了大量生物骨骼化石和岩石变化的资料以证实和支持“灾变论”。

莱伊尔大学毕业那年加入了伦敦地质学会，并在《季刊通报》担任编辑。优越的家庭条件使他有机会经常到野外考察，足迹遍及欧洲各地。开始时他接受了巴克兰的观点，后因1828—1829年间在法国的野外见闻，他改变了看法。回到英国以后，莱伊尔在伦敦地质学会上宣读了《论河谷冲蚀——对法国中部火山岩的说明》，用渐进的观点解释山谷的成因。他认为地球的面貌是缓慢变化的，引起变化的原因来自自然力，这些自然力人们都可以观察到。今天的地质学家把引起地壳物质组成、内部结构和地表形态运动和变化的自然力称为地质营力，它至今仍然是现代地质学的主题之一。

莱伊尔的观点遭到了“灾变论”者的强烈反对，并引起了学界的激烈争论，反对者包括他的老师巴克兰。按照“灾变论”的观点，过去起作用的力（无论是自然力还是神力）和现在完全不一样，因此地球的历史是没有办法认识的。莱伊尔则认为，现在改变地表形态的自然力和过去是一样的，人们可以运用类比和归纳的方法，从今天观察到的地质现象了解地球过去的演变历史。这种将今论古的方法是“渐变论”的基础，它让地质学彻底摆脱了宗教的影响。因为自然力是在漫长的地质年代中发挥作用的，如果不考虑漫长的时间这个因素，那么只有像诺亚洪水那种超自然的力量，或者说神灵的力量才能够在短时间内促成地质演变。

莱伊尔的“渐变论”，为地质学提供了理论基础和方法论依据。经过十余年的积累，莱伊尔完成了那部划时代的巨著——《地质学原理》。这部著作确立了地质学的科学方法和学科体系。

《地质学原理》

1830年莱伊尔的《地质学原理》第一册出版。在此后的三年中，第二册和第三册也先后出版。1837年，《地质学原理》第5版出版，此书前5版共分为四篇。1838年，莱伊尔将其中的第四篇扩充后独立成册、单独发行，命名为“地质学纲要”。1851年，《地质学纲要》重新修订后再次出版时定名为“普通地质学教程”，十四年后再版时又改名为“地质学纲要”。

《地质学原理》在世界范围内影响广泛，莱伊尔在世时就11次再版，每一次再版他都作了增补、修改，甚至重写部分内容。有人认为他只是综述了那个时代的主要观点和成果，特别是赫顿的思想，归纳总结了当时已知的大量地质学知识，不是科学上的创新。但是这种集成性的著作，系统而全面地总结了地质学的科学体系，为后来地质学的发展奠定了基础。莱伊尔虽然不善言辞，但其著作文字优美，逻辑清晰，叙述浅显易懂，再加上他的学术声望，使《地质学原理》一经出版就产生了广泛影响，成为旷世经典。

《地质学原理》被翻译成多种语言，中文版有三个译本：第一个译本于 1873 年由上海江南机器制造总局翻译馆出版。由美国基督教传教士玛高温（Daniel Jerome MacGowan，1814—1893）口译，清末数学家、翻译家华蘅芳（1833—1902）笔述，名为“地学浅释”，此书是依据 1865 年《地质学纲要》第 6 版翻译而成。《地学浅释》出版以后被多次翻刻，例如 1901 年就作为“西学富强丛书”之一重印。不少学校把它列为教科书，康有为（1858—1927）、谭嗣同（1865—1898）、梁启超、鲁迅等人都读过此书。

第二个译本是由中国地质学家徐韦曼（1895—1974）根据《地质学原理》第 11 版翻译，中文译名即为“地质学原理”。徐韦曼 1916 年毕业于农商部地质研究所，是中国本土培养的第一代地质学家。他后来赴美国深造，回国后长期在地质机构工作。中译本由科学出版社分别在 1959 年和 1960 年出版了第一册和第二册。

第三个译本出版于 2008 年，作为北京大学出版社“科学元典丛书”之一，再版了徐韦曼的译本，并增加了吴凤鸣（1923— ）撰写的详细“导读”。

《地质学原理》开篇就给地质学一个明确的定义：研究自然界中有机物和无机物所发生的连续变化的科学。同时也探讨这些变化的原因，以及这些变化在改变地球表面和外部构造方面所产生的影响。这个定义与现代的定义大体一致，只是当时的技术条件还无法开展海洋地质研究，因此没有涵盖后来快速发展的构造运动研究。

莱伊尔在书中首先用了三章的篇幅梳理了地质学的发展历史，并且对历史上的各种观点作了评论。他在为后人留下了这门学科的详实历史轨迹的同时，也对后世的历史评判产生了很大的影响。至今的地质学史著作，有不少对于西方地质学史的描述与评价就来自这本书。

《地质学原理》的学术价值主要有三个方面：提出了“渐变论”思想和“将今论古”的原则，确立了科学的研究方法和理论体系，提出了进化的概念。第一点前文已经谈过，进化论的问题将在下一个主题中讨论，这里重点谈谈莱伊尔创建的科学体系和方法。

莱伊尔之前的著作，重点讨论矿物和岩层这两项内容。《地质学原理》丰富了这门学科的内容，矿物、岩石、地层、古生物、地貌、动力地质、构造地质等内容均包含其中。书中利用了学界的主要研究方法，如野外考察、岩相分析、实验方法和地层古生物方法等。这些方法的运用，都是建立在“用现代的野外观察，说明过去的地球历史”这一原则基础之上，从而为地质学作为一门独立的学科奠定了坚实的基础。随着分析手段的改进和技术的进步，现在人们很容易发现《地质学原理》在分析某些自然力方面的错误认识，但这并不影响该书的开创之功。此书还促进了地质学多门分支学科的发展，并为生物进化论提供了理论依据。

❁ 进化论

恩格斯把生物进化论与细胞学说和能量守恒转化定律，并列为

19 世纪自然科学的三大发现。其中的生物进化论与莱伊尔的《地质学原理》有着一定的关系。任何一个新理论的产生都经历了一定的过程，很多时候是由几代学者前赴后继、共同完成的。生物进化论也是如此。现在人们提起生物进化论，首先想到的就是达尔文。但就像《地质学原理》是前人工作的集大成之作一样，《物种起源》也是在前人努力的基础上的划时代之作。

提起生物进化论，首先不应该忘记的是法国学者拉马克（Jean-Baptiste de Lamarck，1744—1829）。他早年学习医学、植物学和气象学，在巴黎自然博物馆主要从事无脊椎动物和植物分类研究。拉马克最先提出了生物进化的观点，认为环境影响生物器官的发展和退化，并提出了后天获得性可以遗传的观点。他以进化论为理论基础进行无脊椎动物研究，并取得了丰硕的成果，从而成为无脊椎动物学的创始人。1809 年拉马克出版的《动物哲学》详细阐述了生物进化思想，但他把生物体不断进化的能力归功于上帝的赋予，认为是生物的本性，因此拉马克的进化观点没能突破神学的束缚，只是他的工作和观点让人们意识到了生物进化的可能性。

拉马克认为生物种属的变化是一个漫长的历史过程，从而拉长了地球存在的历史。这种思想是超前的，因为当时欧洲学术界盛行“灾变论”，而主张该理论的居维叶社会地位很高，学术观点的影响更大。拉马克的观点自然受到了压制，这位进化论的早期倡导者晚年双目失明、穷困潦倒。

开始时莱伊尔并不接受拉马克的理论，但在读了《动物哲学》后他深受启发，从而改变了物种不变的想法。拉马克去世后的第二年，《地质学原理》出版，莱伊尔在书中高度评价了拉马克的理论及其在地质学中的贡献。

时代最终让达尔文完成了创立生物进化论的历史使命。达尔文在爱丁堡大学学习的是医学，后遵父命入剑桥大学学习神学，但是他对自然界的兴趣更大。在剑桥大学时他曾经跟随“伍德沃德地质学讲席”教授塞奇威克去野外考察、采集标本。虽然塞奇威克终生也没有接受进化论，而且还对达尔文的理论冷嘲热讽，却教会了达尔文依据动植物群划分地层的方法。

1831 年从英国剑桥大学毕业的达尔文，以自然科学家的身份登上了“贝格尔号”，开始了为期五年的环球航行。这是英国政府派到世界各地探测、收集资源和情报的航船，达尔文随船游历了南美洲、澳大利亚和南太平洋的一些岛屿。在他随身携带的书籍中，有他的老师推荐的《地质学原理》。此时的达尔文还不认识莱伊尔，老师更是告诫他不要接受书中的观点。达尔文在南美洲详细研究了火山、火成岩和隆起的陆地之间的关系，从而确信地球表面存在着巨大而缓慢的变化。在考察中，他通过详细观察和分析，印证并接受了莱伊尔提出的观点，当然也修正了书中的一些错误。

此次航行所经之地，最值得一提的便是位于南美洲赤道地区的加拉帕戈斯群岛（即现在隶属于厄瓜多尔的科隆群岛）。这十几座位于南美大陆以西 1000 千米的太平洋面上的火山岛屿，被后人称为“进化论的故乡”。群岛位于秘鲁寒流和赤道暖流交汇处，具有多样性的气候和火山地貌的特殊自然环境。虽然位于赤道地区，但岛上气候凉爽干燥，草木茂盛，四周又被大海阻隔，形成了一个封闭的小型生态环境。不同生活习性的动物和植物同时生长繁衍，被称为“生物进化活博物馆”。1978 年这里被联合国教科文组织列入世界自然遗产名录。

达尔文在加拉帕戈斯群岛上仔细观察了鸟类和爬行动物，并收集了大量标本，这些标本成为物种进化论的核心证据。群岛之间相似物种的微小差异让他意识到，物种是可以为适应不同的生存环境而发生改变的。

回到英国以后，达尔文和莱伊尔成了好朋友。尽管开始时莱伊尔并不接受进化论观点，但还是给了达尔文很多的帮助。第二年，达尔文整理并发表了总结五年环球航行的工作日记后，即着手研究生物进化。他继续进行野外考察，并观察作物的人工培植和动物的人工饲养。他发现了家养动物的微小变化，认为这是因人类的需要而不断被人为选择、进而产生的新品种。

在对动植物和地质现象深入观察的基础之上，达尔文最终认定物种是可以变化的，他认为，生命的历史并非直线式发展，它的成长更像是一棵树，新物种像是新的枝丫不断从旧物种中演化出来，并在漫长的地球历史进程中不断改变。“生命树”成了理解生物进化的一个基本概念。在其根部是所有生命的共同祖先，每一个分支代表一个物种；大多数分支所代表的物种已经灭绝，少数存活下来。所以“生命树”是地球上现有以及曾经出现过的生命的完整记录。进入20世纪中叶以后，随着分子生物学的出现，这棵树已经无法囊括所有的生命轨迹，于是科学家建议用“生命网”代替生命树。

1859年，与《地质学原理》一样具有划时代意义的巨著《物种起源》出版。两部著作的出版标志着科学与宗教的彻底分离。前者被看作是地质学的起点，后者被认为是生物学的开端。达尔文相信生物有着共同的祖先，它们在历史进程中通过变异、遗传和自然选择，从简单到复杂、从低级到高级、从少数类型到多数类型逐渐变化，即物种是可变的，生物是进化的。这种思想强烈冲击了《圣经》的创世论，震动了西方学术界和宗教界。

尽管在《物种起源》出版以前，就有欧洲学者提出了类似的观点，达尔文本人也在多种场合作过报告，介绍他的生物进化理论，但是由于《物种起源》系统地阐述了生物进化学说，它的出版还是在社会上掀起了轩然大波。

进化论遭到了很多人的质疑、抨击和讽刺。从 18 世纪开始，欧洲出现了一批优秀的漫画家，他们通过漫画讽刺时弊、表达诉求。进化论提出以后，讽刺达尔文的漫画铺天盖地而来，一些著名漫画家也参与其中。法国天才漫画家吉尔（André Gill，1840—1885）就绘有多幅讽刺漫画。除了漫画以外，还有人写诗讽刺进化论。甚至有人讥讽说，猿比人聪明，至少它们知道什么时候应该保持沉默。

19 世纪讽刺达尔文的漫画

（左：1871 年；右：1878 年）

面对来自四面八方的反对声音，接受进化论的莱伊尔和另外几位著名学者，给了达尔文坚定的帮助和支持。在众多的支持者中，有位人物特别值得一提，此人就是英国学者赫胥黎（Thomas H. Huxley，1825—1895）。他的著作，使进化论在中国引起了广泛的社会反响。

赫胥黎早年学医，后以助理外科医生的身份随英国皇家海军"响尾蛇号"远航太平洋。四年远航期间他潜心研究海洋动物，回到英国后，以卓越的生物学成就在 26 岁时当选英国皇家学会会员。关于进化论的那场著名论战——1860 年牛津大论战，支持方就是赫胥黎，反对方是牛津大主教威尔伯福斯（Samuel Wilberforce，1805—1873），双方争论的焦点就是生物进化论。

赫胥黎自称是"达尔文的斗犬"，他不但积极支持生物进化论，而且提出了人类的文明可以压制野蛮，用人类的伦理去重塑世界，因此他也被后人视为生物伦理学的开创者。1863 年他出版了《人类在自然界中的位置》，从解剖学的角度论证了人猿同祖的学说。他在 1893 年出版的《进化论与伦理学》中的部分内容，在 1895 年被严复（1854—1921）翻译为中文，取名"天演论"。

其实早在《天演论》出版之前，进化论已经被介绍到中国。早期的一些中文著作中包含有进化论的观点，如《地学浅释》《谈天》《格致汇编》《西学考略》等书籍均有介绍。19 世纪末到 20 世纪三四十年代，关于进化论的中文译著就多达十余种，中国学者介绍进化论的论著更多，文章就有几百篇。当然，影响最大的还是严复翻译的《天演论》。

达尔文所指的"进化"，本来是由自然界中的生物与其地理环境之间相互作用中的改变造成的，但英国哲学家、社会学家斯宾塞

（Herbert Spencer，1820—1903）将本属于生物界的进化论引入社会科学中，提出了“社会有机体”学说。严复曾经在英国留学，深受西方思想的影响，回国以后积极参与维新改革的宣传活动，通过教学、翻译、办报等途径传播西方科学思想。

严复在《天演论》中阐述了“社会有机体”学说，这种观点迎合了中国的社会需求，成为中国知识分子试图变革社会的理论武器。20 世纪 20 年代，“物竞天择，适者生存”的思想深入人心。进化论因《天演论》而在中国产生了广泛的影响，它与中国社会状况密切结合，成为改革派革新社会思想的理论武器，使生物进化论异化成为社会进化论。

达尔文被后人称为生物学家，《物种起源》甚至被当作生物学的起点。其实进化论与地质学的渊源更为密切。因为早期还没有形成系统的生物遗传理论来支持进化论，于是化石就成为争论双方寻找的主要证据，从而推动了古生物学的进步。1926 年商务印书馆出版了张资平的《地质学者达尔文》，介绍了达尔文在地质学领域的贡献。进化论不但深刻地影响了中国人的思想，也让更多的中国人知道了地质学。

第三节 业余传统与职业精神

18 世纪末期至 19 世纪初期被后人称为“地质学的英雄时代”。但是看待历史的角度不同，感受会不一样。处在大争论时期的人，厌倦了无休止的争吵，尤其是“水火之争”的激烈程度，已经令双方偏离了公平坦率、平心静气的状态。据莱伊尔 1830 年的记载，

“水成论”与“火成论”这两个名词，已经成了骂人的术语。这种非理性的状态，令很多学者走向了另一个极端：不愿意作理论的推想。

科学要想进步，需要有共同的研究范式和公认的学术规则。在这种背景下，地质学学术团体和机构应运而生，人文地球开始了由业余传统向职业化的转变。体制建设推动了这门学科向规范性和“务实性”方向转变。

19世纪早期地质研究还是一种业余活动，前文提到的众多英雄人物多是如此。他们的初衷是把野外考察作为增长学识和文化教养的一个途径，而不是把它作为安身立命之本。业余从事研究很少涉及物质利益，甚至排斥有功利倾向的应用研究。所以从事这项事业的人，要么有殷实的经济基础支持野外旅行，要么从事其他工作并具有稳定的经济来源，而野外考察只是业余爱好。没有了物质约束，大家就可以自由发表观点，无所顾忌地挑起争论，提出离经叛道的理论。

在业余传统之下，人们没有需要得到学界承认的强烈愿望，因此也就没有了出版成果的迫切感。前文谈到赫顿那本打破沉寂的著作《地球学说》，也是他晚年在爱丁堡皇家学会的资助和推动下最终出版的。还有更多的学者没有出版著作，后人是通过莱伊尔的《地质学原理》才得以了解他们的观点。

业余传统之下，人们甚至没有学术交流的迫切性。著名的剑桥大学“伍德沃德地质学讲席”有几任教授并不讲地质学课程，只是以个人的形式与朋友、学生和来访者轻松随意地讨论问题。例如第一任教授塞奇威克是数学家，他出任讲席教授以后才开始野外考察。

业余传统之下的学者，大多没有经过专业训练，其研究是一种没有严格规范状态下的自由活动。每个人都可以选择自己的研究内容、工作方式，构建独特的理论体系、运用不同的分析方法，从而使研究表现出多元化和多样性特点。但是科学的进步需要统一的规范，以建立起现代科学的坚实基础；需要有共识的规则，以培养后继者，从而保证科学的长久发展。19 世纪，伦敦地质学会，尤其是英国地质调查局的成立，使地质学研究规范化并成为一种职业。这种促进科学健康发展的成功方法，很快为世界各国所效仿。人文地球最终结束了业余传统而进入职业化时代。

成为化学家的拉瓦锡

职业化之前的学者大多兴趣广泛，涉猎多个科学领域。差点成为地质学家的拉瓦锡，就是一个典型代表。人们现在谈到拉瓦锡，会说他是一位化学家。这位法国贵族后裔被后人称为“现代化学之父”，因为他推动了化学从定性向定量的转变。

一提起拉瓦锡，我们就会想到氧气在燃烧中的作用。在那个时代，人们普遍认为火是由无数细小而活泼的微粒构成的物质实体，这种微粒物质被称为“燃素”。大量“燃素”聚集在一起就形成火焰，它弥散于大气中给人以热的感觉。“燃素”既能同其他元素结合成化合物，也能以游离的方式独立存在。拉瓦锡用实验向人们证明了，并不存在“燃素”这种物质，是氧气在燃烧中发挥了作用。

在大学时代，拉瓦锡遵照家庭的意愿学习法律。但是毕业以后，家境富裕的他并没有去做律师，而是对植物学兴趣浓厚，经常上山采集植物标本。所以也有人称他为生物学家。在采集标本的过程中，拉瓦锡又对气象学产生了兴趣。21 岁时，他成为博物学家盖塔尔

（Jean-Étienne Guettard，1715—1786）的助手，负责绘制法国国家矿物地图。这项工作最终在 1786 年完成，并发表了 60 幅矿产图。

拉瓦锡参与了绘制法国国家矿物地图的早期工作，并在野外发现了地层是在不同时期形成的。那时候欧洲人普遍认为地层是在同一时间沉积而成。通过考察出露在地表的岩石，拉瓦锡追踪了地层形成的历史，并绘制出地层剖面图。这种认识已经接近于发现地层学的研究方法了，如果能够影响到欧洲学术界，无疑将是地质学史上的一次重大突破。遗憾的是，几年之后他离开了矿物地图的测绘工作，转向从事收入颇丰的税务工作和业余从事化学研究。而税务工作最终在法国大革命期间，把他送上了断头台。

由于拉瓦锡的转向，地层历史的发现最终与他失之交臂，他在地质学上的新颖观点也没有引起人们的注意。但是拉瓦锡确实具有地质学家的优秀潜质，如果他继续从事这项研究，可能现在就被称为“地质学之父”而不是“现代化学之父”了。科学的皇冠永远属于坚守者。

规范化

随着野外考察成果逐渐增多，人们意识到了统一规范的重要性。18 世纪末期英国形成了许多小型科学协会，与地质学有关的是 1796 年成立的阿斯克斯协会和 1799 年成立的英国矿物学会。1807 年阿斯克斯协会与英国矿物学会合并，成立了伦敦地质学会。此时正值“英雄时代”，学会成立初期发展迅速，两年以后建造了会场和标本陈列馆，1811 年又有了独立的出版物。继伦敦地质学会之后，法国（1830）、美国（1840）、德国（1844）也先后成立类似的学术团体。亚洲成立最早的国家是日本，创建于 1893 年。中国稍晚，于 1922

年成立。

不同国家的学会因成立的时代不同，作用也有差异。这里不妨看看伦敦地质学会和中国地质学会的情况。

在伦敦地质学会成立之前，大量涌现的新材料和新观点令学者之间特别容易就科学研究的公正性与诚实性、科学的性质与划界、文章抄袭剽窃的断定、命名法的规范化等问题发生争吵甚至对峙。伦敦地质学会的创立成为一个分界点。

学会成立的初衷，是将彼此疏远和相对沉寂的学者凝聚成一个共同体，以维持会员之间的友善和团结。为了避免无休止的争吵，学会强调：提出普遍原理为时尚早，大家应该专心于资料的收集与整理。学会的会训就是“收集材料，而不构建理论”，并希望通过组织绘制地质图，把满身业余传统的会员统一在共同的规范之下。

创立初期的伦敦地质学会并没有参与科学论战，而是致力于促进学者之间的沟通与了解，推动大家接受统一的术语和研究规范，以利于成果的交流。学会还组织活动讨论工作方向，例如理清哪些为已知的科学知识，而哪些尚待进一步的发现。成立之初，伦敦地质学会把重点放在矿物、岩石和化石标本的收集上，并投入大量经费用于购买和收集书籍、地图、标本和其他物品，并资助各种著作的出版。

在英国影响力最大的学术团体是英国皇家学会，英女皇为其保护人。这个成立于1660年的老牌学术团体，在19世纪初期地质学家的数量已经位居第二了，所以皇家学会曾经试图阻止地质学会的成立。为了生存，伦敦地质学会也需要及时展示其独特性，并树立起学术声誉。

正是由于学会在成立之初面临着生存危机，会员们没有参与他们认为毫无结果的学术争论，这也造成学会早期对理论不够重视。再加上早期多为业余研究，所以学会发表的学术成果并不多。会刊 *Proceeding of the Geological Society* 在学会成立四年以后的 1811 年才出版，1814 年出版第二卷，1816 年才出版第三卷……尽管如此，伦敦地质学会绘制并出版了大量的区域地质图，完成了许多区域考察。在地质学家还没有成为一种专门的职业以前，学会利用其社会影响和经费导向，促进了资料的积累，为地质学的进步奠定了基础。

伦敦地质学会（上）和
中国地质学会（下）的会徽

一百多年以后，中国地质学会于 1922 年成立。尽管在创建之初，中国学者希望仿照伦敦地质学会的样子创建类似的学术组织，但此时学科的发展已经进入成熟期，中国有了专门的地质学教育、研究机构和一批专业人才。这里仅从两个学会的会徽管窥其差别。

伦敦地质学会会徽中间的两个字母，是地质学会（Geological Society）两个英文单词的第一个字母；下面的数字“1807”是学会创建时间；周围的文字是用拉丁文写的一句话：“*quicquid sub terra est*”（“地下究竟有什么”，Whatever is under the earth）。这句话引自文艺复兴时期英国哲学家培根在 1620 年出版的《新工具》。培根提出的“知识就是力量”，鼓舞了欧洲人去探讨、掌握自然规律。

伦敦地质学会成立时，欧洲的宗教界和科学界还在争论地下世界究竟是什么样子。学会会徽上写的“*quicquid sub terra est*”表达了学会成员探究地下世界的愿望，说明了学会成立之初，英国学者把人文地球的所有内容，包含在地质学研究当中。进入 20 世纪，一位学者在引用这句话时，把第一个词拼错，整个句子变成：“***quick quid*** *sub terra est*”。其中的“*quick quid*”的含义是“快钱”，整句话就被解读成了“There's gold in them there hills”。这令人想起了 18—19 世纪美国西部的淘金热，这句拼错的句子，成为暗指地质学能挣很多钱的笑谈。

培根在《新工具》一书的序言中曾经谈到：“如果有人热切地追求新发现，而不是因循守旧；渴望做一个战胜自然的行动者，而不是一个赢得辩论的争论者；致力于获得真正清晰可证的知识，而不是看起来吸引人的所谓理论，就请加入我们的行列。”这正是伦敦地质学会的成立宗旨。

1937 年，中国地质学会会刊之一《地质论评》上专门发文介绍了会徽的寓意。图案的中间是“中”字，上下左右的四个字分别为“土”“石”“山”“水”。土、石代表地质对象，山、水代表海侵海退、造山运动等地质作用。四个字围绕的“中”字代表中国，也代表中国地质学会。如果以会徽作为地图来看，则代表着中国的缩影：东部为海洋和多湖泊区，以“水”代表；西边为地势高耸的山陵地区，以“山”代表；南方之“石”表示丘陵地域；北方之“土”代表黄土及其他土状堆积。如果从上下左右的排列来读，“土中石”“石中土”“山中水”“水中山”，反映着地质学研究中的基本哲理。

仅仅从会徽的解读就可以看出，两个学会在创建初期的目标已经大不相同，所以发挥的作用自然存在着差异。对于学会的作用，中国地质学会的开创者之一章鸿钊（1877—1951）曾经总结为八个字：研究、讲演、旅行、编辑。除此之外，他也提倡学会应该承担起相应的社会责任：“不惟纯粹学理，即凡有裨补社会，指导政府等事，均宜集思广益，全部规划，督促进行。”学会的另一位开创者丁文江（1887—1936）则指出：地质学会的作用是为从事的科学原理和问题，提供一个充分和自由讨论的机会。因为在研究机构中，学者必须集中精力于经常性的工作上，学会则可以通过定期召开会议提供一个汇聚一堂进行学术交流的机会。“这样的交流和交换意见必然有益于所有的与会者，从而在我国的科学生活中形成一个推进的因素。”①

中国地质学会成立时，全国范围内先后建立起多个调查与研究机构，高等院校也有了地质系。学会主要在学术活动组织、协调与交流中发挥作用。职业化时代的学术团体与业余传统时期大为不同，中国学者更加看重地质学对社会、国家的贡献和意义。

东西方地质学会成立的时代不同，在学会成员的组成上也存在着明显的差异。伦敦地质学会的 13 名创始会员中，从事地质学研究的很少。在英国，除了作为矿业工程师和考察员，地质学家很难成为一种职业。多数会员是化学家、医生、政治家、资本家、经济学家等。会员虽然不多，但他们包括了不列颠岛上的著名人物。学会成立 28 年以后，才出现了世界上第一个地质学研究机构。

中国地质学会成立之时，在世界范围内地质学已经完成了它的职业化进程。学会的 26 名创始会员中，有 23 位中国学者。这些人全部为地质学家。在这 23 位学者中，除 3 位学历不详外，有 13 人毕业于地质研究所（中国最早的地质教育机构）或北京大学地质学系，7 人为出国留学人员，而且创始会员大多在从事地质研究。可以说绝大多数会员都接受过现代地质学的训练。

① V.K.Ting（丁文江），“The Aims of the Geological Society of China,” *Bulletin of the Geological Society of China* 1, No.1-4（1922）：8.

中国地质学体制化走了一条与西方不同的道路。其中的原因，从章鸿钊的论述中可以找到答案：“在欧洲各国，最初往往由学会调查入手，及著有成效，政府乃专设机关，详订计划，以利进行。这种办法在中国缓不济急，势难采用。”[①]社会的需求和学科发展的需要，不允许中国科学再经历一个漫长的准备时期。

从基础开始

欧洲人从18世纪就开始绘制地质图。不过早期的地质图主要展示矿产资源的分布情况，是为了在地图上标注出有开采价值的矿物岩石的分布地点和分布区域。1775年，德国弗莱堡的矿业工程师首次用色彩把不同种类的岩石绘制到地图上。此后不少学者、旅行家、制图商开始在地图上用彩色标记不同的岩石。但是按照现代的绘制标准，这些还不能算作科学意义上的地质图。

公认的第一张地质图，是由英国人史密斯（William Smith，1769—1839）于1815年绘制完成的。1794年在南英格兰旅行时，他发现那里的地层层序适用于整个大不列颠岛的东南部，于是决定绘制全英格兰的地质图。为此他广泛游历并大量收集资料，在1801年前后首先完成了英格兰和威尔士等区域的绘图。在他的图上，标有岩石地层单位、古生物化石和地质时代，这些是地质图的基本要素。

史密斯创立的“用化石鉴定地层”的方法，奠定了现代地质图的基础。1819—1824年间他又编制了20多个地区250幅地质图和地质剖面图。史密斯并不是职业学者，几乎没有受过正规学校教育。他是土地测量员，多年的测量工作使他熟悉运河流经地区的岩层情

① 章鸿钊：《中国地质学发展小史》，商务印书馆，1937，第17页。

况，增长了知识并积累了丰富的经验。

史密斯发现，岩性相似的地层可以根据其中的化石加以区别。虽然他不是第一个认识到标准化石意义的人，但他确定了不同年代地层的详细层序并选定了各层的标准化石，这一成就具有划时代的意义。由于他出身低微，伦敦地质学会开始并不接受他，但最终他以卓越的成就，获得了1831年伦敦地质学会颁发的沃拉斯顿奖。这是英国地质界的最高奖，每年评选一次，每次只选一人。第一次颁发该奖项，就授予了史密斯。

史密斯之后的一百五十多年，世界各地基本上是沿用他创制的方法绘图。随着科学的不断进步，地质图的编制也越来越准确，表现的内容也愈加丰富。图的种类也越分越细，除了普通地质图外，还有矿产分布图、第四纪地质图、岩相图、大地构造图、水文地质图和工程地质图等各种专题地图。

19世纪，绘制全国地质图成为欧洲各国的重要工作之一。绘制工作需要有制图规范和标准，1878年在法国召开的第一届国际地质大会上，各国学者开始讨论统一标准问题。1881年召开的第二届国际地质大会，接受了苏联学者卡尔宾斯基（Alexandr Petrovich Karpinsky，1847—1936）提出的地质图图例。他是苏联地质学派的开创者，他建议采用紫、蓝、绿、黄四种颜色分别代表三叠系、侏罗系、白垩系、第三系。这一标准一直沿用至今，并逐渐发展成为国际上通用的图例系统。

地质图的绘制规范在不断调整。20世纪60年代中期，板块构造学说的创立和地球物理、地球化学在地层学中的广泛应用，促使地层学有了重大突破，对推动地质图的理论与方法的变革产生了重大影响。从1976年国际地层委员会颁发的《国际地层指南》开始，地质填图由传统规范转变为运用现代地层学方法。

中国地质图的绘制起步较早。章鸿钊曾经说过，中国地质调查事业头绪纷繁，最重要的就是两件事：一为编制全国地质图，二为调查全国矿产资源。他计划用二十年的时间绘制出中国内地一百万分之一地质图和边境地区三百万分之一地质图。但是由于战争等多种因素的干扰，直到中华人民共和国成立时这项工作也没能完成。

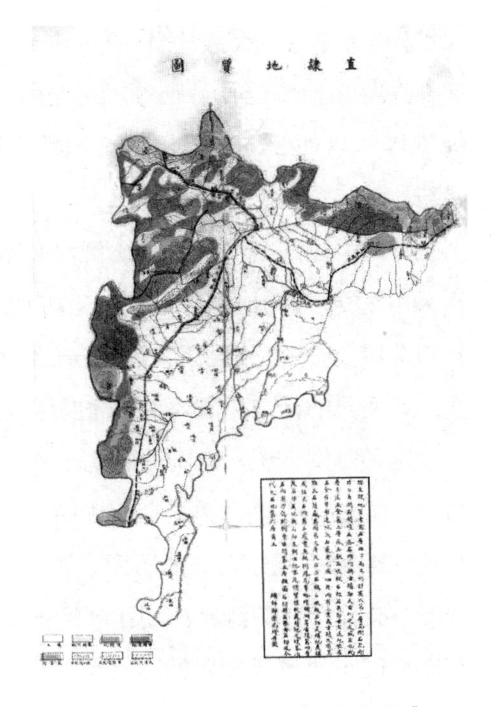

中国第一幅地质图——《直隶地质图》

中国最早的地质图是由邝荣光（1860—1962）在1905年编制的。他是中国第一批赴美的官费幼童留学生，学成归国后长期担任采矿工程师。在勘测矿产资源的过程中，他绘制了《直隶地质图》，并于1910年正式发表于《地学杂志》第一卷卷首。

1916年中国的第一个地质调查机构正式成立了，这个机构后来称为“中国地质调查所”。该所曾经计划按照《全国分幅及投影规则》规定：照经纬度划分，每经度6度和纬度4度绘制一幅图。按照这个要求，全国需要绘制60余幅图。那时候国土三分之二以上的地方是交通不便、社会治安混乱、野外调查十分困难的地区，这项庞大的计划几乎无法完成。该所经过15年的艰苦努力，出版了

《北京济南幅》《太原榆林幅》和《南京开封幅》3幅地质图，另有9幅图在绘制当中，而80%以上的工作还没有启动。中国最大的机构尚且如此，可见绘制全国地质图十分艰巨，学术合作势在必行。

早期中国各机构绘图的比例尺并不统一。江西和四川的地方机构采用1∶20万的比例尺，广东省曾计划绘制1∶50万分幅图，湖南省拟测绘1∶25万分区图，河南省更是因人而异，其中以1∶40万居多。比例尺的标准化成为首先需要解决的问题。

为了协调、统一全国的绘制工作，1936年“中国地质图编纂委员会”成立。委员会委员全部由中国著名地质学家担任，主要任务是组织编制百万分之一地质图。为此，副主任委员黄汲清（1904—1995）拟订了新的测制计划：利用十年到十五年的时间，完成中国东部地区小比例尺地质图的绘制。在有条件的地区测制二十五万分之一的中比例尺地质详图。选择北京、南京等地为试测点，绘制详细的五万分之一或二万五千分之一的大比例尺标准区域图。

为了开展工作，统一绘制的技术规范成为当务之急。1936年黄汲清在《地质论评》上发表了《中国地质图着色及符号问题》，提出了地质图的绘制标准和命名原则。这个标准被委员会规定为统一标准。经过二十多年的努力，中国学者考察的面积已经达到150万平方千米以上，但是这个范围只够绘制12幅图。到1948年夏天，中国学者完成了一套17幅一百万分之一的图稿和一幅三百万分之一的全国地质总图。

财富不是进入科学殿堂的唯一门票

19世纪实验科学开始繁荣，科学家人数剧增，学术研究大规模进入大学。科学研究逐渐成为一种社会职业。1834 年“科学家”（scientist）一词出现了。创造这个词的，是第一位从事科学史研究的英国人惠威尔（William Whewell，1794—1866），他认为科学家有一个共同的目标：理解自然。“科学家”概念提出以后的第二年，职业地质学家出现了。

伦敦地质学会成立的时候，虽然地质学作为一门学科逐渐独立，但是整个欧洲从事地质研究还不是专门的职业。一些大学中虽然设有专业教席，但在这个位置上的人不一定是地质学家。伦敦地质学会致力于改变这种业余传统，但是参与该学会活动的会员并不受其约束，因为他们参与活动的目的，不是以此为生活来源。

随着科学的日益普及，科学的成就和荣耀吸引着越来越多的才华横溢但并不富有的青年人。他们希望既从事科学事业，又不至于引起生活上的困境。财富，不应该成为进入科学殿堂的唯一门票。此时社会环境也在变化，工业的迅速发展使政府部门甚至企业家需要了解全国的地质矿产资源分布资料。他们愿意资助全国性地质矿产资料的收集。更为重要的是，从科学的严肃性来看，职业化可以使地质学家以普遍认可的方式接受培训。这是一门学科进入成熟期、自我维系、自主繁衍的必然选择。

这个历史时刻，在“英雄时代”结束后的 1835 年到来了。这一年英国成立了英国地质调查局，这是政府出资维持的研究机构，至今仍然是世界上最大、成立最早的地质学机构。由于它的成效显著，此后世界各国争相效仿，纷纷成立国家资助的地质调查机构。加拿大（1842）、奥地利（1849）、荷兰（1850）、比利时（1855）、挪威（1858）、瑞士（1859）、新西兰（1865）、意大利（1868）、德国（1873）、美国（1879）……亚洲成立最早的国家是印度，于

1851年创建了印度地质调查局。但此时的印度是英国的殖民地，它成立的主要目的是为殖民者调查铁路沿线的煤炭资源。由本土科学家成立的地质调查机构，亚洲最早的是日本，于1882年成立。中国的地质调查机构成立于1916年。

英国地质调查机构的建立，首先归功于德拉贝奇（Henry Thomas De La Beche，1796—1855）。他出生于军人家庭，也曾经在军事学院学习。虽然出身于富裕的家庭，但是热爱野外考察的德拉贝奇还是无法从家庭得到足够的经济支持，他开始向英国政府寻求帮助。陆军测量局资助他300英镑，作为回报，他事后提交了德文郡地质图。德拉贝奇出色的工作，促使陆军测量局决定资助成立地质调查局。

英国地质调查局成立以后，把工作重点放在了绘制大比例尺地质图上。这项工作可以为政府、企业提供有价值的信息，也为开展研究提供了便利。在充分彰显其工作的经济价值和学术价值下，地质调查局得到了英国政府的持续资助并发展迅速。五六年以后，这个机构就拥有十来名人员，五十年后就有了近百人，这个机构至今仍然是英国的大型科研机构。

调查局的建立，为机构内从事地质工作的人员提供了稳定的经济保障、共同的工作目标、一致的科学规范，地质学开启了职业化时代。职业化之下的研究是合作完成的，地质学家、矿物学家、自然哲学家通过共同的任务组织到一起，完成了个人力量无法企及的工作。当然任何事业在起步阶段都会受到传统势力的质疑，地质调查局成立以后，遭到了包括莱伊尔在内的一些著名学者的批评。他们担心职业化会使研究者因为追逐名利而阻碍对科学真理的追求，约束科学的进步并造成不平等。

尽管存在着各种阻力，科学研究的职业化已经是历史的必然选择。英国地质调查局成立以后迅速壮大，五年后在伦敦设立了办公室。从机构创建就开始筹备的经济地质博物馆（现伦敦地质博物馆），也很快在该局附设的矿物资源陈列室的基础上建立起来，并于 1851 年正式对社会开放。博物馆不但成为向社会普及知识的重要平台，也为存储、整理、分析野外收集的地质标本提供了保障。同年，依托于该博物馆的矿业学校也正式建立，培养人才的工作纳入正轨。

1851 年的伦敦经济地质博物馆

地质学的多数领域，比如矿物学、岩石学、古生物学、地层学、构造地质学，其内容多多少少与资源、工程、水文及军事等应用领域有关。调查局成立以后，为了得到政府的稳定支持、扩大机构的生存空间，在应用研究方面用力最多。首先是把主要精力用于绘制地质图，对英伦三岛开展了全面的考察。与绅士地质学家的作风不同，出身于军人家庭并在军事院校接受过训练的德拉贝奇，在他创建的机构中也打造了半军事化的管理模式。早期，在野外的成员身穿陆军测量局制备的军服，军事化的作风提高了野外工作效率。

与英国的情况不同，中国在创建地质调查机构时，世界上很多国家已经建立起了类似的机构。虽然有了现成的模式可以效仿，但是国内却没有现成的人才，也没有野外考察的基础。虽然从 19 世纪末期开始就有西方人来华考察，但他们的工作过于粗略，而且考察成果也没有为中国地质学奠定基础。

中国地质人才的培养和研究机构的建立，几乎没有时间差。1895 年中国第一所设有采矿专业的高等学府——天津中西学堂（后改为北洋大学）成立，培养了一批矿冶技术人才。凡是著名的矿山企业，有名的矿冶教学、科研机关，差不多都有北洋大学毕业生的身影。采矿专业的设立推动了地质学的进展。1913 年之前，虽然京师大学堂也曾办过地质学门，但至 1913 年仅毕业了两名学生，后来他们也没有从事地质工作。1917 年北京大学恢复地质学系时，最初的学生就是从北洋大学矿业科转来的。

西方地质机构建立之前经过了相当长的人才培养的奠基时期。比如英国从野外考察开始，到调查局的建立，相距近七十年；在德国，从考察到机构的建立，相距有三十余年……学科的进步需要一定时间的积累。

中国的情况与欧洲大不相同。1912 年 1 月成立的南京临时政府实业部矿务司地质科，是中国最早以“地质”命名的机构实体。1912 年 4 月国民政府迁至北京，原实业部分为工商部和农林部。矿务司地质科就隶属于工商部。但是这个行政管理机关由于缺乏相应的事业支撑，不得不从头开始。1913 年工商部地质科正式改名为“工商部地质调查所”，但是机构成立以后有名无实，那时中国没有几位地质学家。为了解决人才问题，该所成立的同时又设立了“地质研究所”。这个名为“研究所”的机构，实际上是培养人才的专科学校。中国第一批本土培养的地质学家，就从这里诞生了。

经过几百年的努力，到了 20 世纪初期，地质学的学科体系基本成型：研究地球物质组成的矿物学、岩石学、土壤学，研究地球历史的地层学、古生物学，研究地壳运动的构造地质学、火山学、地震学等，均已成为独立的学科。人文地球的学科建设在 20 世纪上半叶进入了空前繁荣的阶段，无论是学科体系、理论框架，还是研究方法都开始成熟，并为 20 世纪科学的再一次飞跃奠定了基础。

/ 第六章 /

理解复杂世界的框架

大千世界纷繁复杂，人们需要通过分类、比较和归纳，简化复杂的信息以探寻其中的规律。随着观测数据的增多，知识不断分化、信息大量积累，这些推动了人文地球研究方法的革新。对自然现象的归类，在这个阶段被普遍应用。

读者对于分类方法并不陌生，人类认识地球的早期阶段，就已经对掌握的信息进行整理、描述和归纳，这便是感性认识阶段的划分。进入理性阶段以后，对于地理信息的整理、加工和提炼开始建立在科学规范之上，基于科学标准的分类，成为认识地球的重要途径。成功的分类既是研究成果的体现，也是基础。它使地理信息条理化、系统化，便于人们利用、检索和掌握知识。在一定程度上，正是分类使知识变成了科学，新的发现在这个过程中产生了。

分类源于人类对自然秩序的追求，也源于学科规范化的实用需求。它以简洁、高效、实用的特点结束了地理信息的混乱状态，进入了标准化的时代，并为研究范式的统一奠定了基础。人文地球涵盖的内容纷繁多样，也缺乏数学和物理学等学科所特有的简明逻辑性，分类就成为理解地球空间各种要素之间相互关系，及地理现象因果关系的重要途径。人们通过分类把地理要素分别划归到不同概念之下，使之具有科学性。

小贴士

20 世纪 20 年代中国学者对于地理要素的分类

天然环境（甲）影响较大者	天然环境（乙）影响较小者	人文环境	经济活动	社会活动	政治活动
地形：山岳、平原、高原 气候：温度、雨量、风 水道：河流、湖泊、水力 海洋：海岸、海岛、海港、洋流 土壤矿产：土壤、岩石（建筑材料）、矿产 地位：纬度、高度、对于海洋之距离	动植物：自然植物、自然动物 面积 风景	市镇：城市、乡镇 交通：运河、铁道、航线 物产：农作物、畜牧类、工艺品 人口	物欲：衣、食、住、行 职业：农耕、牧畜、渔猎、开矿、伐木、工业、商业	教育 风俗 宗教 制度 文化	行政 政策 战争 疆界 国都 殖民

（张雨峰：《地理学之意义与范围》，《地学杂志》1929 年第 1 期）

地球上的万物可以分为两类：物理性的和生物性的。人文地球关注的多属于前者。但要关注人文地球的分类传统，又必须首先看看生物学领域的工作。这是因为早期对矿物种类的划分，是由生物学家林奈（Carl Linnaeus，1707—1778）开始的。

毫无疑问，林奈最大的贡献是生物分类。到了 18 世纪，为了把自然界丰富多样的信息很好地存储起来，并方便后来者提取，分类方法诞生了。林奈制定的生物命名与分类体系，结束了过去的混乱局面，构成了现代动植物分类和命名的基础。为什么要进行动植物分类？林奈之前因为没有统一的命名法则，各国学者就按照各自的工作方法命名动植物。于是在生物学领域，同物异名、异物同名现象十分普遍，而且不同地区语言甚至方言的差异，进一步加剧了动植物命名的混乱局面，这给研究和交流带来了很大的困难。

林奈的口头禅是“上帝创造，林奈整理”。这位出生于瑞典的生物学家，在前人工作的基础上建立起系统的人为体系。1735年他出版了《自然系统》一书，首次提出基于生物的生殖器官进行分类的方法。书中根据动植物的生殖器官和形态，如植物以花蕊的数目为标准，动物以生殖器官、呼吸器官和感觉器官等为标准进行划分。

林奈创立的双命名法一直沿用至今。他建议所有物种均由属名和种名组成，并采用两个拉丁文词语命名，属名在前，种名在后。他的《植物种志》（1753年版）和《植物属志》（1754年版）成了植物命名的划界起点，《自然系统》（到1758年已出第10版）则成了动物命名的划界起点。

林奈的思想影响了众多的领域，人们开始对矿物、岩石、土壤、气候等自然现象进行归类，从而使纷繁复杂的自然现象变得井然有序，进而便于人类认识和掌握其中的规律。这里重点谈谈分类在人文地球领域曾经发挥的作用。

第一节　给地表物质分类

地球系统大致分为两类，一种是静态的，例如矿物、地层与土壤，主要根据其相同性或者差异性划分出不同的类型；另一种是动态的，例如天气现象和大气环流，则需要根据其位置关系和相互作用划分不同的系统。不管是哪一种分类方法，都是在研究过程中形成的。

在动植物分类之外，林奈还尝试着对矿物进行分类，但是他的尝试并不成功。为什么对自然环境复杂多样的信息的归类，首先在生物学领域取得了成功？林奈的思想在人文地球领域有哪些影响？我们不妨从他对矿物的分类谈起。

❁ 矿物

林奈创建的动植物分类方法，很快得到了学界的承认和普遍采用。在《自然系统》一书中，他把自然界分为矿物、植物和动物三大界。于是在划分动植物类型的同时，他也对矿物进行了分类。林奈将矿物晶体表面想象成展开的平面，然后根据其展开的图形形状和角度进行分类和命名。然而，他的尝试并不成功，也没有被学界认可。

为什么成功进行了动植物分类的林奈，在矿物分类上却不成功呢？这是由于动植物与矿物的性质存在着根本性差异。同一物种的动植物常常看起来很像，而且能够与其他同类个体进行繁殖、生育后代。因此，动植物的不同类型很容易辨认和分类。但是矿物却截然不同。

林奈同时代的人多根据物理性质来识别矿物，如颜色、光泽、硬度、节理和磁性等，即依据观察到的物质的外在特点进行判断，这种传统一直延续到 19 世纪初期。其实矿物的化学性质是分类更为重要的依据，然而林奈所在的时代，化学分析方法还没有发展到可以用来鉴定矿物的组成成分，这就给分类带来了困难。除此之外，矿物的辨识需要综合考虑物理和化学等多方面的因素，很难用一个指标辨认。晶体形状相似的物质，可能具有不同的化学成分。而某些含有相同化学成分的矿石，又可能具有不同的晶体形状。如方解石和文石的化学成分都是碳酸钙，但文石为斜方晶系，方解石

多种形状的方解石
（上：晶簇状；中：菱面体；下：短柱状
摄影 / 郭克毅）

为三方晶系，很难区分，需要通过相对密度、磁性等其他性质加以区分。还以方解石为例，它的晶体形状多种多样，其集合体可以是一簇簇的晶体，也可能是粒状、块状、纤维状、钟乳状、土状等。与此同时，在自然界中几种矿石经常伴生或者含有其他物质，这就给矿物的辨识与分类带来了更大的困难，林奈的分类办法显然行不通。

矿物是地壳中的化学元素在地质作用下化合或者分解而成的。其形状千姿百态，颜色多种多样，仅人们了解的就有三千多种。很多矿石呈现出玻璃质的晶体形状，或者颜色鲜艳美丽。因为其绚丽的色彩和经济价值，矿藏很早就引起了人类的注意。我们在日常生产和生活中也经常接触到矿物，比如食物中的盐，点豆腐用的石膏，中药中的辰砂、雄黄等。直到今天，矿产仍然是人类社会赖以生存和发展的重要基础。除此之外，随着生活水平的不断提高和闲暇时间及资源的增加，一些人开始热衷于收藏矿石标本。现在的地质博物馆中，最吸引观众的就是矿物精品展示区。

在长期开采与利用的过程中，人们也尝试着对矿石进行分类。

公元 11 世纪，阿拉伯人将矿物分为可溶与不可溶、具有延展性和没有延展性等简单的几类。中世纪的欧洲学者也试图通过分类来了解矿物的本质，某些思想一直流传到 18 世纪。本书第二章中提到的德国矿物学之父阿格里柯拉，曾经按照形态对金属矿床进行过分类。瑞典学者克朗斯泰特（A. F. Cronstedt，1722—1765）长期从事矿石内部结构的实验与测定，也提出过新的划分体系。他在《矿物学体系》中，首先分出单矿物和矿物集合体组成的岩石中各种矿物的界限。

欧洲历史上虽然不时出现新的矿物分类思想，但是影响最大的当数德国地质学家维尔纳。1774 年，他出版了《矿物的外部特征》，书中以矿物的外部特征和化学成分为依据提出了新的分类原则，并提出理想的体系应该按照化学成分归类。维尔纳的思想超前了半个多世纪，这在当时还很难办到。因此人们对于矿物的类型还是依据其晶体的多面体外形和结构进行划分。

随着矿石化学性质研究的逐步兴盛，用化学分析值作为分类标准的定量方法逐渐成为主流。到了 19 世纪中后期，人们开始根据矿物的化学成分进行归类。俄国学者费德罗夫（E. C. Fedorov，1853—1919）推导出一切晶体结构中，只能有 230 种不同的对称要素组合方式，他称之为“空间群”。与此同时，德国结晶学家薛弗利斯（Arthur Moritz Schönflies，1853—1928）也独立推导出了同样的结论。但是后人还是把它命名为“费氏空间群”。这个理论促进了晶体学说向化学的渗透，并为晶体化学的创建奠定了理论基础。

现在比较普遍的做法，是同时根据化学成分和结构进行晶体化学分类。这种方法把矿物分为大类、类、族和种，有点类似于林奈划分植物的纲、目、属、种。与分类相比，命名要复杂很多，无法采用林奈的双命名法。直到现在也没有统一的矿物命名法，有些矿物是以发现人的名字命名的，有些是以产出地命名的，有些则是以矿物的物理和化学特征命名的。

19世纪末期俄国学者维尔纳茨基（V. I. Vernadsky，1863—1945）提出了矿物成因理论。他利用地质进化的观点研究矿物历史，侧重从生成条件分析，强调矿物分类要以化学成分和地质过程的变化为依据。他还在稀有和分散元素、放射性元素和硅酸盐结构等方面作了深入研究，成为地球化学这门学科的创始人。维尔纳茨基的观点直到20世纪初期才被欧洲学者了解和接受。我们在讲述欧洲的理论时，较少提到俄罗斯（1922—1991年为苏联）的成就。其实俄国学者对人文地球的贡献非常大，只是由于语言的障碍，他们的理论在国际学术界的传播要滞后一些。维尔纳茨基的矿物成因理论，与晶体结构、化学分析共同构成了现代矿物学的三大支柱。

矿床

矿物是在外力作用下形成的一种或多种物质的集合体，它们在地下富集而成一定规模，以带状、层状或者脉状等状态出现的、聚集性的地质体，就称为矿床。矿床具有经济价值而被人类开采利用，因此这个概念具有科学和经济技术的双重含义。矿床是因地质作用形成的，它的开采则随着经济技术条件的发展而改变。为了勘探矿床，地质学家开始研究其成因和分布规律，并在研究过程中找到了划分矿床的新途径。根据成因归类的想法与林奈的思想完全不同，这为地质学的分类开辟了新的思路。

以成因为依据的划分原则，来自矿产资源开发过程中的认识。19世纪末期，一些欧洲学者根据矿床与周围岩石的相对生成时间的关系对矿床进行划分，这种办法遭到了那些习惯于根据矿物外表特征分类的学者的反对。而北美的地质学家，则开始采用同时考虑地质成因和外部特征的综合分类方法。

进入 20 世纪，矿床开采的种类逐渐多样，来自实践的资料逐步丰富，对于矿床成因的认识也开始成熟。随着认识的不断深入为成因分类提供了更多的科学依据，人们才最终抛弃了外部特征分类方法。

20 世纪上半叶，出现了一批支持成因分类的地质学家。其中的代表是瑞典地质学家林格伦（Waldemar Lindgren，1860—1939），他于 1913 年创立了以成因为基础的矿床系统并很快为西方学界接受。他首先把矿床分为机械作用和化学作用两大类，再根据成矿时温度、压力等物理化学条件分出亚类。1932 年，德国地质学家施耐德赫恩（Hans Schneiderhöhn，1887—1962）提出了以成矿作用和成岩作用之间关系为基础的矿床共生组合分类，他把矿床分为岩浆、沉积和变质三大类，并在此基础上进一步划分亚类。

任何方法，在考虑到一些因素的同时，必然忽略另外一些可能性。由于科技水平的限制，在任何历史时期提出的理论必然都会存在着不全面的问题，旧的理论和方法随着科技的进步，不断被新的理论和方法所取代。随着地球物理学和地球化学的进步，不断有新的分类方法问世。如中国地质学家谢家荣（1898—1966）在 20 世纪 60 年代初期，提出了以成矿物质来源为基础的矿床成因分类法。

由于按照成因划分有着无法克服的缺陷，其标准在实际应用中也存在着极大的困难。20 世纪下半叶，一些地质学家开始放弃成因分类，又回到了以矿物形态为依据的老路上去了。但是科学的快速进步提供了更多的理论支撑和更加开阔的研究视野，随着对大地构造、成矿作用认识的深入，20世纪中期以后的矿床分类方法，逐渐综合了传统的和新的理论和方法，如中国学者翟裕生（1930— ）根据多年的实践和理论思考，提出了“成矿系统演化论”，建立了成矿系统的框架结构，并根据构造动力体制将成矿系统划分为七类[①]。

❁ 土壤

土壤与人类生产生活息息相关。在对土壤的研究成为一门独立学科之前，不同专业的学者尝试着从不同的角度去研究它。在欧洲人能够对矿物进行初步的化学鉴定以后，化学家就采用同样的方法去分析土壤，并根据其化学成分进行初步的归类。1840年，德国化学家李比希（Justus von Liebig，1803—1873）把土壤的形成过程当作一个纯化学过程，提出了“矿质营养学说”。他把土壤当作是养料储存库，认为植物不断从中汲取养分、消耗肥力。由此他认为，只有把植物吸收的养分以肥料的形式归还，才能保持土壤肥力不减。因此，李比希的观点也被称为“归还说”。

随着土壤化学研究的深入，欧洲人普遍注意到了土壤与植物之间存在着物质交换，不少人尝试着通过化学试验进行证明。1845年，英国农民汤普生（H. S. Thompson）通过实验，发现土壤会吸收气态氮。他把这一发现告诉了英格兰皇家农业协会的化学咨询师魏（J. Thomas Way）。后者又通过近百次的实验，发现了离子交换。五年以后的1850年，英格兰皇家农业协会会刊上发表了魏的论文《土壤吸收肥料的能力》。魏在文章中提出了“土壤吸附学说”，指出吸附

① 翟裕生：《成矿系统及其演化——初步实践到理论思考》，《地球科学》2000年第4期。

性是重要的化学性质之一，它造成了土壤化学性质的改变。

化学家过于强调化学变化，而忽略了植物在提高肥力过程中的作用。地质学家则把土壤当作岩石风化形成的地表疏松层进行研究。欧洲地质学家法鲁（F. A. Fallou，1794—1877）、拉曼（E. Ramann，1851—1926）等人认为泥土过去就是岩石，是因为气候的作用而形成了风化淋溶层，它们今后还会重新形成岩石。

此时的欧洲学者多把土壤看作是基岩地层，因此按照地质年代划分出土壤类型。直到 19 世纪末期（在我国则是到了 20 世纪 40 年代），仍然主要由地质学家从事土壤的调查与研究。他们在划分土壤类型和研究其分布规律方面做了大量的工作，但同时也忽视了生物在土壤形成过程中的重要作用。

化学家和地质学家虽然对于土壤的形成过程认识不同，但是他们却得出了一个共同的结论，即土壤不可避免地沿着肥力递减的方向发展。由于科学技术水平的限制，化学家和地质学家没有认识到其自身肥力的发育过程。这本是科学发展必经的阶段，但是他们的共同结论却为马尔萨斯学说提供了理论依据。

生物学家看待土壤的角度，与化学家和地质学家不同。1886—1888 年间，德国微生物学家海尔盖尔（H. Hellriegel，1831—1895）和惠尔法斯（H. Wilfarth，1853—1904）通过实验证明了植物有固氮的能力，即大气中的氮通过微生物的固氮作用而进入植物根部形成根瘤菌，并与植物互利共生，为植物对肥力的反作用提供了科学依据。

小贴士

马尔萨斯学说

英国经济学家马尔萨斯（Thomas Robert Malthus，1766—1834）以其人口理论闻名于世。他于 1798 年提出，人口按几何级数增长而生活资源只能按算术级数增长，所以不可避免地要导致饥荒、战争和疾病，并呼吁遏制人口出生率。19 世纪的欧洲，人口增长快于生活资料的增长，于是一批学者接受了马尔萨斯的观点。

由于土壤外部形态、内在性质和肥力水平的差异，人们需要划分出不同的类型以便于合理地利用和改造土壤。既然是人为的划分，不同的学者认识不同、依据的标准各异，划分的结果也不一样。世界各国土壤分类系统不同，但是这些方法大体可以归纳为两种：一种是根据成土环境和成土过程进行划分，这种被称为发生学的方法主要来源于俄国；另一种是根据形态分类，关注其属性、诊断层及其特征，其理论主要产生于美国。

首先提出土壤是一个独立的自然体，与自然界其他物质不同的，是俄国学者道库恰耶夫（V. V. Dokuchayev，1846—1903）。1883 年他的博士毕业论文、也是这门学科的权威性著作《俄国的黑钙土》出版，书中指出土壤不是破碎的岩石，它的形成与环境条件有着密切的联系，从而奠定了“土壤发生学说”的理论基础。道库恰耶夫提出了五大成土因素：母岩、气候、生物、地形、时间。他于 1898—1900 年间发表的《关于自然地带的学说》《土壤的自然地带》中，根据空间分布规律提出了土壤地带性学说。

1927 年国际土壤学大会在美国华盛顿召开，发生学的分类方法引起了国际学术界的注意。美国学者马博特（C. F. Marbut，1863—1935）接受了苏联人的观点，并以土壤剖面性态为核心制定出了第一个分类系统。他在 1935 年出版的《世界土壤分类系统》中，确立了以黑钙土、棕壤、红壤等 18 个土类为基本单元，以土系为基层单元的方法，这种分类方法一直沿用至今。

马博特本来也是地质学家，大学毕业以后在美国农业部土壤调查局工作。当时美国学者大多把泥土看作是地质作用的产物，马博特则接受了道库恰耶夫的发生学观点，于是把美国流行的、按照地质形成物划分土系的传统，改为以土壤剖面层段与性状作为划分的依据。1935 年，马博特到英国参加第三届国际土壤学大会，会议结束之后顺访苏联。在与苏联学者交流之后，他经西伯利亚大铁路到中国访问。他本想到中国以后与在中国从事调查的美国学者梭颇（James Thorp，1896—1984）见面。梭颇是马博特推荐来华的，并在华工作四年，他把马博特的分类方法介绍到了中国。我国第一代土壤学家多与他在一起工作过。不幸的是，在经过哈尔滨时，马博特因感染肺炎病故，没能实现他的夙愿，中国学者也无缘与他面对面地交流。同年，马博特的《世界土壤分类系统》一书正式出版。

与矿物岩石不同，泥土虽然也是自然体，却深受人类活动的影响。中国是个农业大国，几千年的农耕活动对土壤熟化过程产生了重要的影响。但是在分类过程中，把人为改造过的土壤单独分类，却经历了漫长的过程。20 世纪 30 年代，苏联在大规模调查的基础上，开始按照土壤熟化程度进行分类。直到 20 世纪 60 年代，世界各国才逐步认识到了人类影响的重要性，联合国制定的世界土壤图例单元中，直到 1988 年才增设了“人为土”，并将这种土定义为厚度大于 50 厘米的人造表层，由于长期施用肥料并经混合而成，整个土层中有人类活动的遗迹。

中国的土壤分类系统经过几次转变。1949 年以前主要借鉴美国的分类方法，中华人民共和国成立以后开始学习苏联的发生学理论，以成土条件作为划分依据，以土类为分类基本单元，采用土类、亚类、土属、土种和变种五个等级，这些分类基本上是借鉴了苏联的方法。而同时期的美国，土壤分类已经走上了诊断定量化分类的轨道，先后提出过七次分类草案并在世界上广为流传。美国的分类虽然也试图建立在发生学的基础之上，但是具体方法却没有和气候、植被等环境因素直接关联，而是以土壤组成成分、土层分化和发育程度、诊断层等作为土壤最高级别——土纲的判断依据。土纲之下再根据不同特征划分出亚纲、土类、亚类等。

1958年中国开展了第一次全国土壤普查，普查的重点放在农耕区域，从此以后，中国学者就农业土和自然土的关系展开了长期的讨论。1979—1985年进行的第二次全国土壤普查仍然采用苏联的方法。但是从20世纪80年代中期开始，随着改革开放和国际交往的增加，中国学者开始借鉴美国的分类方法，并结合中国的情况创建了土壤分类检索系统。在吸收发生学和形态分类方法的基础上，中国的土壤分类开始了由定性向定量的转向。

20世纪以后，各国学者都在根据本国的实际情况制定土壤分类系统，这就造成在资源评价和国际学术交流中的混乱局面。自1961年起，联合国粮农组织和教科文组织会同国际土壤学会，为编制1∶500万比例尺的世界土壤图，制定了一个作为土壤制图单位使用的分类系统。这项工作促进了世界通用的分类和命名系统的建立。联合国土壤分类的基本指导思想是，不以成土过程本身作为鉴定指标，而以定量化特征——诊断层和诊断特性作为标准。

第二节　地质年代表

法国年鉴学派代表人物布劳德尔（F. Braudel，1902—1985）曾经把时间划分为三个尺度：地质时间、社会时间和个人时间。人文地球涉及的大多是最为漫长的地质时间。从地质学创建之初，人们就尝试着解决地球的年龄问题。探究地球与地壳的发展历史，是地质学最根本的任务，因此有人说地质学也是历史学。但是历史学主要研究人类的历史，这个时间比较容易确定，可以从留存下来的文字记载、考古文物，甚至古老的传说中去寻找线索。地球年龄的线索应该从哪里寻找呢？其实，这个历史就保存在地层当中。一层层的岩石就是记录地球历史的巨著，保留着它的年龄信息。那么我们怎样才能读懂这本“书”呢？19 世纪初期，欧洲人已经创建了用标准化石来确定地层年代的方法，即可以通过保存于岩石中的生物化石，来了解地球的历史。

从 19 世纪开始，地质学家已经有了充足的理论基础去梳理地质时间的发生顺序。他们逐步建立起了地层层序，这项工作为地质学奠定了科学的基础。就像历史学家把人类的历史划分为不同时期一样，地质学家也按照地层的形成时间和先后顺序，建立起一套地质年代系统。人类的每一个历史阶段都包含有很多重大事件和英雄人物，地球历史的每一个阶段也包含有特定的生物化石和地质环境变化的重要信息。

我们知道地球有 46 亿年的历史。这个年龄被称为“绝对地质年代”，现在利用同位素测定法很容易证明。因为岩石中存在着微量放射性元素，人们通过测定其衰变规律就可以算出地球的年龄。但是利用同位素的衰变测定岩石年龄的方法，直到 20 世纪初期才被逐步认识和使用。

放射性元素只能测定百万年以上的时间变化，科学家希望找到更精确的测量地球时间的“尺子”。20 世纪 40 年代以后，他们发现动植物体内含有微量的放射性碳原子，在其死亡

小贴士

计算地球年龄的方法

计算地球年龄的方法很多，有铀铅法、铷锶法、钾氩法、碳十四法等。以铀铅法为例，在自然条件下，铀按照一定速度衰变，最后形成铅和氦，其过程缓慢而稳定，可以用其半衰期来衡量。比如 ^{235}U 的半衰期是 7 亿年。因此，放射性元素也被称为地球的天然时钟。

以后，放射性碳原子逐渐减少直到消失。通过测定它们的 ^{14}C 含量，我们可以了解动植物的死亡时间，这个时间可以精确到几千年甚至几十年。当然 ^{14}C 的测定方法只能用于测定距今六七万年以内死亡的生物。到了 20 世纪 60 年代，科学家又发现了树木的年轮和珊瑚表壁上存在的细微的横纹，即“日轮”。用这些时间“标尺”已经可以推算出远古时代的一年是多少天了！经过摸索，科学家发现四五亿年以前的一年有四百多天，而现在的一年是 365 天，这个变化说明，地球自转在缓慢减速。

还是回到 19 世纪，那时候的科学技术水平决定了人们只能根据生物发展的历史和强烈的造山运动，来确定地壳与生物相对应的自然阶段、确定地层形成的早晚，这样形成的地质年龄被称为“相对地质年代”。地球在每一个地质时期都有相对应的生物繁殖，随着时间的推移，生物由简单到复杂、由低级到高级演化。在某一地质时期灭绝了的物种不能再出现，这种被称为“生物演化不可逆性”的规律，可以帮助地质学家根据遗存在地层中的化石确定地层的先后顺序。

相对地质年代与绝对地质年代一样具有科学价值，因为在分析地球的演化历史或者地质过程时，不是必须要知道地质事件发生的具体时间，而只需要知道它们之间的先后次序，所以这种方法至今仍然是研究地质过程的重要手段。

地球“简历”

经过两百多年的努力，科学家大致搞清了地球的“身世”，并绘制出了她的“简历”，这就是国际年代地层表（ICS），简称为“地质年代表”。地质年代表的内容随着研究的深入而不断充实和变化。地质年代表中包含有地层单位、年代单位、年龄值、全球界线层型剖面和点位（GSSP）、地质图色标等多种数据信息，这些数据仍然在不断修订当中。为了便于读者理解，我们绘制了一张地质年代（地层）简表，并增补了相应时代出现的代表性动植物。

地质年代（地层）简表

<table>
<tr><th colspan="4">地质年代（地层）</th><th rowspan="2">距今时间（百万年）</th><th colspan="2">生命演化阶段</th></tr>
<tr><th colspan="2">宙（宇）</th><th>代（界）</th><th>纪（系）</th><th>动物</th><th>植物</th></tr>
<tr><td colspan="2" rowspan="12">显生宙</td><td rowspan="3">新生代</td><td>第四纪</td><td>约 2.58</td><td>人类</td><td>现代植物</td></tr>
<tr><td>新近纪</td><td>约 23.03</td><td rowspan="2">哺乳动物</td><td rowspan="2">被子植物</td></tr>
<tr><td>古近纪</td><td>约 66.0</td></tr>
<tr><td rowspan="3">中生代</td><td>白垩纪</td><td>约 145.0</td><td rowspan="3">爬行动物</td><td rowspan="3">裸子植物</td></tr>
<tr><td>侏罗纪</td><td>约 201.3</td></tr>
<tr><td>三叠纪</td><td>约 251.9</td></tr>
<tr><td rowspan="6">古生代</td><td>二叠纪</td><td>约 298.9</td><td rowspan="2">两栖动物</td><td rowspan="5">蕨类植物</td></tr>
<tr><td>石炭纪</td><td>约 258.9</td></tr>
<tr><td>泥盆纪</td><td>约 419.2</td><td rowspan="2">鱼类繁盛</td></tr>
<tr><td>志留纪</td><td>约 443.8</td></tr>
<tr><td>奥陶纪</td><td>约 485.4</td><td rowspan="2">无脊椎动物</td></tr>
<tr><td>寒武纪</td><td>约 541.0</td><td rowspan="4">古老的菌藻类</td></tr>
<tr><td rowspan="3">前寒武纪</td><td rowspan="2">元古宙</td><td rowspan="2">元古代</td><td>震旦纪</td><td>约 680</td><td rowspan="2"></td></tr>
<tr><td rowspan="2"></td><td>约 2500</td></tr>
<tr><td>太古宙</td><td>太古代</td><td>约 4000</td><td></td></tr>
</table>

地质年代表中的时间单位从大到小分别是：宙、代、纪；对应的地层单位是宇、界、系。每个地质年代都有着自己的名称，即便读者不知道这些时间概念，但多少听说过其中的某个或者某些概念，比如侏罗纪、寒武纪、震旦纪等。这种描述地球历史事件的时间单位是人为设定的，和我们日常生活中经常使用的“年”“月”“日”不同，它不能让我们了解每个时间单位的准确时间。但是这种人为的系统编年，使地球的历史有了时间的概念。

“地质年代表”是各国地质学家在过去两百多年的时间里逐步建立起来的。表中每个时间概念的背后，都有着众多学者的努力、合作，甚至分歧、争议。为了建立这个年代表，世界上很多地质学家都作出了贡献。但只有那些最终被学界承认的年代划分和命名，留在了我们的故事里。

❁ 名称的由来

我们都知道，地理学家对全球进行区域划界的时候，曾经遇到过很大的困难。因为地理因素的变化是渐进的，较难找到一条天然的、清晰的自然分界线。但地质学正相反，科学家找到了地层之间明显的分界，却不清楚它们之间的相互关系。梳理清楚地层之间的时间关系，是地质学的基础。于是，从意大利到德国、从英国到法国、从俄罗斯到美国……西方地质学家用了不到一百年的时间，为他们观察到的地层确定了地质年代，并通过不同地区的对比，统一了地层的年代并加以命名。

既然确定了以生物为依据来划分，人们就根据地层中有无生命把 46 亿年的地球年龄划分为两大部分：可以找到生物化石的被称为“显生宙”；看不到生物的时代就被称为“隐生宙”。但是，随着研究的深入，科学家逐渐在“隐生宙”的地层中也发现了生命存在的迹象，于是“隐生宙”就改名为“元古宙”和“太古宙”。“隐生宙”的名称就从地质年代表中消失了。

“宙”下一级的时间单位是“代”，它被划分为五个时段。距离现在最远的“太古代”和“元古代”这两个名词，是 1863 年由加拿大地质调查所所长洛冈（William Logan，1798—1875）命名的。其他三个，“古生代”“中生代”和“新生代”的名称是 1838—1841 年之间由英国地质学家确立的，这三个名称生动地反映了生物演化的进程。三个名称的确立主要归功于菲利普斯（John Phillips，1808—1874）和康尼比尔（William D. Conybeare，1787—1857）。菲利普斯是英国地层学之父史密斯的侄子，他自幼随叔父在野外考察，长大以后不但成为地质学家，还同叔父一样获得了伦敦地质学会的最高奖——沃拉斯顿奖。康尼比尔相信地质作用的增强与生物复杂性的演进是同步的，他与菲利普斯一起，对英格兰和威尔士“中生代”地层作了详细的划分。

“代”下一级的单位为“纪”。虽然它是地质年代表中的第三级时间单位，但创建历史却最长，也最为复杂。这里重点梳理“纪”的名称是怎么来的。

1756年，德国学者莱曼（J. G. Lehmann，1719—1767）将山脉划分为原生山、第二纪和第三纪山脉，这是地层年代划分的开始。他测绘了第一张地质剖面图，指出各层岩石之间的关系并非杂乱无章，而是与形成时间有关。

1760年，意大利地质学家阿尔杜伊诺（Giovanni Arduino，1714—1795）认识到化石在岩层划分中的重要性，率先使用化石和化学方法确定岩层的年龄。他根据在意大利北部的考察，把地层划分为第一、二、三纪。1829年，法国地质学家迪斯努瓦耶（Jules Desnoyers，1800—1887）在研究塞纳河谷的沉积物时，提议使用“第四纪”来涵盖第三纪中接近现代的部分。也有人认为阿尔杜伊诺已经提出了“第四纪”的概念，但现在人们普遍认为“第四纪”是源自迪斯努瓦耶的影响。

虽然第一、二纪的概念没有延续至今，但是“第三纪”和由它派生出来的“第四纪”使用了很长时间。“第三纪”的名称在国际地层委员会于2000年公布的《国际年代地层表》中被取消了，改为“古近纪”与“新近纪”。直到现在，老一代的地质学家还是习惯使用“第三纪”，只不过正式发表的论著，要求使用最新的年代名称。2004年，国际地层委员会公布的《国际年代地层表》又把“第四纪”取消了。这一次遭到了很多地质学家的反对，后来又恢复使用“第四纪”。现在，第四纪研究已经成为地质学的重要领域，成果丰硕，逐步成为一门独立的学科。

谁说了算?

直到19世纪的前30年，欧洲人对于地层的划分还是粗线条的，这种情况在其后的30年间发生了重大的变化。地质年代表中多数“纪”的名称，都是在这个时候确定的。“古生代”是地层中最早发现古生物化石的时代，一共包含有六个“纪”，这些名称全部由英国地质学家确定。其中最早的寒武、奥陶与志留三个纪的划分，曾经引起了激烈的争论，一时间还出现了以权势压倒科学的局面。但是真理终究会被接受，只是时间早晚而已。这里我们就通过古生代六个“纪”的命名过程，窥探科学发展进程中的影响因素。

德国学者维尔纳曾经把寒武、奥陶与志留三纪的时代统称为“过渡层”，这个划分过于笼统。英国地质学家麦奇生（R. I. Murchison，1792—1871）与塞奇威克分别在英国威尔士一带，对维尔纳划分的“过渡层”进行野外考察，只是一个人在东部地区，一个人在西北地区。塞奇威克运气不好，没有找到化石资料，但他凭借丰富的经验进行了地层划分。麦奇生则幸运地找到了很多化石，并详细划分了地层顺序和生物系列。1835年，麦奇生把威尔士南部的地层命名为“志留纪”，这个名称来自居住在那里的一个部族。

同年，塞奇威克把威尔士北部最古老的岩层命名为“寒武纪”，“寒武”是威尔士的古地名。就在塞奇威克提出“寒武纪”的同一年，即1835年，麦奇生和塞奇威克还合作商讨了德文郡的页岩和砂岩，命名了“泥盆纪”。1836年，塞奇威克和麦奇生把英格兰北部含煤地层命名为“石炭纪”，也有人把这个功劳归于康尼比尔，说他早在1822年就命名了。

塞奇威克与麦奇生详细划分了古生代地层之后，担心会有疏漏，于是两位老朋友就结伴去法国、比利时和德国考察。通过对比，他们确定了寒武、志留、泥盆和石炭四个“纪”。后来，麦奇生听说俄罗斯有大量的“志留纪”岩层，于是前往那里实地考察。1841年，他在俄罗斯彼尔姆省发现了一套灰岩，并把它命名为“彼尔姆纪”。而此后不久，德国人也发现了这套地层，并命名为“二叠纪”。因为中国的地质年代名称是从日本引入的，而日本引进的是德文的命名法，因此至今，中日学者都将这个地层称为“二叠纪”而非“彼尔姆纪”。至此，古生代的六个“纪”已经确定下来五个。

塞奇威克与麦奇生在“寒武纪”与“志留纪”的划分上存在分歧。麦奇生认为“寒武纪”是“志留纪”中的一个部分，但塞奇威克认为“寒武纪”的生物不同于“志留纪”，应该独立。这本是不同的学术观点，可以通过进一步的研究加以论证。但麦奇生是英国地质调查局局长，在威尔士从事野外调查的人都追随麦奇生的理论，官方出版的地质图件也抹去了“寒武纪”，这就导致了地层划分的混乱。这种情况在英国持续了很长时间。

1879年英国学者拉普沃尔斯（Charles Lapworth，1842—1920）发现，在“寒武纪”与“志留纪”之间存在着一个灰岩地层，他在灰岩中发现了一个生物群，证明灰岩地层与相邻的“寒武纪”和“志留纪”并不相同，于是把它命名为“奥陶纪”。“奥陶”本为威尔士地区在罗马占领时的民族名，被引用来作地质年代及地层名。“奥陶纪”的命名也受到了麦奇生及其后继者的打压，直到1960年在哥本哈根召开的第21届国际地质大会上，这个名称才得到正式承认。

地质年代的名称多来自西方世界，这些名称在亚洲国家引进西方地质学的过程中带来了很大的混乱。19世纪末期，日本学者在学习西方的过程中，统一了地质年代的译名。中国学者在经历了一番探索之后，基本接受了由日文转译过来的名称。但是由于日本人接受的是麦奇生的广义“志留纪”的概念，所以日文中并没有“奥陶纪”这个术语。它是中国地质学家在20世纪20年代翻译西方地质学的过程中普遍使用的，这个译名最终也被日本学者接受。

古生代的六个“纪”全部由英国地质学家命名。“奥陶纪”之后，再也没有对“纪”的新命名。但是“纪”的跨度太大，可能达到亿年。为了更加精细地研究，“纪”下又划分出了“世”“期”和“时”等更小的地质时间单位。

每一个地质年代的名称后面都有一位甚至多位地质学家的努力，只是人们记住的往往是第一位或者名声最大的那位命名者。已经有学者梳理了命名者的名录，并制成了像地质年代表那样的英雄谱系①。因此其他“纪”的命名经过这里就不再赘述。

“震旦纪（系）”

今天地质学家已经把距今不到6亿年的时间划分为12个“纪”，

---

① 各地质年代的命名人物，参见［澳］戴维·R. 奥尔德罗伊德：《地球探赜索隐录：地质学思想史》，杨静一译，上海科技教育出版社，2006，第164页；王子贤、王恒礼编著：《简明地质学史》，河南科学技术出版社，1985，第110页。

由于篇幅所限，本书无法一一讲述。但这里还须花些笔墨，谈谈目前没有在国际学界普遍使用的“震旦纪”，因为这个名字跟我们中国密切相关，也是中国向国际推荐的一个地质年代名称。

“震旦纪”指距今约 5.4 亿—6.8 亿年的时段，是早期元古宙的最后一个时段，包含的生物化石主要是细菌和蓝藻。在震旦纪时，不仅中国许多地方出现冰川沉积，而且在澳大利亚、非洲、南美、北美、亚欧等大陆上普遍出现冰川，这便是世界上最古老的一次冰期——震旦纪大冰期。

地质学家对距离我们最近的 6 亿年的地球历史划分最为详细，但是此前将近 40 亿年的“元古代”和“太古代”却划分得粗糙。在中国学者编制的地质年代表中，只有一个孤零零的“震旦纪”，这个名称还没有被世界同行接纳。国际学术界大多把“寒武纪”之前的漫长历史时期称为“前寒武纪”。前寒武纪由于时间久远，长期、剧烈的地壳变动使得那时形成的岩石，大多改变了原来的组织结构乃至成分，成为变质岩。

在岩浆岩、沉积岩和变质岩这三类岩石中，只有沉积岩中会有生物化石的留存。在寒武纪之前的地层中，较难发现生物化石。但是世界上百分之六十以上的矿产资源，都储藏在寒武纪之前的地层中。无论是从学术研究还是从经济效益出发，地质学家仍然在努力探究早期地层的历史。

20 世纪 60 年代，电子显微镜出现了，人们可以借助它看到直径在一微米（千分之一毫米）以下的细菌化石，这使在寒武纪以前的地层中发现生命的迹象成为可能。火成岩中虽然没有生物化石的信息，但是它记录了地球上的岩浆活动，穿插在地层之中的火成岩是地壳强烈运动的标志。可以说，无论哪类岩石都保存着地球历史的信息。

“震旦”原是古印度佛经中对中国的称谓，意为太阳升起的地方。中国的“前寒武纪”后期地层中，还保存有尚未变质的沉积岩，而且厚度很大，这为“前寒武纪”的地层划分提供了证据。

在讲述“震旦纪”的发现过程之前，我们需要再引入一个地质术语——系。在地质术语中，“纪”是指地质历史的某一个时间段，属于地质年代名词；“系”是在这一段时间里形成的地层，属于地层术语。就以震旦为例，“震旦纪”是指距今约5.4亿—6.8亿年的时期，而“震旦系”则指这个时期形成的地层。我们看到的地质年代表中使用的时间单位是“纪”，而地质学家重点分析地层，所以他们的论著大多谈的是“系”。

小贴士

地质年代中的“纪”和“系”

“纪”是地质年代单位，其划分体系是：宙—代—纪。

“系”是年代地层单位，对应着相应的地质年代名称，其体系是：宇—界—系。

提到“震旦纪”，还要谈谈德国学者李希霍芬。在中国的实地考察经验和在西方学界的学术声望，使他提出的很多概念，如“丝绸之路”“震旦纪”等流行于世。1882年他把在中国发现的、尚未变质的“前寒武纪”和“寒武纪”的岩层都划归入“震旦纪”。李希霍芬对“震旦纪”的时间划界过于宽泛，包括了现在的“震旦纪”和“寒武纪”两个时段。

1903—1904年美国地质学家威理士（Bailey Willis，1857—1949）来华考察，他在《在中国的研究》一书中，接受了“震旦纪”的概念，并将其进一步细化为上、中、下三个时段。但是他把这些地层的形成时代上移到了现在的“奥陶纪”和“寒武纪”的时段。1916年，中国人自己培养的第一代地质学家毕业，在他们的毕业报告

《地质研究所师弟修业记》中对于李希霍芬和威理士对“震旦纪”的时间划分有疑义。于是，之后就委托1920年受聘于北京大学的葛利普（Amadeus William Grabau，1870—1946）研究“震旦系”。1922年，葛利普在《中国地质学会志》上发表《震旦系》一文，主张缩小李希霍芬的划界，将其限定于“寒武纪”之前，就是我们在现在的地质年代表中看到的位置。

此后仍然有西方地质学家在中国研究“震旦系”，例如1924年，曾经在中国开滦煤矿担任工程师的比利时地质学家马底幼（Fernand-François Mathieu，1886—1958）发表《直隶滦县震旦系地层》；1941年，日本地质学家尾崎博（Ozaki Hiroshi，1907—1994）在日本地质学会主办的《地质学杂志》上发表了《河北省滦县清凉山附近（开滦炭田北缘）的震旦系》。从20世纪30年代开始，中国地质学家登场了。

1930年，北京大学地质学系学生高振西（1907—1991）发表了《“Sinian”之意义在中国地质学上之变迁》。毕业以后，他又在野外工作的基础上，于1934年发表了《中国北部震旦纪地层》，较为系统地建立了中国北方“震旦系”地层层序。20世纪40年代，李四光（1889—1971）和赵亚曾（1899—1929）在湖北长江西陵峡区建立起中国南方“震旦系”地层层序。经过中国地质学家的不懈努力，河北蓟县（现隶属天津，改为蓟州区）北部山区一段岩层齐全、地层露头、连续的、保存完好的剖面被命名为“蓟县剖面”，1984年这里成为国家级自然保护区。

“震旦纪”这个概念在国内科普读物上比比皆是，但目前它还不是国际公认的标准术语。国际上也有地质学家承认“震旦纪”，比如英国剑桥大学的地质学家哈兰德（W. B. Harland，中文名韩博能，1917—2003）在1964年编制的地质年代表（1971年修订）中，就把“震旦”（Sinian）作为代和纪之间的一个地质时间概念使用。哈兰德编制的地质年代表影响很大，因为他主持或参与过国际地质对比计划（IGCP）、国际地层划分小组委员会（ISSC）的工作，并且曾经担任伦敦地质学会地层委员会主席，这些身份使他编制的地质年代表在国际上很有影响力。但是多数西方文献中较少使用“震旦纪”，而是把这个时期统称为“前寒武纪”。

哈兰德关注震旦纪，或许跟他在中国的经历有关。他给自己起了一个中文名字，叫韩博能。他是李约瑟的朋友，也是剑桥大学地质系的创始人之一。抗日战争期间，韩博能曾经在中国教书，但那时他来中国的目的是传教，所以与中国地质学界没有来往，中国地质学家并不了解他。20世纪60年代，韩博能再次访问中国，开始与中国地质学界交往。可惜那时候中国与西方世界很少交流，他没有更多的机会来华考察。20世纪80年代中国开始改革开放，中国科学院与英国皇家学会在青藏高原组织了一次地质合作考察。本来皇家学会邀请他参与合作考察，不幸的是，这封寄出的邀请函他没有收到。当他写信给英国皇家学会质问为什么不邀请他时，中英双方的合作内容已经确定，韩博能再一次与中国失之交臂。

各国地质学家对建立一个“前寒武纪”最晚期的新纪（系）所持的观点不同。除了中国的“震旦纪”外，俄罗斯建立过“文德纪”，澳大利亚建立了“埃迪卡拉纪”，挪威建立了“瓦兰格尔纪”。这些“纪”都是寒武纪之前的地质年代，但是时间的跨度差别很大。

1946年，澳大利亚地质学家在南部埃迪卡拉山的古代砂岩板中发现了古动物群化石，因此将这个时代命名为“埃迪卡拉纪”。1988年，在国际地质科学联合会（IUGS）地层委员会之下，成立了国际前寒武系工作组，以便在全球范围内解决建立该新系（纪）的有关问题。中国的“震旦系”是建立这个新系的重要候选者之一。

寒武纪地层在2000多万年时间内，突然涌现出门类众多的无脊椎动物化石，这被古生物学家称作“寒武纪生命大爆发”。这是地质学上的一大悬案，至今仍然被国际学术界列为“十大科学难题”之一。中国云南澄江生物群、加拿大布尔吉斯生物群和中国贵州凯里生物群构成世界三大页岩型生物群，为寒武纪的生命大爆发提供了证据。但是在此之前更为古老的地层中，却长期找不到生物化石。

> **小贴士**
>
> **国际地质科学联合会**
>
> 国际地质科学联合会（IUGS）是在1878年创建的国际地质大会的基础上，于1961年在法国成立的。它是国际地质学界具有巨大号召力和影响力的学术组织，也是世界上最大、最活跃的科学团体之一。其下设的国际地层委员会（ICS）的主要目标，是精确定义国际地质时间表的全球单位，从而为地球历史的基本尺度制定全球标准。

随着古生物学研究的不断深入，越来越多的证据显示，更早的时期多细胞生物已经普遍存在。新的证据越来越多，这就亟需理清寒武纪之前的混乱地质年代。2004年5月，国际地层委员会正式宣布，将“埃迪卡拉”提升为一个纪，成为与寒武纪、奥陶纪、志留纪等并列的地质时间单位。随着对“前寒武纪”研究的不断深入，国际地层委员会公布的这一时段的地层划分将愈加详细和丰富。

第三节　气候类型

矿物、岩层和土壤都为静止的状态，位置关系明确。而大气循环则是一种动态的、持续性的地理运动。在大气的运动中，人们很容易注意到空气的运动系统及其相互之间的关系。人类很早就观察到了风、雨、云、雪等天气现象，并尝试着作出解释。古希腊学者从天文、物理、自然哲学等多种角度对天气现象作过解释，其中代表性的理论是亚里士多德撰写的《气象论》一书中的见解。

亚里士多德用“干湿、冷热说”来解释天气现象：太阳照射地表产生的温暖而干燥的物质上升，而太阳与江河湖海的水分结合而成的寒冷而潮湿的物质下降，产生雨、露、云、雪，风则是冷热空气汇合的气流。对于“干湿、冷热说”读者并不陌生，本书第一部分曾经谈到过，亚里士多德用同样的理论解释了火山和地震的成因、河流的形成和地球表面的变化，还用它解释了矿物的成因。但是，人类对于天气知识的需求，不会仅仅满足于定性的成因分析，更希望能够精确掌握其变化规律。这就需要以精准和海量的观测数据为基础，以绘制气象图为工具进行分析，并需要科学理论的支撑。

天气变化对人类的生产与生活影响最大，但是气象学作为一门学科却是在最近两百多年才创建起来的。因为它的创建需要满足三个条件：第一是通过观测仪器取得观测数据，这就需要依靠技术的进步和观测仪器的发明；第二是对这些数据进行整理、分析，这就需要建立起广泛的观测网络并有长时间的观测记录；第三是从理论上探讨大气运动的物理原理，这就需要科学的进步，尤其是数学和物理学的理论进步。在漫长的历史时期内，天气预报都是由航海者、农民等受天气影响最大的户外作业人员，借由感官和经验作出判断。直到今天，民间气象谚语仍然流行，我们耳熟能详的“朝霞不出门，晚霞行千里”“东虹日头，西虹雨”就是其中的代表。在漫长的历史时期内，对于天气的观测与研究成了名副其实的“民间技艺”。

战争在气象学发展中也扮演了重要的角色。最著名的就是克里米亚战争，这次交战推动了天气图的诞生和气象台站网的建设。1299—1923 年，土耳其人曾经建立起横跨欧、亚、非三洲的奥斯曼帝国。俄国为了控制黑海海峡、涉足巴尔干半岛，多次向奥斯曼帝国发起攻击，英、法等国则竭力阻止俄国势力的扩张。最终在 1853—1856 年间，爆发了克里米亚战争。这次战争因为是世界史上的第一次现代化战争而闻名于世，新式线膛步枪、蒸汽动力战舰、铁路、有线电报等科技发明开始应用在战争当中。英国女护士南丁格尔（Florence Nightingale，1820—1910）也在此间护理前线伤员而创建了南丁格尔护理制度。

1854 年 11 月，英法联军准备在位于黑海的巴拉克拉瓦港湾登陆，此时突然风暴来袭，海上风力达到 11—12 级，导致两国几乎全军覆没。事后法国作战部要求巴黎天文台分析这次风暴。天文台台长收集了此次风暴期间各国的气象报告并绘制成图，发现这次风暴是自西向东南移动的。于是他提出，如果各国能够建立气象观测网并互通观测资料、绘制天气图，就可以推测未来风暴的走向。

科学的研究需要精确化，这就不难理解特别依赖观测仪器和海量数据网络的气象学较晚才建立起来。至今，它仍然是与日常生活紧密相关的学科，我们天天关注天气预报，经常听到天气、气候、气象等词语。随着研究的不断深入，这门学科又逐渐形成了众多分支学科，包含了大量的科学术语。现代气象学的术语有几百个，这些概念大多形成于 19 世纪至 20 世纪上半叶。读者熟悉风力、温度、湿度和气压这些概念，但是说起锋面、气团、高空槽、涡度，以及锋面理论、长波理论等术语和理论，就需要一定的专业知识了。

> **小贴士**
>
> **天气、气候与气象**
>
> 天气指一定区域内短时间的大气情况及其变化，比如温度、湿度、气压、风雨和雷电等。气候则代表一定区域长时间（一般为很多年）观察到的天气现象的综合表现和平均状态。气象是指冷热、干湿、大气运动等物理现象，气象学就是研究大气及其物理现象的科学。

随着科学技术的进步，气象学在 20 世纪的进步可谓日新月异。三十多年前笔者在大学里学习时，被平面大气环流图搞得云山雾罩。那时真想变成一只小鸟，飞到高空中探个究竟。现在计算机模拟的动态立体的大气运动，令人一目了然。科技的进步就是如此之快。由此，我们更需佩服 20 世纪上半叶提出高空大气环流理论的那些科学家。他们在没有计算机模拟立体模型的时代，依靠综合不同大气层的平面资料，利用想象力就能在头脑中构建立体图像。由此可见，科学研究除了实际观测、理论基础和不懈努力外，想象力也是非常重要的。

气象学内容丰富，这里仅通过几个气象分类系统的形成过程，看看在两百多年的时间里，这门学科如何从局部、感性、定性的摸索，快速成长为全球、理性、定量的科学。

分类是气象学的基础方法之一。但是在缺乏精确的观测仪器和气象数据的时代，这项工作几乎无法开展。因此与气象有关的分类，多是在 19 世纪以后才逐步完善的。仪器的发明为气象研究提供了准确的、可以量化比较的数据。但是气象仪器的发明和观测数据的积累，却经历了漫长的历史时期。

我国早在东汉时期就出现了“相风鸟”。这种古代测风仪器多用铜制成鸟形，下有转轴，安装在建筑物顶端。它可以随风转动，指示风向。明代中国人制成了雨量器以测量降雨量。此后的两百多年，世界各地逐渐发明了温度表、气压计、湿度计和风向风速计等，如1593年意大利天文学家伽利略发明了温度表，1643年意大利物理学家托里拆利（Evangelista Torricelli, 1608—1647）发明了气压计，1783年瑞士物理学家索修尔（Horace Bénédict de Saussure，1740—1799）发明了湿度计……这些观测仪器为气象台站的建立奠定了基础。

17世纪中期意大利建立了世界上首个气象站，从此气象观测有了精确的数据。19世纪电报的问世，使世界各地的气象资料可以快速交换，科学家利用这些数据绘制出天气图。于是欧洲出现了一批高质量的气象图，例如全球年平均温度分布图、年降水量分布图、月平均气压分布图等。1883年，奥地利学者汉恩（Julius Ferdinand von Hann，1839—1921）开始出版三卷本的《气候学手册》。今天，卫星、雷达、飞机和电子计算机、现代通信设备等，也在大气探测中发挥着重要的作用。随着科技的进步，我们已经可以每天在各种媒体上看到最新的天气图和天气动态了。

❁ 为云层分类

人们在日常生活中经常可以看到云，千变万化、丰富多彩的云曾经激发了画家、诗人、音乐家、摄影师的灵感。从科学角度看，云是天气模式、气候系统和水循环的重要组成部分，在调节地球能量平衡、气候和天气方面发挥着举足轻重的作用。

19世纪初期，法国学者拉马克就根据云的形态把它分为六类：堆状云、幔云、扫帚云、带状云、斑纹状云和羊群状云。这个时期尝试对云进行分类的人不少，但是这些分类并没有被广泛接受，也没有流传下来。可见对不断变化的云层进行简单的分类极其困难。1803年，英国人霍华德（Luke Howard，1772—1864）在《哲学杂志》上发表《论云的变形》一文，创建了为世界广泛接受的云分类法。

作为药剂师的霍华德，却对云层变化有着浓厚的兴趣。受林奈的动植物双命名法的启发，他用拉丁文命名了三种类型的云：卷云、积云和层云。进而又分出三种云系的四个变种：卷积云、卷层云、积层云和卷积层云（又称雨云）。与拉马克不同，霍华德的分类很快被大家接受。有人认为，这与拉马克是用法语命名的，而霍华德则是用学术界流行的拉丁文命名的有关。其实从其命名我们也可以看出，霍华德的命名更加系统而简明，便于人们理解和掌握。

霍华德对云的分类不但影响广泛，也推动了相关的研究。据统计，1830—1880年的50年间，关于云的分类就有16种之多。这些分类都是延续了霍华德的思想并进一步细化而成。到了19世纪末期，对于云的分类更加繁杂，反而影响了科学研究。1887年英国学者阿堡克仑拜（Ralph Abercromby，1842—1897）和瑞典气象学家赫尔德柏兰德逊（Hugo Hildebrand Hildebrandsson，1838—1925）通过对世界各地拍摄到的云图进行对比，最后确定了十种云形，请油画家绘画并印制成国际云图。1891年，第一届国际气象台台长会议在德国举行，大会决定将这十种类型作为各国观测云状的标准，并在国际气象组织（即世界气象组织前身）之下成立了云研究委员会。

1896年委员会推动出版了《国际云图集》，图集按照云的形状和位置分类，内含标准手册、云图及其他天气现象的照片，从此全世界有了统一的云形分类。

小贴士

世界气象组织

世界气象组织（World Meteorological Organization，WMO）是联合国的专门机构之一。其前身是国际气象委员会（International Meteorological Committee，又称国际气象组织），该组织于1878年正式成立。1947年，《世界气象组织公约》草案通过，1950年该公约生效，国际气象组织遂改名为世界气象组织。1951年在法国举行世界气象组织第一届大会，正式建立机构。同年12月，成为联合国的专门机构。

目前《国际云图集》由世界气象组织天气气象学委员会权威发布，至今仍在不断修订，成为世界云观测与研究的标准。该图集所收录的图片、定义、解释，得到了世界气象组织所有成员方的认可。它是观测和识别云及其他天气现象最权威和全面的参考文献，为气象、航空、航运等行业的专业人员提供了必要的培训工具。

给风力定级

人类很早就尝试着给风力定级，我国唐代的李淳风既是天文学家又是数学家，此外他还写了一本气象专著《乙巳占》。书中根据多年的观察，以风对树的影响为依据，创建了8级风力标准，把风的级别分为动叶、鸣条、摇枝、堕叶、折小枝、折大枝、折木飞沙石、拔大树及根，并把风向由原来的8个方位细分为24个方位。

现在世界上通用的风级划分标准，是在李淳风之后一千多年，由英国的海军军官蒲福（Francis Beaufort，1774—1857）于1805年编制的，现在被称为“蒲氏风级”（Beaufort Scale）。此前也有欧洲人尝试着给风力定级，1759年英国发明家史密顿（John Smeaton，1724—1792）提出根据风吹动风车的速度制定风力分级标准，这给了蒲福很大的启发。作为英国皇家海军少将，蒲福在航海过程中坚持每天记录包括风力、温度和气压在内的详细天气日志。那时欧洲航海事业发达，对远洋航行影响巨大的天气，尤其是风力情况，受到了航海家和水手的关注。

尽管已经发明了测量风速的风速计，但是在19世纪初期风速计尚未得到广泛的应用。“蒲氏风级”仍然是一种主观观测风速的方法。他根据风对舰船上风帆的影响程度，按照由弱到强的规律，把风力划为0至12级，共13个等级。他还制定了风级表和天气符号。蒲福创建的风力等级简单明了，便于掌握，很快被世界各国接受。

后来，世界气象组织对蒲福风力等级进行了修订，并增加了风对陆地和海洋产生影响的细节描述，成为目前该组织的官方分级。20世纪50年代，随着人类测风仪器的进步，测量到的风力大大超出了12级，于是就把风级扩展到18个等级。不过，世界气象组织航海气象服务手册采用的分级仍然是0至12级。

气候类型

与云和风不同，气候分类需要综合考虑温度、湿度、植被等多种因素，因此直到19世纪后半叶，人们才开始尝试着划分气候类型。气候的分类首先来源于对植物的观察。1867年德国学者林赛（Carl Linsser）发现了地表湿度与植物之间的关系，并以湿度分布为依据将全球划分为五个植物带。1879年奥地利学者苏潘（Alexander

Supan，1847—1920）创建了以年平均等温线划分气候带的方法。

等温线与纬线不完全平行，因为温度除了受到太阳辐射的影响外，还会受到地面形态和大气环流的影响，不同的气候带自然对应着不同的植被。他将全球气候划分为五个地带和 35 个气候区。这种以单一指标作为划分标准的方法，还是比较粗糙。

在众多的气候分类中，影响最广、至今仍然通用的是柯本气候分类法。1884 年德国学者柯本（Wladimir Peter Köppen，1846—1940）创造的分类方法，最初源于对热量与植物生长关系的探索，因为柯本的博士学位论文就是研究温度与植物生长的关系。他后来在观象台工作时，绘制了从北极到热带的世界气温分布图。

柯本以月平均温度作为依据，将世界划分为五个温度带：热带、副热带、暖温带、寒温带和极地带。他还绘制了世界温度带图，并在图上用五个大写的德文字母表示五种气候类型；同时根据降水的变化，用小写的德文字母表示湿度随季节的变化类型；最后再用大写的德文字母表示贫瘠草原、苔原、沙漠、山地、高原等植被地貌特征。这些符号长期为各国气候学家所采用。

柯本气候分类法影响广泛，但他自己并不满意，并为此不断对其修正。这位长寿的气象学家一生著述颇丰，据统计他一生出版专著 11 种，论文 200 余篇。其中 1936 年出版的《气候的地理分类》影响最大，书中绘出了假想大陆气候示意图，以便于人们从宏观角度认识地球表面气候分布的规律。以天然植物的分布作为气候分类的重要指标、植物分布与气候区域相符合的观念一直影响着柯本及其后继者。

20 世纪三四十年代，随着气象探空事业的不断发展，根据大气环流形势进行动力气候分类的方法开始出现。1936 年苏联学者阿里索夫（B. P. Alissov，1891—1972）据气团与锋面学说，提出了以气团地理型为基础的气候分类法。他首先根据太阳辐射和大气环流把世界气候划分为七个带，然后再根据大陆东西岸位置、海陆影响、地形地势等划分为22个气候类型。阿里索夫的分类方法反映了气候的形成条件，他的分类在20世纪五六十年代对中国学者影响很大，其多部气象学著作被翻译成中文。但是按照他的分类方法，我国的东北、华北、内蒙古、新疆大部分地区都被划入副热带气候区，这显然与中国的实际情况不符。

气候类型的划分十分复杂，有以自然要素为基础的划分，也有以气候要素或者气候成因为基础的划分，更有以应用目的为基础的气候分类。20世纪中叶，全世界就有近百种气候分类方法。这里仅仅介绍了早期的几个代表性的分类方法，随着科技的进步，新的分类方法还会不断出现。

❁ 全球系统与尺度划分

19世纪以前，人们还不知道高空大气有整体运动的规律，缺乏全球眼光。对于能够观察到的天气现象，也只是作出简单的解释，缺乏综合性分析。比如我们在中学时就知道，地面的风是由地面冷热不均造成的：受热的空气膨胀上升，在高空中形成了高气压，于是空气就向周围气压低的地方移动，从而形成了风。但实际的大气运动要复杂很多，大气流动除了压力，还会受到地貌甚至地球自转的影响。

大气以各种方式运动着，并形成了天气系统。在气象学的众多概念中，“系统”是非常重要的，这个概念直到20世纪40年代才创立起来。天气系统是在一定的地理环境中形成、发展和演变的，同时又对不同的环境产生影响。我们每天关注的天气预报，就建立在分析天气系统的基础之上。这些“系统”规模不等，存在时间长短各异，从几千米到几万千米，从存在不足 1 小时到几周……

气象学家用尺度对各种天气系统进行分类，并引入了波长来表示大气波动的尺度。波动尺度为几千千米的称为“长波”，超过一万千米的称为“超长波”。这些运动一般发生在高空大气层中。而低层大气运动多为“短波”，比短波尺度更小的称为次天气尺度，就是我们能够感受到的剧烈天气变化，这种变化一般持续几个小时。时间尺度在一个小时之内的叫作小尺度系统，龙卷风、雷暴就属于这一类。“系统”概念的产生，对于气象学的理论研究和天气预报的应用都具有重大的意义。

天气系统变化多样，甚至很难找到完全一样的。比如著名的挪威学派提出的温带气旋模式只适用于欧洲，到了中国就解释不了东亚的气旋系统运动规律了。中华人民共和国成立以后，在全国范围内建立起地面和高空观测网。中国气象学家从 20 世纪 50 年代到 80 年代，对东亚大气环流及其运动规律进行了深入的研究。科学家发现，东亚大气环流呈现季节性突变现象。例如在夏季，由于一系列大气环流的突变，活跃在中国华南地区的静止锋和雨带也随之迅速北移至长江流域，于是出现了中国独特的“梅雨”天气。他们还证明了阻塞高压在持续异常天气预报中的重要性，揭示了东亚大气环流对中国气候的影响机理，阐明了东亚海陆分布和青藏高原对北半球大气环流的影响。中国学者在研究东亚大气环流特征的基础上，还对全球大气环流的若干基本问题进行了比较全面的探讨。

东亚大气环流研究成果，为我国 20 世纪 80 年代建立数值天气预报模式奠定了理论基础，并在国内外产生了广泛的影响，获得多项国家级大奖。从1956年到20世纪末期，相关成果获得了六次国家级科技奖，包括国家自然科学奖一等奖等。在东亚大气环流研究中作出突出贡献的叶笃正（1916—2013），获得了世界气象组织的最高奖——第48届IMO奖和国家最高科学技术奖。

自然界的复杂性导致人为的分类方法不可避免地带有随意性和经验性。为了使分类更加客观，科学家除了提高观测的准确性和数据覆盖区域的广泛性之外，有时候也不得不在依据一些原则的同时，放弃另一些原则。比如侧重地理现象的成因，可能就无法顾及它们的特点；侧重于外表形态的差异，可能就会忽略位置和空间特点……但是分类方法至今仍然是简化复杂自然现象，以便从中发现规律的重要途径之一。

小　结

在本时段短短两百多年的时间里，人文地球的知识之树终于长成。此时对世界的描述，不再是一串串的地名列表、一个个的行政区划、一条条的奇闻逸事，而是建立在概念化、系统化、数据化之上的分析与研究。在观测的基础上，各学科开始由描述向说明与解释方向转变。

尤其是19世纪，强调依据实地观测寻找原因、建立理论体系的倾向越来越强烈，出现了大量的科学概念和理论，用以解释复杂的自然现象。反映现实世界各种现象的本质和规律的知识体系，初步形成。

伴随着研究范围的扩大和方法的深入，独立学者已经无法掌握地球的全部知识，学科分化势在必行。19 世纪的欧洲，知识分化已经到了相当精细的程度，形成了众多相互独立的学科领域。学科分化是否充分、是否彻底，成为这个时段科学水平的重要标志。以地理学、地质学和气象学为基础的地球科学知识之树长成了。这个时段，人文地球无论是科学体系、理论框架，还是研究方法，都进入成熟期，并为 20 世纪的再一次飞跃奠定了基础。

这个时段还有一个重要的飞跃，就是科学的职业化时代来临了。学术研究要想进步，需要共同的范式和公认的规则。业余传统中的学者，没有经过专业化的训练，其研究大多是在没有严格规范情况下的自由实践活动。每个人都可以选择自己感兴趣的内容和工作方式、构建独特的理论体系、运用不同的分析方法，从而使人文地球表现出多元和多样的特点。但是科学的进步需要统一的规范，以建立起现代科学的坚实基础；需要有共识的规则，以培养后继者，从而保证科学的持续发展。这是一门学科进入成熟期，可自我维系、自主繁衍的必然选择。

科学探究的目的就是创造、发展和传播知识，地球科学更需要广阔的视野和全球洞察力，国际性是这个时段的特点之一。东西方之间的科学界线模糊了，科学在这个时段开始交融。比起其他科学门类，地球科学更加需要广泛的国际交流与合作，需要世界各地的观测数据和资料支撑。

科学职业化之后，国际合作主要依靠政府组织和国际性的非政府组织的支持与协调。政府组织主要为各国政府建立的相关机构，与人文地球相关的有国家地质调查局、气象局、海洋局等；非政府组织主要有国际科学理事会（ICSU），以及理事会之下的 20 多个科学联合会。国际学术组织在交流信息、协调各国和各地区的科学活动、统一学术标准等方面发挥了积极的作用，并为人文地球“大科学时代”的来临奠定了基础。

小贴士

国际科学理事会

国际科学理事会（International Council for Science），即“国际科联”，是科学界最权威的非政府国际组织，也是政府间国际组织与科学界之间的桥梁和纽带。其前身是1931年成立的“国际研究理事会”（International Research Council），1998年以前称为“国际科学联盟理事会”（International Council of Science Unions），1998年改为现名，缩写没变。2018年国际科学理事会与国际社会科学理事会（ISSC，即“国际社科联”）合并，改英文名为International Science Council，中文名称仍然为国际科学理事会，但缩写改为ISC。考虑到本书论述的时段主要在2018年之前，因此书中该机构缩写仍然沿用ICSU。

延伸阅读建议

A. 拓展阅读

[1] 李杬:《认识地球》，中国青年出版社，1956。

[2] 王仰之编写:《认识地球》，中国青年出版社，1962。

[3] 石工:《多变的地球》，地质出版社，1981。

[4] [英] 格雷姆·唐纳德:《地球是平的：关于科学的历史误读》，刘显蜀译，商务印书馆，2016。

[5] [法] 儒勒·凡尔纳:《地理发现史：伟大的旅行及旅行家的故事》，戈信义译，海南出版社，2015。

[6] [美] 费尔南德兹 – 阿迈斯托:《探路者：世界探险史》，刘娜译，学苑出版社，2016。

[7] [德] 安德烈娅·武尔夫:《创造自然：亚历山大·冯·洪堡的科学发现之旅》，边和译，浙江人民出版社，2018。

[8] 王原、葛旭、邢路达等编著:《听化石的故事》，科学普及出版社，2018。

B. 深度阅读

[1] [英] 莱伊尔:《地质学原理》，徐韦曼译，北京大学出版社，2008。

[2] [英] 达尔文:《物种起源》，舒德干等译，北京大学出版社，2005。

[3] [苏]B. B. 齐霍米罗夫、[苏]B. E. 哈茵:《地质学简史》，张智仁译，地质出版社，1959。

[4] 王子贤、王恒礼编著:《简明地质学史》,河南科学技术出版社,1985。

[5] 吴凤鸣编著:《世界地质学史(国外部分)》,吉林教育出版社,1996。

[6] [美]C. C. 吉利思俾:《〈创世纪〉与地质学》,杨静一译,江西教育出版社,1999。

[7] [澳]戴维·R. 奥尔德罗伊德:《地球探赜索隐录:地质学思想史》,杨静一译,上海科技教育出版社,2006。

[8] [英]A. 哈勒姆:《地质学大争论》,诸大建等译,西北大学出版社,1991。

[9] 王蒲生:《英国地质调查局的创建与德拉贝奇学派》,武汉出版社,2002。

[10] [英]M. J. Newbigin(钮碧君):《近代地理学》,王勤堉译,商务印书馆,1933。

[11] [德]阿尔夫雷德·赫特纳:《地理学:它的历史、性质和方法》,王兰生译,商务印书馆,1983。

[12] [英]罗伯特·迪金森:《近代地理学创建人》,葛以德、林尔蔚、陈江等译,商务印书馆,1980。

[13] [美]苏珊·汉森:《改变世界的十大地理思想》,肖平、王方雄、李平译,商务印书馆,2009。

[14] [英]R. J. 约翰斯顿:《地理学与地理学家:1945年以来的英美人文地理学》,唐晓峰等译,商务印书馆,2010。

[15] [美]普雷斯顿·詹姆斯、[美]杰弗雷·马丁:《地理学思想史(增订本)》,李旭旦译,商务印书馆,1989。(亦可参阅2008年上海人民出版社出版的成一农等翻译、经杰弗雷·马丁修订的新版。)

[16] [法]保罗·克拉瓦尔:《地理学思想史(第4版)》,郑胜华等译,北京大学出版社,2015。

[17] 刘盛佳编著:《地理学思想史》,华中师范大学出版社,1990。

[18] 杨文衡主编:《世界地理学史》,吉林教育出版社,1994。

[19] 刘昭民:《西洋气象学史》,中国文化大学出版社,1981。

[20] 杨勤业、张九辰、浦庆余、鲁奇:《中国地学史·近现代卷》,广西教育出版社,2015。

第三部分

悄然的革命

20世纪是科学的黄金世纪，量子力学、分子生物学、相对论、控制论、宇宙大爆炸模型、DNA双螺旋结构、板块构造学说、计算机科学…… 众多科学理论的突破，确立了现代科学的基本结构。20世纪还是人类登上月球的时代，此后人们观察地球的角度发生了彻底的改变，人文地球掀开了崭新的一页。

科学的快速进步，并不意味着人类经过两千多年的努力，即将到达胜利的巅峰，而是迎来了一个新的起点。1938年，物理学家爱因斯坦（Albert Einstein，1879—1955）在《物理学的进化》中指出："科学不是而且永远不会是一本写完了的书。每一个重大的进展都带来了新的问题。从长远来看，每一次发展总要揭露出新的、更深层次的困难。"[①]1962年，美国科学哲学家库恩（Thomas S. Kuhn，1922—1996）出版了《科学革命的结构》。这本划时代的著作把科学的发展分为前科学、常规科学、反常与危机、科学革命、新的常规科学五个阶段。按照这个理论，科学革命导致了研究范式的转换，并提出无限新的科学问题。

就在库恩提出"科学革命"概念的同时，地球科学领域正经历着一场因人类探索空间不断拓展而催生的革命。此前，人类对海洋

① ［美］阿尔伯特·爱因斯坦、［波兰］利奥波德·英费尔德：《物理学的进化》，周肇威译，中信出版社，2019，第282页。

知之甚少，各种观测和理论多是基于对陆地现象的研究，并在此基础上建立起不同的学术流派。这些学派之间的科学论战，持续了两百多年。

远洋航行使人类认识了海陆分布的轮廓，而要想掌握更多的信息，还需要深入大洋深处。大约在20世纪中期，随着海洋探测技术的进步以及海洋数据的积累，人类对于地球的研究开始从大陆拓展到海洋。由此而来的“地学革命”颠覆了以往的学术模式，人类眼中静止、渐变的地球，转而呈现出生机勃勃的景象：大洋有新生也有消亡，岩石圈板块有分离也有汇聚……

20世纪既是科学技术飞速进步的时代，也是地球科学各种假说竞相涌现的时代。科学家在观测的基础之上，利用分类与归纳、比较与综合提出了众多的假说。这些假说在带动理论进步的同时，也推动着人文地球由近代向现代的转型。

一个假说或者理论框架提出以后，因为能够解释人们观察到的自然现象而被广泛接受，并统治某个或多个学术领域一段时间。但是新的发现不断涌现，有些无法用旧的理论框架去解释。随着无法解释的现象不断增多，就到了推翻或革新旧理论、产生新理论的临界点。这种“提出假说一反驳假说一创建新假说”的循环模式，推动着人文地球的进步。

在众多的自然科学当中，地球科学是最为复杂的门类之一。因为受自身知识水平、观测技术、思考方式的限制，人类只能观察到部分现象，无法掌握全局。同时，很多自然现象的形成原因又极其复杂且形成时间漫长，无法在实验室内重复。这就造成宏大的自然现象、复杂的形成原因和有限的人类观测水平之间的矛盾，进而造成不同学者对同一种现象会有多种解释。

历史上对于矿物与化石的成因、自然区域与气候类型的划分、土壤的类型与形成原因等问题的争论都是如此。甚至在确定地质年代的过程中，两个地层单位之间界线的确定，都有着多种观点。因此在地球科学领域，假说众多、学派林立，科学就在这种反复的争论和实践中进步着。

同一种假说在不同的地方，表象也不相同。这种区域性的差异，要求新理论在产生以后，要到世界不同的地区去检验，即地学研究需要具有全球视野。大气环流与海洋环流的全球化特点，也促使人们突破地域的局限，从更为宏大的角度去观察与思考。与此同时，20 世纪下半叶人类活动对自然界的破坏愈发严重，环境问题不断涌现。为了应对新的问题，科学家开始关注人类活动导致的气候变化、生态系统变化，并更加关注地表过程的研究。20 世纪人文地球，以全新的面貌和前所未有的速度进步着。

/ 第七章 /

否定之否定

恩格斯在《反杜林论》中说：全部地质学是一个被否定了的否定的系列。有学者形容地质学的发展史就是一部学术论战史。19世纪末期至20世纪初期，地质学的学科体系基本成型：研究地球物质组成的矿物学、岩石学、土壤学；研究地球历史的地层学、古生物学；研究地壳运动的构造地质学、火山学、地震学…… 这些学科当中，构造地质学是探索性、理论性和综合性最强的。它研究的构造运动时空尺度宏大、类型复杂多样。这个过程人类并没有经历过，也无法在实验室中重现，主要依靠地质学家的观察、分析、判断与推测。因此构造地质学假说众多、学派林立、争论激烈，被地质学家称为地学中的哲学。

第一节　陆地与海洋

巍峨耸立的高山激发着人类的好奇心。18世纪末期至19世纪初期的欧洲，建立在“理性”基础之上的社会制度和政治制度，令人极度失望。于是强调个人独立和思想自由的思潮，促使欧洲掀起了从主观内心世界出发、去反映客观现实的“浪漫主义运动”。对山区的浓厚兴趣，是这场运动的表现形式之一。连绵起伏的高山、远方的异域风景，成为人们寄托自由理想之所。为了躲避庸俗丑陋的现实世界，绅士们纷纷拿起地质锤，进入崇山峻岭之中。他们对一切非凡的事物都表现出浓厚的兴趣，于是在追寻精神自由的同时，开始探索大自然的奥秘。

在欧洲人研究山脉形成原因的过程中，构造地质学逐渐形成了。这门学科主要探究地壳的构造运动，及其形成机制和动力来源。构造地质学不但关注天体及地球的起源与演化等宏大问题，同时也在探究成矿理论、火山与地震等自然灾害的形成原因等实际问题，因此，这门学科不但具有重大的理论意义，也有广泛的经济价值。

从19世纪中期到20世纪中期的一百年间，关于地质构造成因的解释众说纷纭，有收缩说、膨胀说、脉动说、均衡说、波动说、震荡说、地幔对流说、槽台说、旋回说、大陆漂移学说……为了便于理解，后人一般把这些理论归纳为两类："固定论"与"活动论"。属于前者的假说，主张陆地自形成以来基底固定不变，即大陆与海洋一旦形成，其相对位置就不再发生变化，构造运动主要是垂直方向的运动；"活动论"的观点正好相反，认为在地质历史上，大陆在地球表面的位置发生了明显的水平移动。因此要讨论全球构造，核心问题是陆地与海洋的分布格局。

第二次世界大战以前，人类掌握的海洋知识十分有限，因此主要依靠在陆地上观察到的现象进行分析并提出各种理论。地质学家依据各自掌握的资料进行着"活动论"和"固定论"的论战。这场论战从欧洲到美洲，又从美洲到世界各地。在此过程中，以"槽台说"为代表的"固定论"长期居于统治地位；以"大陆漂移学说"为代表的"活动论"虽然在很长时间内得不到学界的承认，但是随着深海探测技术的发展，来自大洋深处的证据支持了“活动论”的观点，并由此引发了人文地球的巨大革命。

从阿尔卑斯到阿巴拉契亚

位于欧洲中南部的阿尔卑斯山脉是欧洲最高的山脉，也是巨大的分水岭，那里的许多大河，如多瑙河、莱茵河、波河、罗讷河等均发源于此。它也是中欧温带大陆性湿润气候和南欧亚热带夏干气候的分界线。阿尔卑斯山脉是较为年轻的山脉，形成于距今4000多万年的新生代。该山脉是非洲构造板块向北移动，与欧亚构造板块碰撞后形成的。但是在20世纪60年代以前，人们还不知道“板块构造运动”这个概念，于是根据各自的观察提出了众多的山脉成因假说。

欧洲人对于山脉成因的探求，始于阿尔卑斯山脉。由于他们在山脉的轴部发现了大量隆起的花岗岩，于是有人提出山脉是因火山作用而隆起。但是也有人注意到，那里的花岗岩比周围的沉积岩更加古老，这就否定了年轻花岗岩的侵入是山脉隆起的原因这种说法。于是又有人提出，山脉是因为初期熔融状态的地球不断冷却形成了地壳，地球内部继续冷却收缩，而外壳的冷却有限且不再缩小，内外的差异导致地壳下沉并且形成了不规则的表面，于是有了山脉。这种观点被称为“收缩说”或“冷缩说”。这个观点不难理解，只要想想干缩的苹果皮上鼓起的皱纹就能明白。所以这一理论在19世纪后半叶至20世纪初期的欧洲，一直占据主导地位。

产生于欧洲的各种造山理论传播到美洲以后，却无法解释位于那里的地质现象。阿巴拉契亚山脉是美国东部的巨大山系，也是地球上最古老的山脉之一，形成于距今将近5亿年的古生代早期。此山系是北美东部沿海和内部大陆之间的天然屏障，英国人最初建立的 13 个殖民地，就位于山脉东侧的狭长地带上。阿巴拉契亚山脉是由于地壳的水平挤压而形成，与阿尔卑斯山脉的成因完全不同。美国人在山脉的轴部没有发现花岗岩，欧洲的造山理论在这里行不通，于是地质学家尝试着给出新的解释。

就像阿尔卑斯山是欧洲地质学的摇篮一样，阿巴拉契亚山则是美洲地质学的摇篮。1842 年，美国地质调查所的罗杰斯兄弟（W. B. Rogers，1804—1882；H. D. Rogers，1809—1866）在《论阿巴拉契亚山脉构造》的报告中，详细论述了其形成原因。他们认为，地壳运动是由地球内部液体传播的水平脉动力造成的，否定了欧洲人提出的山脉隆起学说。

1859 年，美国地质学家霍尔（J. Hall，1811—1898）考察了阿巴拉契亚山。他认为填满沉积物的长条形盆地，经过相当长的时间后会变成山谷，从而提出了大陆边缘的“槽褶皱”这一重要概念，为构造地质学翻开了新的一页。

美国地质学家丹纳（J. D. Dana，1813—1895）接受并发展了霍尔的观点。丹纳曾经参加过南太平洋的探险活动，对太平洋的火山现象和珊瑚礁现象有深入的研究，认为珊瑚礁是塌陷形成的。1842 年他考察了北美大陆地质，发现大洋地壳和大陆地壳的特征明显不同。一个新的假说开始在丹纳的脑海中浮现。

槽台说

丹纳在综合霍尔的槽褶皱概念和欧洲的“收缩说”的基础上，于 1873 年提出了“地槽学说”。这种学说认为，原始地球在冷却的过程中，陆地中心地块首先固结，而继续冷却引起的侧压力强烈地加在大陆的边缘，从而导致了地壳的弯曲。向下的弯曲形成了沉积盆地，随着盆地中沉积物的不断增多，盆地被压塌陷并导致盆地边缘开裂，于是岩浆侵入裂隙之中，并造成盆地边缘隆起为山脉。丹纳把边沉积、边下陷的狭长盆地称为“地槽”。地槽学说把地壳物质的迁移与地壳形状的改变联系起来，把造山运动与造陆运动统一起来，开拓了大陆地质与大洋地质的比较。

“地槽学说”与欧洲人解释山脉形成的“收缩说”不同。前者认为河水浸蚀把大量沉积物搬运到狭长的盆地，即“地槽”当中。“地槽”因负荷加大、基底下沉，导致附近地区隆起为台地。“地槽学说”在解释山脉的成因方面，不比欧洲人提出的各种理论更有说服力。直到 20 世纪初期，欧洲人才逐渐接受这个理论，并对它进行了调整、补充和修订。

欧洲人起初坚信阿尔卑斯山脉有着独特的形成过程，既有“地槽”形成的原因，也有地壳冷却收缩的原因。但是“地槽学说”只有升降运动，而侧压力造成山脉的解释，符合欧洲人的观察结果，于是他们把“地槽学说”与“收缩说”整合起来。

1900 年，欧洲人把地壳构造单元划分为两个部分：活动剧烈的柔软地带称为“地槽”，较为稳定的坚硬地带称为“克拉通”（高度不大的克拉通被称为“地台”），并提出了“造山旋回”理论。俄国人进一步丰富了这一理论，并将大陆区称为“地台”，这个理论被后人称为“槽台说”或“地槽—地台学说”。

“槽台说”被广泛接受以后，各国学者在探索中不断丰富这一理论，进而创造出了众多的概念：单地槽、复地槽、中地槽；优地槽、冒地槽、正地槽；平原地槽、配合地槽、断裂地槽……这些概念现在已经不再使用，这里不再一一介绍。

无论是欧洲学者还是美国学者，都认为造山运动不是一次完成的，而是经历了多次的升降旋回。欧洲学者把对岩层的历史研究与构造运动相结合，划分出几个地质时期，进而提出了大地构造的旋回概念，认为一个“构造旋回”经历了地槽期、造山期、半克拉通期和克拉通期。

20 世纪对于造山运动认识的深入，得益于人们对全球山脉分布的了解越来越多、愈加精准。过去欧洲人专注于阿尔卑斯山，美国人熟悉阿巴拉契亚山，俄罗斯人探索乌拉尔山…… 在不同区域探索的基础上，各国地质学家逐步发现，地球上的山脉之间存在着某种联系。首先，欧洲人发现山系具有相同的单向构造，都是侧压力从南向北挤压而成。后来他们又发现欧洲与北美的山脉也有相似之处，都可以用侧压力来解释。于是地质学家认识到，必须对全世界范围的山脉分布有个整体性的把握，才能够更好地认识山脉的成因。

“槽台说”是构造地质学的标志性成果，统治了构造地质学领域一百多年。但在 20 世纪六七十年代，受到了以“板块学说”为代表的“地学革命”的巨大冲击。除此之外，“槽台说”难以为继，也有其自身的理论缺陷。比如，不同学者对于什么是“地槽”看法不一，有人认为是海沟，有人认为是弧前盆地，有人认为是坍塌的大陆隆起…… 对于“地槽”的沉降原因，学者们更是各持己见。

1951 年，美国地质学家凯伊（G. M. Kay，1904—1975）在《北美地槽》一书中，提出了 20 多个名词来描述不同类型的“地槽”。尽管各国地质学家努力统一“地槽”的定义并将其分类，但是随着研究的拓展和深入，地槽的概念不但没有逐渐清晰，反而是愈加复杂，并出现了认识上的混乱局面。一个学说缺乏坚实的理论内核、在学界达不成共识，就难以为继。于是到了 20 世纪 80 年代，地质学界彻底废除了“地槽—地台”的概念。

尽管“槽台说”最终也没有形成统一的概念和理论，并遭到废弃，但是地质学家在探索的过程中发展起来的岩相分析法、历史分析法、构造分析法，在认识大地构造和成矿规律方面发挥了重要的作用。这些方法在推动地球科学进步的同时，为“地学革命”创造了条件。

第二节　“革命三部曲”

20 世纪初期魏格纳（Alfred Lothar Wegener，1880—1930）提出的“大陆漂移学说”，以及 60 年代的“海底扩张学说”和“板块构造学说”，被后人称为地学革命的三部曲。这个时期构造地质学进入理论活跃期，学派林立、假说纷纭，学术论战也格外激烈，这些都推动着科学的进步。这场革命也开辟了人文地球的新纪元，直到现在，“板块构造学说”仍然是主导地学的重要理论。

大陆漂移

“大陆漂移学说”的创始人、德国学者魏格纳曾经预言，只有将地球科学提供的所有信息综合起来，我们才有望确定真理。他本人就是这样一位伟大的综合者和践行者。

在魏格纳之前，已经有学者提出了陆地会发生水平漂移的观点。例如美国地质学家泰勒（F. B. Taylor，1860—1938）在分析全球山脉的分布时发现，“收缩说”无法解释山脉的分布。大家都知道干瘪苹果皮上的皱纹是均匀分布的，而全球陆地上的山脉却多分布于陆地的边缘。泰勒认为，是潮汐的力量造成了大陆地壳的缓慢滑动，造成欧亚大陆在南移过程中受到印度半岛的阻挡，从而形成了帕米尔高原、喜马拉雅山脉和青藏高原。但多数学者并不相信潮汐能有这么大的推动力，所以此时“大陆漂移学说”没有引起国际学界的注意。

进入 20 世纪的第二个 10 年，魏格纳用多学科的证据，使大陆漂移学说引起了国际学界的注意。这个理论向以“槽台说”为代表的、长年统治欧美的“固定论”发起了挑战，进而引起了激烈的争论。

魏格纳早期从事气象学研究，因为对形成天气和极地气团的条件发生兴趣，在 1906 年加入了一个丹麦极地考察队。从此他对野外考察产生了浓厚的兴趣，一发而不可收，并最终为此献出了宝贵的生命。

关于“大陆漂移学说”的形成过程，有着很多动人的传说。有一种说法认为，1910 年的一天，魏格纳在翻阅一幅世界地图时，偶然发现大西洋两岸的陆地轮廓十分相似，特别是南美洲巴西东部的突出部分，与非洲西海岸的几内亚湾非常吻合。于是他萌生了这样一个想法：非洲大陆和南美洲大陆曾经连在一起，后来开裂并漂移到现在的位置。从此，他开始观察和分析，发现有许多现象可以证明他的想法是对的。另一种说法是，1914 年夏天第一次世界大战爆发，魏格纳应征入伍。不久他因伤回国。躺在病床上养伤的这段闲暇时光，使他有时间大量阅读文献，发现并思考，最终形成了大陆漂移学说。

其实在魏格纳之前，欧洲人已经注意到了不同大陆之间形状的吻合性。早在 17 世纪，英国哲学家培根就发现，南美洲东海岸和非洲西海岸的形状极为吻合。热衷于实验科学的培根，并没有对这一发现给出科学的解释。到了 19 世纪，虽然有一些地质学家在魏格纳之前尝试着作出解释，却没有引起学界的注意。其中的原因，可能是他们人微言轻，也可能是他们没有拿出足够多的、令人信服的证据，还可能是他们没有写出具有影响力的学术著作⋯⋯历史选择了魏格纳，现在人们都把“大陆漂移学说”的提出归功于他，其代表性著作就是他于 1915 年出版的《海陆的起源》(也有中文本译作《海洋与陆地的起源》)。

《海陆的起源》出版以后，引起了国际科学界的注意，并在 1920 年、1922 年和 1929 年多次再版。尤其是第三版被翻译成英文后，更是引起了广泛的关注。该书的每一次再版都加入了魏格纳最新发现的证据和科学界的论争。书中提出，全世界的大陆在 3 亿年前是一个整体，在各种力的作用下，经过漫长的岁月才分离、漂移，形成了现在的海陆格局。该书从地球物理学、地质学、古生物学、古气候学、大地测量学等多个方面论证了大陆漂移学说的合理性，并把大陆漂移学说同过去的各种理论进行对比，指出过去理论的缺点，认为只有大陆漂移学说才能正确解释海陆分布的全部事实。

大陆为什么会发生漂移？对于这个根本性的动力学问题，魏格纳给出的解释是地球自转产生的离心力和潮汐摩擦力，这个解释遭到了众多地质学家的反对。在那个时代，由于科技水平的限制，无法形成对大陆漂移机理的完整的正确认识。魏格纳的岳父是德国著名气象学家柯本，本书第六章第三节中曾经谈到过柯本气候分类法。这位科学功底深厚的学者，曾经劝说执着的女婿不要触碰大陆漂移问题。因为这个问题涉及学科太广，而且还与传统学说相悖，风险很大，成功的可能性不高。魏格纳并未因此放弃，而是在深入研究的基础上写出了旷世之作《海陆的起源》，此书奠定了他在世界地质学史上的地位。

新的思想已经萌芽，但是它的生长需要适宜的学术环境和土壤。限于当时的科技水平，魏格纳一时找不到足够的证据支撑他的理论。于是他决定继续野外调查，寻找更多的证据。不幸的是，1930年魏格纳在格陵兰野外考察时遇难。大陆漂移学说也随着他的去世一度沉寂。

海底扩张

“大陆漂移学说”支持了“活动论”，并一度引发了它与“固定论”之间的争论，但并没有动摇“固定论”的根基。地质理论的发展需要依托科学的整体进步。魏格纳去世九年以后，第二次世界大战爆发。“二战”后期为了便于海战，美国海军通过回声探测仪探测海底地形。此时在美国军舰“约翰逊号”上担任指挥官的地质学家赫斯（H. H. Hess，1906—1969）通过探测，发现了众多的海底山峰，其中部分山峰是上小下大的锥状体，山顶都是平的，这就是我们现在熟知的海底平顶山。

在缺乏深海探测技术手段的时代，地质学家只能观察陆地上的现象，并以此推测海底的情况。他们认为海底就是平坦的盆地，海底地层比大陆地层更为古老，地质运动并不活跃。第二次世界大战结束以后，人类逐步掌握了深海探测技术，大规模的海洋探测得以开展。从20世纪中期开始，英、美等国开展了大规模的海洋地质调查，大量地磁、地震等海洋地球物理数据迅速积累，迅速填补了海洋地球物理数据的空白。随着大洋钻探、古地磁和地震研究的进步，构造地质学迎来了革命的新时代。

伴随着海底情况逐渐清晰，平顶山的成因引起了学者们的广泛讨论。赫斯认为这些平顶山过去是火山，在海水的侵蚀之下变成了现在的形状。在解释山顶平坦这一现象时，学者之间有着不同的看法。有人反对赫斯的侵蚀解释，认为平顶山的高度就是过去海水的深度，平顶面就是过去的海平面。直到今天，平顶山的成因仍然没有定论。

赫斯的说法虽然被多数学者接受，但是人们发现在山顶上采集到的岩石比山脚下的岩石古老，这个发现沉重打击了赫斯的观点。按照目前的地质学理论，既然平顶山是火山喷发堆积而成，早期喷发物应该埋藏在山脚下，新的喷发物必然出现在山顶。一时间，学界还无法给出可信的解释。

直到今天，各国科学家还在努力探究海底山脉，因为这些山脉在形成期间发生了矿物的富集过程，具有丰富的金属资源开发潜力。此外，平顶山所在的海区，因海流在这里形成的上升流从海底带来大量有机质，吸引了鱼类在此聚集，是渔业捕捞的理想区域。因此，对海底平顶山的探索，不但可以从理论上探讨大地构造问题，也具有重要的经济价值。

海底平顶山的发现引起了极大的反响，各国开始利用回声探测技术探测海底地形。随着探测数据的不断增多，海底地形逐渐呈现在人们的面前。人们发现在大西洋底有一条 3 千米高、数百千米宽的巨大山脉。到了 20 世纪 50 年代的末期，人们发现大西洋底的山脉与印度洋、太平洋底的山脉是连在一起的，构成 W 型的全球分

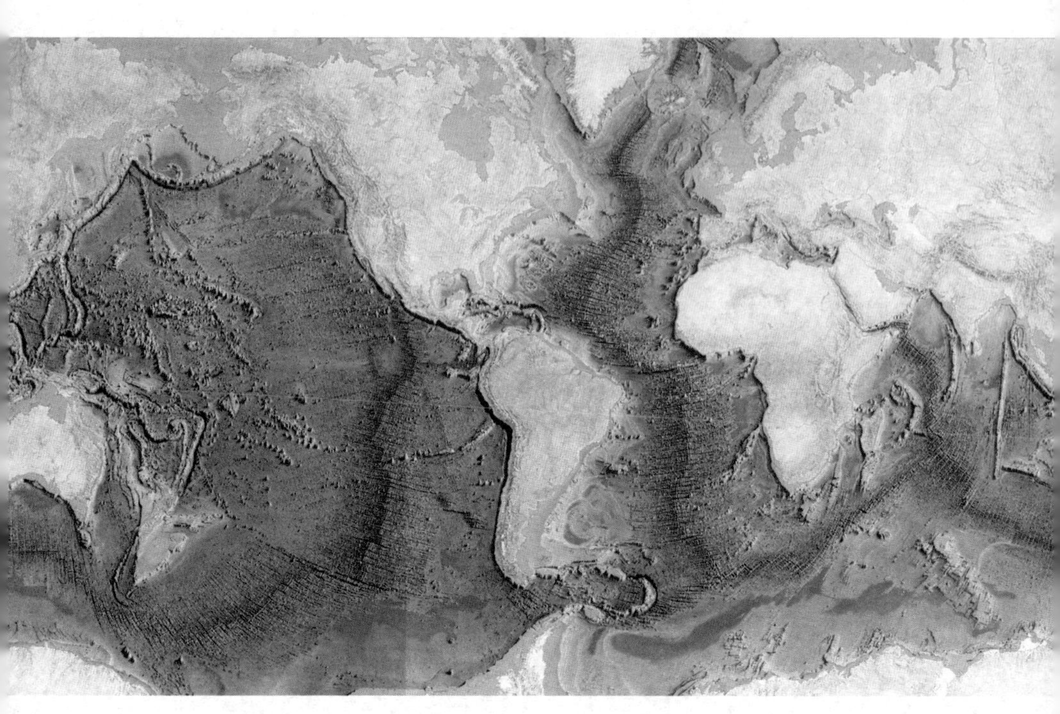

世界第一幅海底山脉全景图

布，其规模超过了陆地上的任何山系，于是人们把大洋底部的山脉叫作“大洋中脊”。

小贴士

世界第一幅海底山脉全景图

该图由美国女地质学家玛丽·萨普（Marie Tharp，1920—2006）和同事根据收集的地质数据，委托奥地利画家于1977年绘制而成，它的出现对整个地球科学的发展具有重大贡献。随着“二战”期间参战的男性增多，一些科研工作需要女性来填补。战争爆发一年后，美国密歇根大学地质系开始招收女性，玛丽因此进入地质学领域。但是女性出海会带来厄运的传统观念，导致玛丽在工作生涯的前二十余年无法出海考察。于是她与同事合作，利用同事出海收集的资料绘制海底地图。

“大洋中脊”也被称为断裂谷，断裂谷里不断冒出的岩浆冷却以后，在大洋底部形成了一条条蜿蜒起伏的新生海底山脉。20 世纪 50 年代研制出的测震仪器测出的地震震中，也恰好分布于大洋中脊一带。从大洋中脊采集到的岩石标本全部由火成岩组成，同位素测定的结果证明，距离大洋中脊越远，沉积物就越古老。随着采集和探测数据的增多，人们发现海底的山脉与大陆的山脉也大不相同，海底山脉没有褶皱和变质作用。

在大量数据的支撑下，海洋成为大地构造学的新生长点，海底扩张和板块构造等理论应运而生。“二战”结束以后赫斯回归地质学研究，担任普林斯顿大学地质系教授。1960 年他作了题为“大洋盆地的历史”的报告，并在 1962 年正式发表。他在报告中提出，地球内部地幔的对流产生了新的大洋底，这就是著名的“海底扩张学说”。这个假说认为大洋中脊就是地幔对流的上升点，然后分成两支向两侧运动，并把地壳拉裂形成中央裂谷。

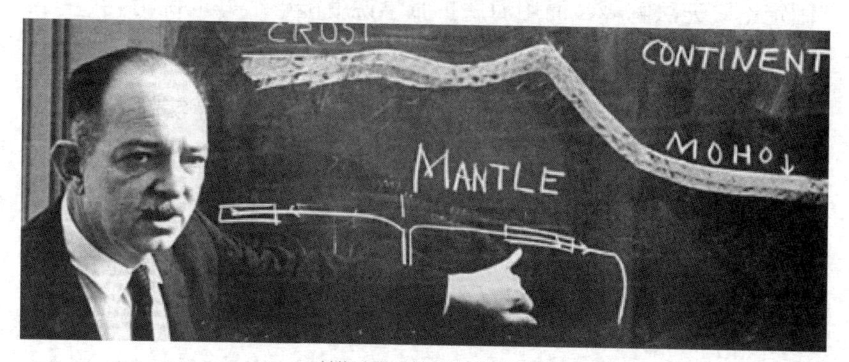

赫斯在讲解海底扩张学说

“海底扩张学说”可以解释“大陆漂移学说”无法回答的动力问题，这使沉寂三十多年的“大陆漂移学说”再次进入人们的视野。但是，海底扩张学说提出时，由于观点过于新颖和前卫，并且缺乏足够的证据支撑，连赫斯自己也没有十分的把握，所以他称其理论为“地球诗”。海底扩张学说提出三年以后，人们发现了海底存在着地磁异常，此后的深海钻探结果也支持了海底扩张学说。现在人们仍然称赫斯的《大洋盆地的历史》为“地球诗篇”，不过这一次不是赫斯的谦逊，而是后人的赞美。

地磁异常为海底扩张学说提供了重要的证据。人们很早就发现了地磁现象，中国古代的指南针就是根据这一原理制作的。19 世纪的洪堡，也曾经建议各国建立地磁观测站，此后人类对于地磁的认识步入科学阶段。但是在 20 世纪 50 年代以前，对地磁的观测主要是在陆地上进行，并在 50 年代中后期，测得世界各地在不同的地质时期磁极位置存在着变化。地壳内的矿物岩石在基本磁场的磁化作用下产生了磁场，科学家发现一些矿物岩石本身的磁场与现在的地球磁场方向并不一致，他们称这种现象为“磁异常”。这种现象用“固定论”无法解释，而用海底扩张学说就能够很好地说明。

当然，海底扩张学说无法解释人类观察到的全部地质现象。比如，既然海底在不断扩张，地球就应该逐渐变大，而实际上地球的体积没有明显的改变。如何解释这种现象呢？ 1961 年美国地球物理学家迪茨（R. S. Dietz，1914—1995）根据赫斯的理论和新的深海探测数据，进一步论证了海底扩张的存在。他认为新洋底是地壳沿大洋中脊分离形成的，在地幔的作用下老的洋底向外扩张，遇到海沟就下沉入地幔。他在大陆漂移学说的基础上，用海底扩张作用讨论了大陆和洋盆的演化，把大洋中脊的扩张与海陆交界处的海沟和岛弧的俯冲关系联系起来。虽然对于海底扩张学说的创建赫斯贡献更大，但“海底扩张”的概念最终是由迪茨提出的。

❁ 板块构造

海底扩张学说提出以后，地球不再因为海陆位置固定不变而暮气沉沉，而是由于地壳的不断生长和消亡变得生机勃勃，人类的地球观彻底改变了。海底扩张学说提出五年以后，加拿大地质学家威尔逊（J. T. Wilson，1908—1993）支持这一理论并将其系统化。

威尔逊原来专攻物理学，后来转向地质学。他对地质构造的认识过程，很好地反映了各种理论的更替。威尔逊在 20 世纪 40 年代支持“收缩说”，50 年代转向“膨胀说”，60 年代开始接受“海底扩张学说”，支持地幔对流造成了大洋中脊的说法。他最早使用“板块”一词代表大陆、海洋以及包括大陆和海洋的刚性地块，并提出“板块构造学说”是地球科学的一次革命，从而使他成为这一理论的关键人物。

进入 20 世纪中期，美国学者在北加利福尼亚海岸外的太平洋，发现了第一条横切大西洋中脊的断裂，并把它命名为“门多西诺断裂带”。此后各国学者在不同地方也陆续发现了一系列横切大洋中脊的断裂带。这些与大洋中脊轴近于垂直的水平断裂带，长达数百到数千千米，切割深度很大。威尔逊把这种横切大洋中脊或俯冲带的巨型水平剪切断裂称为“转换断层”，这个板块运动中的新类型，有效地解释了大洋中脊及其两侧平行的磁异常呈多条带状分布的现象。

威尔逊从大陆漂移和海底扩张的主要观点出发，解释了断层的特征。他认为洋壳盆地并非永恒存在，并在 20 世纪 70 年代提出了大洋盆地的发展模式：胚胎期、幼年期、成年期、衰退期、终结期、遗痕期。这六个时期构成了一个完整的旋回，后人称之为“威尔逊旋回”。他进一步指出，岩石圈板块的水平移动是可能的，它在地球表面运动的轨迹就是转换断层，其运动特征符合欧拉运动定律。他还阐明了大洋中脊新生洋壳和海沟带的洋壳消减之间的消长平衡关系。

小贴士

欧拉运动定律

1687年牛顿在《自然哲学之数学原理》一书中提出了运动三定律。半个多世纪以后的1750年，瑞士数学家欧拉（Leonhard Euler，1707—1783）进一步延伸了牛顿运动定律，描述了基本不会发生形变的固体的平移、旋转运动，分别与其感受的力与力矩之间的关系。

板块构造学说，促使地球科学发生了一场宏观领域的革命。1968年威尔逊发表了《地球科学的革命》一文，强调板块构造学说的意义可以同1800年前后以道尔顿（John Dalton，1766—1844）“原子论”为代表的化学革命、1860年前后以达尔文“进化论”为代表的生物学革命和1905年前后以爱因斯坦“相对论”为代表的物理学革命相媲美。他认为板块构造学说有希望使地球科学从资料搜集进入系统、精确、全面的全球理论时代，并促使地学研究成为一个系统性的整体。

板块构造学说为人文地球带来了新的研究范式。它建立起来的构造模型，符合在理论模型之上建立概念的现代科学传统。数据的积累，是促进地学领域发生革命的一个重要因素。科学家将目光瞄准了缺少数据的地区，并采用深海探测技术，探查从未探测过的地方，从而获取前所未有的数据和理论上的重大突破。

发轫于海洋的板块构造学说要想真正成为全球性的理论，就需要海洋地球物理、大陆地质、地震学等众多领域学者的认同和努力。20世纪70年代，地球科学多个领域的学者开始探究“板块构造”在大陆地区的情况，于是由海洋建立起来的理论迅速“登陆”。学者们发现，这个理论也可以很好地解释大陆山脉的起源问题。比如，喜马拉雅山脉可能是晚近时期印度次大陆与欧亚大陆碰撞形成的；乌拉尔山脉可能是古老时期两个板块碰撞以后留下的疤痕……

美国学者首先在美洲大陆开展调查。然而包括中国在内的、具有得天独厚的大陆构造环境的亚洲，在 20 世纪 70 年代之前，西方学者知之甚少，亚洲大陆的地质数据严重不足。于是，威尔逊决定到中国看看。

威尔逊与中国

在众多的西方著名科学家当中，威尔逊与中国有着深厚的感情。他不但是一位优秀的科学家，还是一位热情的科学传播者和国际合作的积极推动者和组织者。20 世纪 50 年代末期和 70 年代初期，威尔逊曾经两度访问中国。

1958 年，威尔逊第一次访华。他先到苏联，后经西伯利亚铁路到达中国。他此行的目的，是动员中国参与“国际地球物理年”计划。虽然威尔逊访华的目的最终没有达到，但是他根据在中国的见闻撰写的游记在西方世界影响广泛。第一次访华的经历让威尔逊对中国产生了感情，回国以后他让女儿学习中文，并相信还有机会访华，这一等就是十几年。1969 年他写信给中国科学院，表达了访华的愿望。但那时中国和加拿大尚未建立外交关系，因此他的申请被中科院婉拒。1970 年 10 月加拿大与中国建交，两个月以后威尔逊再次致函中科院，这一次得到了中科院的邀请，最终他在 1971 年秋天成行。

此时，西方世界已经广泛传播的“板块构造学说”，在中国学界还比较陌生。威尔逊在华期间会见中国构造地质学家，参观了很多地质机构，并作了题为“板块大地构造和海底扩张理论及其应用”的学术报告。他在报告中强调，“板块构造”是地质理论中重要的、新的课题，是当代地质学的一次革命。他还介绍了这一理论在地震预报、控制地震、寻找石油资源等方面的应用价值。报告之后，威尔逊与中国学者交换了用“板块构造”解释中国构造地质问题的看法。

威尔逊的报告在中国地质学界引起了强烈的反响，这次交流也让他了解了中国学者的工作。通过此次行程，他才知道中国学者在珠穆朗玛峰一带进行了多学科的综合考察。可见冷战时期的西方，也不了解中国的工作。

回国两年以后，威尔逊出版了第二部访华游记，向西方世界介绍了中国社会、科学界，尤其是地学界的真实情况。访问期间，中国学者在地震领域的研究成果给他留下了深刻的印象。在上海参观时，他临时提出想参观中国科学院的佘山天文台。它的前身是法国天主教耶稣会于1900年建造的，主要进行天文、气象、地磁和地震等观测的天文台。参观过程中，威尔逊看到了一幅中国地震震中分布图。这项工作与板块构造学说密切相关，引起了他的浓厚兴趣。他希望得到此图，但当时地图多属于保密资料，因此威尔逊未能如愿。

威尔逊第二次访华虽然没能获取更多的学术资料，但是此行却推动了板块构造学说在中国的传播。此后中国学者开始介绍、传播并发展了这一理论。

第三节　五大学派

1979 年 3 月，在北京举行的第二届全国构造地质学术会议上，国务院副总理、国家科委主任方毅（1916—1997）在开幕式的报告中指出："我国地质界有几大学派，存在各种学术观点，这是大有好处的。我们提倡百家争鸣，没有百家争鸣，学术就不能提高，不能发展。不搞百家争鸣，就必然要走向反面。"

在这次会议上，地质学家张伯声（1903—1994）提出"地壳波浪镶嵌构造学说"，此后，"地壳波浪镶嵌构造学派"被公认为中国地质学界的五大构造学派之一。尽管此后还有学者提出过六大学派说或者更多的构造理论，但是此次会议以后，西方的板块构造学说为国内多数学者接受，开启了地学革命的新纪元。因此，我们就以 1979 年这个时间点为界，看看中国构造地质学家的学术思想形成过程及其产生的背景和原因。

小贴士

中国五大构造学派、创始人及代表作

地质力学学派，李四光，《地质力学之基础与方法》(1947)、《地质力学概论》(1973)。

多旋回构造学派，黄汲清，《中国主要地质构造单位》(1954)。

地洼学派，陈国达，《中国地台"活化区"的实例并着重讨论"华夏古陆"问题》(1956)。

断块构造学派，张文佑，《断块构造导论》(1984)。

地壳波浪镶嵌构造学派，张伯声，《中国地壳的波浪状镶嵌构造》(1980)。

在介绍中国五大构造学派之前，有必要先谈谈"学派"这个概念。学派自古有之，我们这里主要讲科学研究成为一种职业以后的、特殊的科学家群体。他们有着相同的方向、共同的理论或方法，同时会有一两位杰出的科学家作为学术领袖，带领大家进行科研活动。这个群体大多以师承关系和广泛的国际性为特色，由具有一定权力的科学家通过组建队伍形成。不管哪种情况，内聚性、共同性和旺盛的学术生命力是这种群体的共性，其形成往往伴随着该学术领域的科学革命。

科学史上的学派很多，比如李比希学派、玻尔学派、费米学派、摩尔根学派、米丘林学派等。学派之间因观点各异而相互争论，并在争论中不断进步。20 世纪西方科学史家热衷于探究各种学派，但以物理学和化学领域为主。为什么地学领域的学派较少受到关注？这是因为自培根倡导实验科学开始，历史学家就把实验室作为定义学派的重要标准之一，即学派是以实验室为基地，并在此基础上形成的一种科学体制。

地球科学的“实验室”大多在野外，所以较难套用物理学、化学的实验室模式。虽然没有实验室作为依托，但是地质科学领域不但不乏学派，而且是学派林立、争论众多：水成论与火成论之争、渐变论与灾变论之争、固定论与活动论之争……这些都是很好的案例。每一次争论都推动着人文地球的进步。我们中国人较少谈及学派，可能是因为大家容易把“学派”混同于“门派”，从而使人们联想起江湖，以及那些血雨腥风的争斗。其实“门派”是中国历史上曾经存在过的一种组织结构，在中国的文化中象征着传承。

学派以其学术传承和广泛的国际影响，在科学史上发挥了积极的作用。进入 20 世纪，西方科学史界兴起了科学学派的研究。但是对于中国的科学学派研究，目前仍然成果寥寥，学者们关注较多的就是中国的构造地质学派（也称“大地构造学派”，本书简称“构造学派”）。

❁ 北京大学的学术传承

一个人学术思想的形成，与其所受教育的背景密切相关。有意思的是，中国五大构造学派的创始人，有四位与北京大学密切相关。提到北京大学，就不能不提蔡元培（1868—1940）。他曾经留学德国，深受德国大学“学术自由、教学自由、学习自由”原则的影响。这种大学的基本价值，是由德国教育家威廉·冯·洪堡（Wilhelm von Humboldt，1767—1835）创立的。他是本书第四章谈到的亚历山大·冯·洪堡的哥哥。两位都是划时代的人物，一位在人文地球领域，一位在教育领域。威廉创办了柏林大学（现柏林洪堡大学），并提出了教育就是培养人的全部天性而不是驯服人的工具。

蔡元培接受了威廉·冯·洪堡的办学理念，并在1916年底至1927年担任北大校长期间，明确提出了“循思想自由原则，取兼容并包主义”的办学原则。在执掌北大的十年间，他大力改革教育制度，不拘一格聘请优秀学者到北大任教。一时间北大校内流派纷呈、学说纷起，形成了新旧交融、百家争鸣的宽松氛围。

李四光曾经两度在北京大学任教。第一次就是在蔡元培的邀请下，于1920—1928年间在北大地质学系授课。后又于1931—1936年间再次在北大地质学系任教并担任系主任。他还担任过北京大学评议会的评议员和理学院的庶务主任。

李四光任教期间，黄汲清在地质学系学习，并于1928年毕业。张文佑（1909—1985）在地质学系学习期间也同样师从李四光，1934年毕业后又进入李四光领导的中央研究院地质研究所工作，并在他的指导下从事构造地质学研究。陈国达（1912—2004）本科毕业于中山大学地质学系，他与北京大学的渊源始于1934年大学毕业以后。1934—1935年，陈国达获得美国洛克菲勒基金会奖学金的资助，进北平研究院读研究生，师从地质学家翁文灏，并在北京大学跟随美国地质学家、此时在北大地质学系任教的葛利普学习。陈国达在北大学习期间，李四光仍然在那里教书。

构造地质学是北大地质学系的基础课程之一，由李四光讲授。另外几位构造地质学的开创者又都是他的学生，因此有必要先来看看地质力学观点的形成过程。

> **小贴士**
>
> **洛克菲勒基金会**
>
> 由美国实业家、美孚石油公司创办人洛克菲勒（John Davison Rockefeller，1839—1937）于1913年创立。基金会设立宗旨为：促进知识的获得和传播、预防和缓解痛苦、促进一切使人类进步的因素，以此来造福美国和各国人民，推进文明。

首先来看看李四光的求学和学术工作简历。1904年，李四光留学日本，并于1907年入大阪高等工业学校学习造船机械。1910年毕业回国后曾经出任湖北军政府实业部部长。1913年赴英国留学，入伯明翰大学学习采矿和地质学。回国后在中国地质调查所短期工作后到北大地质学系任教，1928年创建中央研究院地质研究所，1948年被选为中央研究院院士。中华人民共和国成立以后出任中国地质工作计划指导员会主任（后改为地质部部长）、中国科学院副院长等职，在20世纪50年代创建了地质力学研究所并任所长。1955年当选为中国科学院学部委员（后改为院士）。晚年的李四光还有很多的头衔，这里主要梳理了他的学术任职，以便了解地质力学学派的形成轨迹。

再来看看李四光地质力学思想的形成轨迹。他在英国留学期间，师从英国地质学家鲍尔顿（W. S. Boulton，1866—1954）。鲍尔顿是地质系主任，讲授地质学原理和经济地质学。鲍尔顿早期重点关注岩相学，后侧重于水文地质领域。在伯明翰大学，与李四光交流最多的是该校地质系的年轻教师维尔士（L. J. Wills，1884—1979）。这位三十出头的年轻教师，因为同样热爱音乐与李四光来往较多。维尔士在地质系讲授地质学与地貌学，系主任鲍尔顿退休以后，维尔士接替了他的工作直到退休。这位高寿的地质学家重点研究陆相沉积学，因丰硕的学术成就曾经获得过英国地质学界的最高奖——沃拉斯顿奖。李四光在伯明翰大学接受了良好的地质学训练。

李四光在英国学习期间，正值魏格纳的大陆漂移学说引起欧洲地质学界“活动论”与“固定论”交锋的时期。这使他有机会了解欧洲的最新地质理论，其中奥地利地质学家修斯（E. Suess，1831—1914）的构造地质理论对他影响很大。修斯出生于英国，对欧洲大陆整体运动方向和大陆构造进行了分析。他在《地球的面貌》一书中首次提出了“地台”的概念，并在构造运动、山脉分布、大陆沉没等方面提出了很多新见解。这些见解对板块构造学说的创建具有积极的意义。20 世纪 20 年代初期，李四光在分析地震的成因时，就借用了修斯的理论。

1926 年李四光在中国地质学会第四届年会上作了题为“地球表面形象变迁之主因”的报告，这个报告发表在同年的《中国地质学会志》上。他认为地球自转的速率变化是引起地壳运动的主要原因，地质运动是在重力控制下，由地球自转离心力的不断变化造成的。他在早期提出了“大陆车阀”的概念，指出地球自转的速度在漫长的历史时期时快时慢，这是引起地表形状变化的主因。他认为当地球的转速增加到一定程度时，大陆块就起到了“刹车”的作用，从而减慢了转速。李四光报告时，听众中有位美国地质学家威理士，并不同意李四光的观点。这位美国著名的构造地质学家，倡导实验地质学，并曾经来中国考察，著有《在中国的研究》一书。此时的威理士支持固定论，反对大陆漂移学说。

在科学领域，观点不同是正常的事情，只是当时的中国学术界“适值许多人过分崇拜洋人的时代”[①]，而且中国地质学又是从西方引进的，所以在中国地质事业开创的初期，来自西方科学发达国家的学者，自然就成了学术权威。但威理士的否定并没有阻止李四光的探索，他继续深入研究各种构造类型。

20 世纪 30 年代中期李四光再访英伦，他的老师维尔士此时已经担任伯明翰大学地质系的主任，于是他就在老师的实验室内，用自己设计、该校机械系自制的铝制空心球进行实验。这是两个扣在一起的半球，李四光在球内壁涂上一层薄蜡，做了地球自转速度变化引起地壳运动的实验。这个空心球被李四光带了回来，至今还保存在位于北京市民族大学南路 11 号的李四光纪念馆里。

通过对中国大陆不同构造类型的深入研究，李四光不断丰富他的理论。1941 年，李四光在战争期间搬迁到福建的厦门大学作学术演讲，首次使用了“地质力学”的概念。随后，他在《地质力学之基础与方法》中正式提出了这一概念。这本书是他 1945 年在重庆大学地质系的讲义，1947 年由中华书局正式出版。

20 世纪 40 年代中期至 50 年代末期，是李四光地质力学研究成果的高峰期，这段时间他几乎每年都有新的研究成果发表，并在 1962 年完成了《地质力学概论》的写作。此书先是内部印行，1973

① 杨钟健：《杨钟健回忆录》，地质出版社，1983，第 80 页。

年由科学出版社正式出版，并多次再版。书中以构造体系为框架，用力学的观点研究构造现象，将构造体系划分为三大类：纬向构造体系、经向构造体系和扭动构造体系。重点分析构造的活动规律和动力来源，以及各种构造形迹形成的力学机理。

为了更好地推动地质力学研究，担任中华人民共和国地质部部长的李四光，于 1956 年创建了地质力学研究室（1958 年改为研究所）。

领袖与机构

大地构造的另外四个学派的创始人，有三位都是李四光的学生，但他们没有简单地接受老师的观点，而是各自发展出新的理论。多旋回构造学派的创始人黄汲清从北大毕业以后，进入中国最大的地质研究机构——中国地质调查所工作。1933 年，他在中华文化教育基金会的资助下留学瑞士，师从著名构造地质学家阿尔冈（Émile Argand，1879—1940）。阿尔冈主要关注阿尔卑斯山脉的构造，运用大地构造体系、大地构造运动中的动力方向和动力轴进行构造分析，把大地构造的时间范围与造山动力密切结合。他著有《阿尔卑斯构造地质问题研究》等，并创建了著名的瑞士纳沙特尔地质研究所。黄汲清 1936 年学成回国以后，继续在中国地质调查所工作，并曾担任该所所长。

1954 年初黄汲清撰写的《中国主要地质构造单位》一书，采用槽台说，第一次系统地划分了中国主要大地构造单元。书中首次提出了多旋回构造运动的观点，认为地槽向地台的转化，经历了由量变到质变的多旋回发展过程。20 世纪 50 年代以后，黄汲清不断补充和发展多旋回构造理论，并建立起完整的理论体系。1956 年，中国地质科学院地质研究所设立了以黄汲清为学术带头人的构造地质研究室，促进了多旋回构造理论的发展。

地洼学派的创始人陈国达虽然没有海外留学的经历，但是他从在北大任教的地质学家葛利普那里学习了西方地质理论，并从老师李四光那里了解了修斯的槽台说。1956年，陈国达发表了《中国地台“活化区”的实例并着重讨论“华夏古陆”问题》一文，创建了地洼学说。1959年，他又发表了另外两篇论文《地壳的第三基本构造单元——地洼区》和《地壳动定转化递进说——论地壳发展的一般规律》，正式提出了“地洼区”的概念。地洼学说认为大地构造单元不是两个，而是多个。地壳演化由活动的地槽阶段进入稳定的地台阶段后，又通过地台区活化进入新的活动区阶段，形成了第三构造单元——地洼区。

陈国达毕业以后在多个地质调查机构和高校地质系中任职。1952年国家对高等院校进行大规模院系调整时，湖南长沙创办了中南矿冶学院，于是陈国达开始在那里执教。1961年，中国科学院在长沙成立了中南大地构造及地球化学研究室，由中南矿冶学院地质系主任陈国达来担任该研究室主任。1970年这个研究室并入广州地震大队。1975年湖南省成立了大地构造研究所，1978年该研究所回归中科院，改名为中国科学院长沙大地构造研究所，仍由陈国达任所长。该所的方向和任务主要是：“发展我国大地构造理论地洼学说，并运用地洼学说探究中国区域大地构造特点和发展史、矿产形成条件和分布规律，为找矿勘探服务。”2002年，这个研究所并入中科院广州地球化学研究所。2014年，长沙大地构造研究所又重新在中南大学挂牌成立。

地壳波浪镶嵌构造学派的创始人张伯声，于1917年考取开封留学欧美预备学校，1919 年被学校破格选送清华学校（清华大学前身）学习，1926 年毕业后赴美留学。他先在威斯康星大学攻读化学，后入芝加哥大学地质系学习。后又转入斯坦福大学地质系研究部，曾受教于地质学家威理士。回国后先后执教于多所大学，抗日战争爆发以后随学校迁至西安，从此长期在那里任教。

张伯声通过对陕西地质构造的调查，发现秦岭两侧地块在历史上此起彼伏的运动特点，从而提出了相邻地块各以其间构造带为支点，进行此起彼伏的天平式运动。1962 年他发表了《镶嵌的地壳》一文，正式提出“镶嵌构造学说”。20 世纪 70 年代中后期，他将镶嵌构造学说发展成为地壳波浪镶嵌构造学说，并将全球地质构造划分为四大波浪系统。1980 年出版《中国地壳的波浪状镶嵌构造》一书，系统阐述了地壳波浪镶嵌构造理论。

从 20 世纪 50 年代开始，张伯声担任西北大学地质学系中国区域地质研究室主任；80 年代以后任西安地质学院院长、名誉院长及地质构造研究所名誉所长。西安地质学院于 1996 年更名为西安工程学院，2000 年合并组建为长安大学。

苏联专家

中华人民共和国成立以后，为了解决专业人才短缺问题和打破美国等西方国家的封锁，掀起了大规模的学习苏联的热潮。随着大批苏联专家来华，开展学术指导、合作交流、实地考察，并在中国地质刊物上发表论文，中国学者很快熟悉了苏联的构造地质理论。与此同时，苏联学者也把中国学者的著作翻译成俄文，扩大了中国构造理论的世界影响。例如黄汲清的《中国主要地质构造单位》在 20 世纪 50 年代被译成俄文，苏联构造学派的创始人沙茨基（Nikolay

Sergeyevich Shatsky，1895—1960）撰写了序言，介绍并高度评价了黄汲清的多旋回构造理论。苏联学者还将陈国达的地洼学说及其第三构造单元的概念介绍到了苏联。20 世纪五六十年代，中国学者的大地构造理论，就是通过这个途径被西方世界了解的。

此时苏联构造地质学的发展水平在世界领先，对中国的影响更大，断块构造学派的创始人张文佑便是其中一例。张文佑从北京大学毕业后，在李四光领导的中央研究院地质研究所工作，是几个学派创始人中跟随李四光时间最长的一位。他没有留学经历，但是在李四光的推荐下，赴英、德、美等多个国家考察。他实地考察过阿尔卑斯山脉和阿巴拉契亚山脉的地质构造。20 世纪 50 年代张文佑赴苏联考察，在那里学习了地质学的历史分析方法。后来他借鉴苏联的理论，并结合老师李四光的地质力学提出了断块构造学说。张文佑认为，力学分析是历史分析的基础，历史分析又是力学分析的综合。

1951 年中国科学院地质研究所建立，张文佑长期担任该所副所长、所长，并同时兼任构造地质研究室主任直到去世。张文佑主持构造地质工作时，注意吸收地球物理学、力学、岩石学、地球化学和海洋地质学等多学科专业的人才。20 世纪 60 年代，在其领导的构造地质研究室建立了深部地质、构造力学、古地磁、高温高压实验、地热、航空地质（后发展为遥感地质）等研究小组，提出了“上天、入地、下海”的新方向。

张文佑的理论受地质力学的影响较大，并借鉴苏联学者的槽台说来分析岩石圈形变的力学机制。1974 年在《中国大地构造基本特征及其发展的初步探讨》一文中，张文佑等正式提出了断块构造学说，创造了断块、断褶带、断块带、台块等概念以解释断块构造体系。1984年张文佑出版《断块构造导论》，对他创建的学说进行了系统、全面的总结。书中详细说明了断块构造学说与槽台说、地质力学和板块构造学说的联系和差别，并把断块构造学说发展成为一门以线形构造为本、以槽台说和地质力学为体、以板块构造学说为借鉴的构造地质学派。

新的革命是否来临？

20世纪70年代板块构造学说传入中国以后，中国的各大构造学派均结合新的理论进行了修订。黄汲清将多旋回与板块构造学说相结合，指出板块构造也是多旋回的。20世纪80年代他将岩石圈的开裂与拼合结合起来统一考虑，使板块构造学说与多旋回构造学说更加紧密结合。20世纪90年代，陈国达提出了壳体（历史–因果论）大地构造学，即把岩石圈的演化与运动统一研究。

20世纪末期以来，随着众多科学探测计划的实施，大陆的地球科学数据正在迅速积累，与板块构造革命前海洋地球物理数据的迅速增加十分类似。有人因此认为，地学界极可能正处在大陆构造"科学革命"的前夜。各国科学家盼望着再一次"地学革命"的到来，并为此努力着。但是也有科学家清醒地认识到，新的"革命"时期尚未成熟。美国学者奥利弗（Jack Oliver，1923—2011）在1996年指出："迄今为止已经出现的挑战或已经提出的替代方案都没有带来冲击，全新范式——如果有的话——取代板块构造理论，还需要时间。当然有对板块构造理论的完善，并且还会持续，但是基本概念并未动摇。"[①] 他常用"下一个最重要的问题是什么"不断地激

① J. Oliver, *Shocks and Rocks: Seismology in the Plate Tectonics Revolution*. American Geophysical Union, 1996, p.103.

励着他的学生。直到近年，中国地质学家还在不断提醒青年学者，不要急于标新立异、急于创造高于板块构造学说的新理论。

构造地质学快速地进步着，它的研究精度随着科技的进步而迅速提升。随着相邻学科领域理论水平的提高、实验技术手段的进步，构造地质研究在宏观和微观层面都在不断拓展。实验研究和定量描述，为这门学科奠定了现代科学的坚实基础。新的革命终将到来，这需要科学在不断进步的基础上，有新的理论和方法的突破。

/ 第八章 /

地理有机体

人与环境的关系，是人文地球的恒久主题。这个始于古希腊时代的古老话题，在 19 世纪末期至 20 世纪初期备受关注。此时的欧洲，因地理大发现带来的持续四百多年的全球领土扩张基本结束，新发现的大陆基本被欧洲各国瓜分完毕，世界进入新的秩序重建期。这是一种伴随着全球性战争的重建，随着各国政治与经济环境的剧烈动荡，学者们开始重视从空间角度研究人类活动。此时，国家作为一种空间现象进入了地理学家的视野。

在 18 世纪中期至 19 世纪中期的第一次工业革命中，汽船代替了帆船，铁路大规模兴建，运输速度的加快和成本的降低，加强了世界各地之间的联系。19 世纪中后期至 20 世纪初期的第二次工业革命中，各国经济发展的不平衡造成了新旧殖民地之间矛盾激化，欧美各国争夺市场和世界霸权的斗争愈演愈烈。全球经济和政治的失衡很快反映到地理学领域，人文地球开始了前所未有的、与国家和政治的密切结合，进而导致这门学科随着社会的动荡而出现波动。

20 世纪的两次世界大战改变了地理学，也为战后的学科转向作了前期的铺垫。战后人口增长、城市扩张、资源短缺、能源危机、环境污染等一系列问题的出现，导致地理学界频发理论革命。新的思潮不断涌现，于是人们的问题也开始由“地理学是什么”，转向“地理学应该是什么”。相邻学科的快速进步和学科之间的不断交叉与融合，促使生态观念进入地理学领域。人类、生物与空间被视作一个完整的系统，地理学开启了它的新纪元。

研究方法也在这个时期出现了巨大的变化，开始了由经验积累向理论综合、由线性思维向非线性思维的转变。地理学家希望能够寻找到一个通则或者模型，解释人类的空间分布及其与环境的关系问题。但是，自然环境和人类活动均十分复杂，无法像数学、物理学那样建立起简单的通则，并通过公式或者实验来快速验证。于是，不同地域或国家的学者，从多种渠道尝试构建起人地关系的一般规则，进而形成了以国家或者地区为特色的地理学派。

第一节 人类与环境

亚里士多德提出的可居住区理论，被现代学者看作是“地理环境决定论”的源头。此后的历史时期，把纬度和可居住性等同起来的思想层出不穷。中世纪学者马格努斯走得更远，他在《地区的性质》一书中，把星占学和地理环境决定论联结在一起。

真正使地理环境决定论产生深远影响的，是法国启蒙运动的开创者孟德斯鸠（Montesquieu，1689—1755）。他在1748年出版的《论法的精神》中，讨论了气候与政治的关系，强调了环境对社会政治制度和文化的制约。这部划时代的著作因文字优美、思想深刻，被翻译成多种文字，在世界各国影响广泛。

虽然也有像法国文学家伏尔泰（François-Marie Arouet，1694—1778）这样的著名人物反对孟德斯鸠的观点，但是赞赏的人更多，比如德国哲学家黑格尔（G. W. F. Hegel，1770—1831）、英国历史学家巴克尔（H. T. Buckle，1821—1862）和近代地理环境论的开创者、德国地理学家拉采尔。仅仅从这几位代表性人物就不难发现，地理环境决定论是一个跨学科的主题，涉及自然、人文、政治、经济等方方面面。来自不同专业领域的学者，利用各自的研究方法和分析视角，讨论着自然环境与人类社会的关系。本书重点讨论人文地球领域的观点。

决定论

达尔文在《物种起源》中曾经指出，环境通过自然选择，在物种形成过程中发挥了作用。这种思想影响了拉采尔。这位出身于德国贵族家庭、曾经学习过古典文学和药剂学的学者，进入大学以后，在海德堡大学、耶拿大学和柏林大学期间主要学习动物学。大学毕业以后，拉采尔曾经到地中海一带、美国、古巴和墨西哥等地旅行。这段经历促使他转向了地理学研究，并在旅行结束以后，先后在慕尼黑高等技术学校和莱比锡大学从事地理教学。拉采尔在研究的过程中，把生物进化的观念应用到了地理学领域。

受达尔文的启发，拉采尔开始关注环境对人类社会的影响。他分别于 1882 年和 1891 年先后出版了两卷本的《人类地理学》，这也是他的第一部地理学著作，书中力图建立人类在自然环境中的演化通则。他关注环境对人类的影响，认为国家是人为建造的环境，是文明的最高成就。

拉采尔开创的人文地理学传统，一直在努力寻找着人类与环境关系的一般原则。简化烦琐的因素，是建立通则的基础。于是他把复杂的地理因素归纳为三个：位置、空间、界线。书中特别强调了“空间”的概念：一个民族或者国家，可以跨越原有的居住范围，到达其有能力达到的自然边界。

或许由于语言的障碍，拉采尔的观点在英语世界的影响是通过他的学生，尤其是美国地理学家辛普尔传播的。1891—1895 年辛普尔赴德国学习，并成为拉采尔学生中唯一的女性。回到美国以后，她长期在高校任教，培养出大批专业人才。1911 年，辛普尔出版了地理环境决定论的集大成之作——《地理环境的影响》。书中采用综合比较的方法，研究了自然要素对人类社会的影响。书中宣称人是地表的产物，其所拥有的一切都是地球所赐，自然因素持续且有力地影响着人类的历史。在辛普尔的著作中，环境对人类的影响被夸大，并导致拉采尔的理论被过分简单化了。

第一次世界大战结束以后，决定论思想受到了多国学者的质疑和批评，但是在美国仍然拥有大批的支持者，其中之一就是美国地理学家亨廷顿。他在研究中十分重视规范性和实证性的权衡，并通过大量的野外考察为其理论寻找证据。1905—1906 年间，亨廷顿曾经到中国新疆的罗布泊一带考察，并在《亚洲的脉搏》《文明与气候》等著作中，将人类文明与气候变化联系起来。他主张地理学应该研究自然环境对人类的影响，以及人类对环境的适应，并把气候视为社会发展、国家强弱、种族差异、经济盛衰的决定性因素。晚年的亨廷顿又提出了食物在影响人类活动方面，与气候有着同样重要的作用……

亨廷顿以充实的实地考察资料为基础，用宏大的视野探索环境与人类文明的互动，论证了世界上气候带与文明中心之间的联系，因此对西方世界影响深远。地理环境决定论在德国和美国拥有众多的支持者，但是在其他国家的境遇则不同，其中以法国为代表的、与之对立的人地关系理论占了上风。

或然论

拉采尔的思想也引起了法国学界的注意。法国现代地理的开创者维达尔在 1891 年创办了《地理学年鉴》。这位曾经到德国旅行并与德国学界交往甚密的学者，在《地理学年鉴》中全面而深入地分析了地理环境决定论，并引起了法国学界的激烈争论。参与争论的学者除了地理学家，还有历史学家和社会学家。

维达尔从人地关系角度探讨问题，并反对决定论观点。他撰写了大量文章阐述人地关系理论，这些文章大多发表在《地理学年鉴》上。文章强调自然界为人类提供了生存的可能性，人类则利用这些可能性并根据自身的能力创造宜居地。与决定论不同，维达尔建立起“或然论”，也被称作“可能论”的概念体系。

维达尔关于人地关系的各种论述，在 1921 年由后人整理成《人文地理学原理》出版。此书重点讨论了世界人口迁移和聚落分布、文化类型和地理分布、交通运输及其分布。书中强调，地理学家的任务就是研究自然和人文条件在空间上的相互关系。

法国地理学界几乎都是维达尔的学生或者学生的学生，他的思想在法国影响非常深远。他提出的“人类是人地关系中的积极因素”的思想，为法国人文地理学奠定了理论基础。后人不断深化其理论，并创建起一套研究方法，即通过历史的解释去评估人类适应环境变化的方式和目的。这种研究方法在评价自然环境方面具有积极的意义。

与拉采尔把地理因素简化为位置、空间、界线三要素类似，法国地理学家归纳出地区、位置和分布三个方面。在众多的学生当中，白吕纳深化了维达尔的理论。1910年，白吕纳出版了《人文地理学：原级分类的尝试》。书中以人类在地球表面的活动为基本材料，分析其与自然环境的相互关系，通过对区域自然与人文的研究来阐明人地关系。

"或然论"是对"决定论"的纠偏，但也有矫枉过正之处。面对质疑，"决定论"者不甘示弱，竟然用自己的理论来解释"或然论"产生的背景：法国这种温和的地理环境，为人类提供了多种可能性，对人们生活的制约相对较小，所以会产生"或然论"。但是世界上多数国家和地区的自然条件要严酷很多，对人类的制约更大……

两种理论一直争论到20世纪60年代，因各有其支撑的证据，互难说服、不分胜负。但是进入20世纪下半叶，随着科学的进步和新环境问题的出现，新的理论逐步替代了旧的理论。虽然直到现在，无论是"决定论"还是"或然论"，都仍然拥有大量的支持者，但是学界的主流理论已经发生了根本性改变，这种变化留待本章第三节讨论。我们先来关注20世纪上半叶人地关系理论带给这个世界的问题。

第二节　地理与政治

科学知识是一把双刃剑，它既可以造福人类，有时候也会成为一些国家征服世界和扩张领土的帮凶。20世纪上半叶的两次世界大战，促使地理学向应用方向转变。很多地理学家参与到国家政策的制定与国际政治交往的决策当中。如英国的麦金德（H. J. Mackinder，1861—1947）、德国的豪斯霍费尔（K. Haushofer，1869—1946）、美国的鲍曼（Isaiah Bowman，1878—1950）等人，都曾经利用地缘政治理论为国家的外交和政策制定，甚至侵略扩张提供理论依据。这里不妨看看地缘政治学的形成过程，及其与政治之间的纠葛。

20 世纪初期，是德国地理学迅速发展的黄金时代，这里一度成为新地理学的发源地。新的方法与理论的争鸣、新的专业刊物的出版、高校地理系的普遍设立，不但推动了德国地理学的进步，也对世界产生了广泛的影响。也就是在这个时期，德国发起了两次世界大战，并导致此时在德国兴起的人文地理学，尤其是政治地理学受到了深刻的影响。一些理论被政治利用，导致这些学科在德国的发展起起伏伏，同时也引起了世界学界的关注、抵制甚至批判。

“生存空间”与“国家有机体”

达尔文的生物进化理论，被英国哲学家、社会学家斯宾塞引入社会学领域。他在《社会学研究》中，提出了“适者生存”这句大家耳熟能详的名言。作者认为，无论是物理世界、生物世界，还是人类思想、文化和社会，都在“进化”之中。他将社会与生物有机体进行类比，并提出了社会达尔文主义。这种理论认为，社会在本质上如同生物一样是个有机体，社会与其成员的关系有如生物个体与其细胞的关系。社会分工如同生物有机体各部分的分工一样。生物体包括营养、循环和神经（调节）三个生理系统，相应的，社会也有生产、分配和管理三个系统。

受斯宾塞理论的影响，直到第二次世界大战结束，欧美的社会学、经济学和政治学等领域流行着一种观点，主张用达尔文的生存竞争与自然选择理论来解释社会和人类的发展规律。它的拥护者用这一理论为社会不平等、种族主义和帝国主义正名，进而遭到世界学术界的广泛抵制。随着第二次世界大战的结束，社会达尔文主义也被历史抛弃。

社会达尔文主义也侵入地理学领域。1897年拉采尔出版了《政治地理学》，书中认为政治地理学是“阐明国家和国家存在的地理环境之间关系的科学”，带有明显的社会达尔文主义的烙印。生物寻求适者生存，国家（民族）也需要在政治环境中寻找自己的位置。书中提出了“生存空间”和“国家有机体”学说。“国家有机体”学说把国家比作有机体，认为国家和一些简单的有机体相似，都会生长或死亡，不可能是一成不变的。一个国家侵略他国、占领其土地、扩大自身领土的行为，被认为是国家内部生长力的体现，同时他认为正常健康的国家都要有其生长的空间。

通过生物学的类比，拉采尔把国家看作是附着在地球上的一种有机物，并尝试着用自然科学知识来解释人类的活动。1901年，晚年的拉采尔又出版了《生存空间：生物地理学研究》，将生存空间具化为活的有机物在其范围内发展的区域。

“生存空间”理论，在第一次世界大战期间被德国地理学家进一步拓展。一时间政治地理学的研究主题，集中于国家与地理因素的关系、国家疆界等问题。但是拉采尔一直用“政治地理”的概念来阐述他的理论，并没有使用过“地缘政治”。

“地缘政治”这个术语，最早由瑞典政治学家契伦（Rudolf Kjellén，1864—1922）提出。1899年他在首次提出这个概念时，把它定义为：国家作为空间范围的科学。1916年他在《作为生命形态的国家》中，把这个概念具化为：将国家作为地理有机体或空间现象来认识的科学。这是地缘政治最早的，也是最基本的观念。其后，一些欧洲学者对地缘政治作出了进一步的阐述，将其定义为将国家作为一个空间现象来描述和解释的学问。

拉采尔阐述的政治地理思想与契伦的地缘政治理论有相通之处，因此有些学者把两者混为一谈，认为两者在内容上毫无差异，只是侧重点不同。实际上“地缘”与“地理”的含义不同，前者强调国家之间在政治、经济、文化、军事、外交等领域的相互关系，及其与自然环境之间的联系。政治地理属于理论性研究，而地缘政治是前者在应用过程中的演变产物。美国学者詹姆斯（E. James，1899—？）等人在《地理学思想史》中，把地理观点应用到政治上的地缘政治学，形容为“地理学思想上的逆流”。他特别强调地缘政治学与政治地理学不同，两者不能混淆。①

纵观政治地理学和地缘政治学的发展，两者在不同的历史时期时分时合、关系不断演化，有时很难将两者区分开来。直到现在，学者之间也有不同的观点。《中国大百科全书·地理学》认为，地缘政治学源于政治地理学，是后者的一种理论。

拉采尔之后政治地理学快速发展，出现了大批论著，也开始出现了两种截然不同的潮流。政治地理学强调学术的纯洁性，主张科

① ［美］普雷斯顿·詹姆斯、［美］杰弗雷·马丁：《地理学思想史（增订本）》，李旭旦译，商务印书馆，1989，第228页。

学研究远离政治；而地缘政治学则倡导地理学家应该积极参与到国家政策的制定当中。两次世界大战期间，尤其是第二次世界大战中，地缘政治学在德国快速壮大，并为纳粹德国的侵略扩张提供了理论依据。

❁ “心脏地带”

1904年1月25日，英国新地理学的开创者麦金德在皇家地理学会的会议上宣读了《历史的地理枢纽》。此时的麦金德除了继续担任英国牛津大学地理学讲师外，又被任命为伦敦经济学院的院长，具有很高的学术声望。他还是一位政治家，曾经担任英国国会议员。无论是从学者的视角还是从政治家的视野出发，麦金德都对英国的政治前途充满了担忧，他认为英国在位置上处于劣势。

《历史的地理枢纽》对世界地理学影响深远。20世纪80年代，美国人曾经选取了“十六部改变世界的巨著”，其中包含达尔文的《物种起源》、马尔萨斯的《人口论》、爱因斯坦的《狭义相对论》和《广义相对论》等书，麦金德的《历史的地理枢纽》也名列其中。这也是一部颇具争议的著作。麦金德宣读完报告之后，会场上产生了热烈的讨论。支持者说很遗憾会场里没有英国的内阁成员在座，提出“对于地理的物质而付出的代价是绝对难以计算的”；反对者质疑麦金德选择墨卡托投影地图来支撑和说明他的理论，因为这种投影方法夸大了英国的实际面积。他们指出麦金德的“马和骆驼的机动性”的提法已经过时，因为铁路的兴建让世界进入了交通的新时代，新交通工具的出现会使地理位置丧失它的重要性。反对者还提出，是工业而不是环境和位置，才是国家强大的基础。

麦金德在报告中用了五幅世界地图来说明他的观点。前三幅地图展示了不同时期东欧的格局，第四幅地图展示了欧亚大陆和北极的水系，最重要的是被他命名为“力量的自然位置”的第五幅地图。这幅地图把世界空间分为三个部分：全部是大陆的枢纽地区；全部是海洋的外部或岛状的新月形地区（又称“外新月形地区”）；部分是海洋、部分是大陆的内部或边缘新月形地区（又称“内新月形地区”）。麦金德把大陆腹地和内新月形地区（边缘地带）合称为“世界岛”，认为人类是由大陆腹地向其他空间扩散的，因此边缘地带的人容易受到来自大陆腹地的攻击。

麦金德第一次从全球的视角给出了世界是一个整体的概念，进而提出世界是一个完整的政治体系。他强调地理环境对人类社会的决定性影响，并以政治组织的地域特点为基础，提出哥伦布开启的航海时代即将结束，陆权时代即将来临。麦金德相信世界的政治局势受中心地区的膨胀和边缘地区的制衡这两种张力的影响，他希望制定一个能适应任何政治平衡的地理公式。

《历史的地理枢纽》出版十五年后，麦金德把他的思想扩展为《民主的理想与现实》。书中把“枢纽地区”改为“心脏地带”，并提出了著名的“麦金德三段论”：

> 谁统治了东欧，谁就主宰了心脏地带；
> 谁统治了心脏地带，谁就主宰了世界岛；
> 谁统治了世界岛，谁就主宰了全世界。

麦金德提出的心脏地带，主要是指俄国（1922—1991 年的苏联）。冷战时期，“心脏地带”概念增加了西方世界对“苏联集团”的恐惧。但是这种威胁论并不是建立在对区域研究的理性评估之上，因此遭到了苏联等社会主义国家的抨击。列宁反对地理环境可以控制人类命运的说法，驳斥了黑海以北地区气候恶劣且不能耕作的观点。他指出这种观点是以现有的技术为依据，忽略了技术进步将会带来的革命。

麦金德的理论被后人称为“陆权论”，这与美国海军军官马汉（A. T. Mahan，1840—1914）提出的“海权论”相对应。1890年马汉出版《海权对历史的影响》，书中分析了海运与海军的历史，并以英国为例分析怎样成为海洋大国，进而强调海上力量对一个国家的安全、繁荣的重要性，认为一个国家只有控制海权才能成为强国。他提出谁能控制海洋，谁就能成为世界强国。马汉的观点被美国人接受的同时，也为德国等法西斯国家利用。德国海军要求每一艘战舰上都要配备此书，它被翻译成日文以后，很快成为日本军队和海军学校的必读书目。

与“陆权论”和“海权论”并列的还有“空权论”。1921年，意大利军事理论家杜黑（Giulio Douhet，1869—1930）出版了《制空权》。书中根据飞机在第一次世界大战中的运用，认为空军在夺取制空权以后，即可袭击敌人的国家中心和经济中心，取得战争的胜利，从而过分夸大了空中力量的重要性。杜黑的那句名言深入人心：“胜利对那些能预见战争特性变化的人微笑，而不是对那些等待变化发生后才去适应的人。”在“三权”理论中，对人文地球科学产生深远影响的，是麦金德的“陆权论”。

麦金德的理论在两次世界大战期间，影响了德国地缘政治学家豪斯霍费尔，成为德国地缘政治思想的重要来源之一。那幅著名的《力量的自然位置》图，被豪斯霍费尔多次引用。但是麦金德本人并不认可他的理论为纳粹军国主义奠定了基础，并坚称他的研究属于政治地理学而非地缘政治学。1944年，麦金德在接受美国地理学会颁发的查尔斯·戴利奖章的发言中提到：不管豪斯霍费尔从我的书中引用了些什么，都是从我四十年前在英国皇家地理学会的一次演讲中摘录下来的，我提出的理论远远在有任何纳粹政党问题之前[1]。

地缘政治

"地缘政治"这个概念我们经常在媒体上看到，读者并不陌生。实际上，这个概念自提出以后，其内涵一直在变化，不同的专业领域对其的理解和解读也存在着差异。19世纪后期"地缘政治"一经出现就引起了极大的争议，因为它深深卷入国家的政策制定当中，更因"二战"期间被德国纳粹利用而遭到唾弃。20世纪70年代以后，新地缘政治在美、法等国兴起，此时除了地理学家外，政治、经济、国际关系等众多领域也开始借用这个概念。

地缘政治学在两次世界大战期间被推向高峰，并在20世纪20—30年代由德国人豪斯霍费尔推向极端。豪斯霍费尔既是地理学家，也担任过军队的将领。他极力主张地理学应该在德国的复兴中发挥重要的作用，强调地缘政治是利用地理知识来支持和指导一个国家的政策艺术。

① [英]哈·麦金德:《历史的地理枢纽》，林尔蔚、陈江译，商务印书馆，1985，第15页。

地缘政治学的理论基础是地理环境决定论，即国家或者民族的命运表现在其自然环境中。其理论虽然并不完善，但因第三帝国兴起的推动而快速发展。1924年豪斯霍费尔出版了《太平洋的地缘政治学》，书中分析了太平洋的位置与各种冲突之间的关系。他借用拉采尔的理论，并进一步提出了“民族存在着优劣”的观点，为希特勒称霸世界的野心提供理论依据。

小贴士

第三帝国

指1933年至1945年间由纳粹党所统治的德国。先后有两个官方国名：1933—1943年的德意志国和1943—1945年的大德意志国。自认为是继第一帝国——神圣罗马帝国（962—1806）和第二帝国——德意志帝国（1871—1918）之后的第三帝国。

1933年，豪斯霍费尔又出版了《国防地缘政治学》（中译本为《国防地理学》），主张国家为寻求自身发展必须扩大国土面积，其所占有的空间应该随着国家的生长而不断扩大，并把战争作为扩大空间的唯一方法。他宣称优等民族可以侵略劣等民族，为纳粹德国的侵略行为作辩护。在“二战”期间的美国，豪斯霍费尔是美国家喻户晓的“希特勒地理学家”。

豪斯霍费尔主编的《地缘政治学杂志》，为这门学科提供了一个成果交流与展示的平台。1924年该刊创刊时，得到了地理学家的普遍欢迎和支持。但是随着它越来越露骨的支持德国纳粹的倾向，它受到了多数学者的摒弃，并最终在二十年后的1944年停刊。

第二次世界大战胜利以后的1945年，豪斯霍费尔撰写了《向德国的地缘政治学致歉》，在承认没有正确区分纯科学和应用科学这个问题外，仍然在为自己的理论辩护，宣称地缘政治学是以政治地理学为理论基础而形成的，努力将地缘政治学与政治地理学联系在一起。1946年，豪斯霍费尔在纽伦堡审判中自杀。

有人认为，美国地理学家鲍曼是豪斯霍费尔在美国的“翻版”，但是鲍曼本人坚决予以否认。他强调自己研究的是“科学的”政治地理学，并批判地缘政治学为伪科学，努力把自己与豪斯霍费尔区别开来。鲍曼是一位致力于科学为国家利益服务的学者，这一点与豪斯霍费尔相同，两人的差别在于服务的政府不同。

由于战争需要，很多学者参与到直接服务于国家的军事和政治的地形测量、地图绘制和训练军事指挥等具体工作之中。在美国，许多地理学家加入地理资料的搜集和整理工作中，其中最著名的就是鲍曼。鲍曼在《新世界：政治地理中的问题》中，分析了第一次世界大战以后世界地缘政治形势的变化。全书以自然地理学的形势为背景，又以经济、语言、人种、宗教等相关事实为依据，提出了全球重构的建议。因此有学者指出，鲍曼的政治地理学和德国的地缘政治理论一样，科学和政治的分界线是鲍曼无法划定的。鲍曼的观点在 20 世纪上半叶受到了中国学者的推崇，他的著作《战后新世界》在 1927 年被译成中文，引起了中国政治地理学界的关注，并被列入大学教科书中。

鲍曼早年从事自然地理研究，曾经三次带队赴南美洲安第斯山区野外考察，后转向人文，尤其是政治地理研究。他在第一次世界大战后重新划分世界版图的巴黎和会上，担任美国代表团的领土问题首席顾问，参与了战后欧洲领土分割和疆界划分。为此，他曾带领由 150 位专家、6 个学科组成的小组绘制了大量地图，并对人口、资源、边境、铁路、农作物格局以及城市工业中心、文化和宗教地区分布等内容进行了详细记录，其成果为巴黎和会提供了大部分的数据和资料支撑。

第二次世界大战后期，鲍曼再度出任美国代表团的领土问题顾问，出席了敦巴顿橡树园会议和旧金山会议。可见他的理论过多涉猎政治而难以保持纯学术性。

小贴士

巴黎和会、敦巴顿橡树园会议、旧金山会议

与两次世界大战有关的重要会议。巴黎和会指1919年1—6月在法国巴黎召开的战后协约会议，27个战胜国的代表签订了《凡尔赛和约》。因大会将德国在山东的特权转交给日本，严重损害了中国的利益，导致1919年5月4日爆发了“五四运动”，作为战胜国的中国代表团拒绝在《凡尔赛和约》上签字。

敦巴顿橡树园会议是1944年为了协调战后国际关系，苏、美、英三国在美国华盛顿附近的敦巴顿橡树园举行的会议。这次会议规划了《联合国宪章》的基本轮廓，解决了联合国建立的主要问题。

旧金山会议是1945年4—6月在美国旧金山举行的《联合国宪章》制宪会议。

地缘政治学在两次世界大战，尤其是第二次世界大战期间，因为对德国政府的支持而受到了世界地理学界的普遍谴责。这导致其理论在“二战”胜利以后沉寂了三十余年，苏联更是禁止使用“地缘政治学”这个术语。这种现象一直持续到20世纪70年代后期。直到1975年，人文地球领域没有一本书名中带有“地缘政治学”的著作出版。

1976年，法国学者拉考斯特（Y. Lacoste，1929—　）主持出版了《希罗多德杂志：地理学和地缘政治学评论》，并出版了《地理学的主要目的之一：制造战争》一书，推动了这门学科的复兴。拉考斯特批评过去地理学家为战争和政治服务，强调了这门学科的客观性，主张地理学研究与国家政策分离，并转向生态环境和全球贫困问题。

与此同时，美国前国务卿基辛格（Henry Alfred Kissinger，

1923—　）把地缘政治学理论引入美国外交政策之中。虽然他本人对这个理论贡献不大，并且在使用“地缘政治”概念时过于随意，但是他的政治地位和国际影响力推动了“地缘政治”概念在美国的广泛应用。此后“地缘政治”超越了人文地球的学术领域，并进入社会政治语言当中。

政治地理在中国

地理环境决定论和地缘政治学，因为带有明显的政治倾向，一直受到各国学者的批评。世界大战对其来说更是雪上加霜。“一战”结束以后，法国学者还在积极推动地理学对于国家政策的影响，但是“二战”以后，他们开始尽量避免涉及与政治有关的内容，从而导致这门学科在一段时期内无人问津。苏联等社会主义国家更是掀起了对地缘政治学等理论的批判。这里以中国地理学界为例，看看地缘政治学等理论在世界范围内的传播与发展情况。

20世纪初期，地缘政治理论通过日本传入中国。日本并未参与政治地理学前期的理论建设，但是明治维新运动给那里的学者提供了学习西方知识、了解西方政治地理学的契机，日本政治地理学思想多来源于美国和德国，而后传入中国。在甲午战争惨败之后，中国人开始向日本学习。

1938年，商务印书馆出版了中国历史地理学家李长傅等人翻译、阿部市五郎所著《地理政治学》（即《地缘政治学》）。这本书是依据德国的地缘政治著作、加以东方的资料演绎而成，也是中国第一本有关地缘政治学的译著。阿部市五郎认为，地缘政治学属于政治学，它不是政治地理学的分支，两者是完全不同的学科。作者指出，政治地理学研究的是静态的事物，而地缘政治学则是动态的。这种观点对中国学者影响较大。

从20世纪二三十年代开始，随着留学人员逐步回国和欧美学者来华访问，西方地缘政治理论不再借道日本，而是由欧美直接传入中国。例如，1924年美国学者亨廷顿来华访问，在东南大学史地学会作了题为“新疆之地理”的报告，并宣传了他的“气候影响人类文明”的观点。

20世纪三四十年代，中国政治地理学走向与世界大趋势有所不同。与西方国家回避地缘政治和政治地理学的情况不同，中国学者在政治地理学领域却成果丰硕。他们认为，应该更加深入地了解帝国主义的野心动向，才能作出对策。这种学者多被归为战国策学派。他们的观点受地缘政治的影响，并以国防地理为中心，其中影响中国学者最深的当数豪斯霍费尔的《国防地理学》一书。

❁ 中国学者的批判

地理环境决定论、地缘政治学等理论从传入之始，就受到中国学者的关注甚至批判。为了建立马克思主义的地理学，中国学界开始了对资产阶级地理学理论的清算。由于地理学的研究对象以人类与自然环境的关系为主，是一门涉及“人”的学科，一些西方理论被视为“资产阶级伪科学”而受到批驳。

这里不妨看看《中国国家地理》的前身——《地理知识》的态度。《地理知识》是中华人民共和国成立以后最早创办的地理学刊物。1950年1月1日创刊时，参与其中的学者都是三十出头的热血青年，后来他们都成为中国地理学界的著名学者、中流砥柱。

《地理知识》创刊号印制了六百份，费用由这些青年学者捐款筹集。第一期共汇集了六篇短文和若干消息。这期只有薄薄的八面、两万多字，没有图片、地图，甚至连目录和单独的封面、封底都没有。尽管形式简陋，但是这本杂志很快得到了社会的认可和学界的好评。

在《地理知识》创刊号的首页上，即发表了《在地理学领域内掌握辩证唯物主义》一文；1952 年，又发表了《改造自己、改造地理学》一文。两篇文章指出，地理学者的自我改造，以及科学内容与方法的根本改造，是中国学界的迫切任务。

在 20 世纪 50 年代，拉采尔的国家有机体说、辛普尔的地理环境决定论、麦金德的大陆腹地说、豪斯霍费尔的生存空间论等均遭到了不同程度的驳斥。一些当时西方学界的新的理论，由于尚处于萌芽阶段，很多观点不系统、不完善，因此也遭到了中国学者的指摘。有中国学者认为，西方人地关系论是建立在唯心主义的基础之上的，在西方人地关系理论中，人始终处于被动地位，这是错误的。

第三节　景观与生态

进入 20 世纪，地理学的研究主题不断被其他学科覆盖，地缘政治的“沉渣”泛起，进一步加重了这门学科的危机，从而引起了地理学是否有必要存在的争论。与此同时，各国学者努力在科学体系中，为这门具有悠久历史的古老学科寻找着属于它的当代位置。

人与环境的关系问题，无疑是地理学的核心和特色。1913 年，法国学者维达尔指出：“地理学之所以能从其他科学获得帮助，同时又向其他科学提供共同的财富，就是因为它的职能是：不割裂地看待大自然所聚合在一起的事实，而是从相互联系和相互作用上去理解这些事实。”[①] 十年以后，巴罗斯在美国地理学会开幕式上更是指出，如果要讲真正的地理，就必须从头至尾是一种遵从人地关系正常顺序的解释性论述。于是，人们开始从新的角度审视这门学科。

文化景观

“景观”一词源于德文，并被各个专业领域广泛应用。艺术家把它等同于地表景色，生态学家把它定义为生态系统，建筑师把景观作为建筑物的背景，而地理学家则把它理解为区域的整体形象。

早在 19 世纪，就有学者用“景观”来表达一个地理区域的总体特征，也有学者直接把它等同于地形地貌。但是“景观”作为一个重要的概念而被普遍接受，则经历了漫长的历史过程。德国学者使用这个概念，是为了避免地理学中长期存在的自然与人文的对立局面。他们认为如果想避免学科分裂，就要把重点放在作为人类环境的景观上，其中的代表人物就是德国人文地理学家施吕特尔（Otto Schlüter，1872—1959）。他在 1906 年发表的《人类地理学目标》中，直接将地理学定义为“景观学”，提出了景观形态是重要的主题。

① [英]罗伯特·迪金森：《近代地理学创建人》，葛以德、林尔蔚、陈江等译，商务印书馆，1984，第 241 页。

后来的德国学者更加直接地表述为：景观的可见内容，决定着地理学的内容。试图通过这种研究，改变过去政治地理学和地缘政治学中，侧重人类生活和组织的空间分布的倾向。

施吕特尔认为，景观随着时间而改变。他指出，人类通过焚烧植被、砍伐树木、引进新物种，改变了地表的自然形态。因此对景观的研究不是简单的现象分类，而是辨认地球上可以感觉到的那些现象的形态和排列，探索其随着时间的变化过程及特点，并进行区域的划分。也有地理学家反对施吕特尔的景观形态观点，并讥讽其为“美学”，而不是地理学。但是多数德国学者还是接受了这个概念及其方法，并转向对原始自然景观性质的研究。

1939 年，德国学者特罗尔（C. Troll，1899—1975）提出了景观生态学的概念，把景观与生态结合在一起，强调对生物综合体相互关系的分析，从而开辟了从空间地域视角探究生态问题的传统。由于第二次世界大战的影响，景观生态学直到 20 世纪 60 年代才引起人们的重视，并在欧洲形成了以土地研究为主题的景观生态学。1968 年德国召开了第一届景观生态学国际研讨会，20 世纪 80 年代成立了国际景观生态学会（IALE）。随着计算机、遥感等技术的进步和系统论、信息论、控制论等现代科学理论的出现，景观生态学迅速发展，并在生态监测、环境保护、景观设计、建设规划等方面被大量应用。

德国的传统影响到美国地理学家索尔，并推动美国学界把研究重心转向景观和景观单元。到了索尔的时代，区域地理在不断深入的过程中产生了众多的概念和专业术语。繁多的术语，反而使“区域”这个概念在地理学中变得模糊不清。由众多专业术语建立起来的概念系统，是为了加强一门学科的独立性和科学性。但是各门学科在建立自己的语言概念体系时，遇到了很多非学术的困境。

现代科学的各门学科都有着自己的专门语言，用以表示学科的内容、特征、关系和过程，这是科学思想和理论的交流工具。因此，专业术语同学科定义和方法，在推动学科进步中同样具有重要的地位。但是过多的、内容和界限不清的术语，反而会阻碍科学的进步。为什么会涌现出这么多的术语呢？

首先，科学家对于优先权的重视，导致了专业术语的大量出现和使用上的混乱。历史上往往谁创造了专业术语，谁就很容易被后人当作相关理论的创始人。这就造成急功近利之人会草率行事，进而造成了交流和使用中的混乱。其次，地球科学涵盖领域广泛，相邻学科之间也会出现专业术语交叉的情况。因为地理学与地质学、气象学、海洋学和生物学等众多相邻学科的内容存在着交叉，容易出现相同事物在不同学科之中专业用语存在差异的现象。这些都不利于科学的交流和健康发展。更为重要的是，科学地理学先从德国传播到欧洲其他国家，后又传播到美国和澳大利亚等国，再传播到中国、日本等亚洲国家。这种跨越地域、跨越语言系统的传播，往往会产生内容相同而形式不同的专业术语。使用上的混乱，造成了学术交流的障碍。

为了避免字义混乱而造成的争论停留在字词表面，索尔决定用“景观”代替“区域”。索尔引用德国文学中的一句成语“文化产生于自然景观”，进一步创造了“文化景观”的概念，他认为没有一门学科是以单一因素为对象的。除了自然区域现象外，地理学还包括人类活动添加在自然景观上的形态——文化景观，强调人是造成景观的最后一种力量。

索尔在 1925 年出版的《景观的形态》中，主张通过实际观察来探究地理特征。他重视不同文化对环境的影响，认为解释文化景观是人文地理学的核心。索尔创立了美国人文地理学的景观学派，提出了文化景观论。这个学派从形成景观的复杂现象中寻找相互作用的系统，进而探索人类活动对环境的影响及其变化。

20世纪20年代以后，苏联景观学兴起，并在“二战”结束后的20世纪50—60年代达到高潮。苏联学者对景观的定义与欧美学者不同，他们把景观作为自然区划的基础单位，认为其是一种自然综合体，这种思想对1949年以后的中国学界产生了巨大的影响。苏联地理学家贝尔格（L. S. Berg，1876—1950）提出了景观是地貌形态一定的、有规律的、重复的综合体或群体这个概念。1931年，他出版的《苏联景观地带》一书，系统阐述了景观学原理。尽管各国学者都在谈论“景观”，由于他们关注的角度不同，对这个概念的定义也不相同。但是作为地理学基础的“景观”，却成为连接世界地理学界的重要纽带。

从“形态”到“生态”

第二次世界大战以后，文化景观学快速发展。系统论中的整体思想、等级思想和景观论中的综合思想结合在一起，区域、环境、景观、生态等思想不断交融，景观逐步被作为环境过程和生态演化的最高综合水平。地理学家开始关注土地类型、时空变化、生产潜力等应用性问题。这种趋势促使注重形态的景观研究与注重过程的生态研究相互融合，最终两个平行发展的学术理论交织在一起，形成了综合性的特殊视角。

“生态”一词是19世纪末期由德国生物学家首先提出的。其中影响较大的，是德国生物学家、进化论的支持者海克尔（Ernst

Haeckel，1834—1919）。他在1866年出版的著作《有机体普通形态学》中使用了“生态学”一词，并认为这门学科是探索生物体同外部环境之间关系的全部科学。至今，生物与环境、生物与生物之间的相互关系，仍然是生态学的主要内容。20世纪上半叶，在美国学者的倡导下，生态学开始包含了对人的研究，并出现了“人类生态学”的概念。人类生态学因探讨自然、技术与社会之间的关系，而超出了自然科学的范畴。

生态学原理被广泛应用以后，产生了很多应用型学科，如农业生态学、森林生态学、环境生态学、经济生态学等。把生态学理论引入地理学并产生广泛的影响的，当数美国学者巴罗斯。巴罗斯学术视野宽阔且高产，他在芝加哥大学任教期间曾经开设过25门课程。他还是一位优秀的组织管理者，在主持芝加哥大学地理系期间聘请了很多著名学者。他本人反对地理环境决定论，但仍然邀请辛普尔到校任教。

巴罗斯坚持人地关系传统，重点探究人类对于环境的适应性。1922年，他在美国地理学家协会上作了主席演说，题目是“作为人类生态学的地理学”。第二年该会的会刊发表了同名文章，文章中提出了“地理学就是人类生态学”的观点。巴罗斯强调当时学界所讲的所谓“地理”，大部分不属于这门学科的内容。地理学不应该停留在探索环境的性质与存在的层面，而应该开展以人为中心的研究。他指出真正的地理学，一定是以探索人对环境的关系为核心，并把人类生态学作为地理学区别于其他学科的特有领域。

巴罗斯的观点过于超前。十几年甚至几十年之后，用生态系统替代地理系统的思潮才开始出现。直到20世纪中期，人类生态学著作才大量涌现。但是巴罗斯并不缺乏同时代的知音，英国学者罗士培便是其中一位。罗士培主张地理学应当重点研究人对于自然环境的适应能力，分析人类活动和分布与自然环境之间的关系，因此，他也把地理学称为“人类生态学”。他强调人类生态学要关注人类社会如何调整它与自然环境的关系，通过认识环境调整人地关系之后，也要调整有关地区人类社会的区际关系。“调整”一词的含义，既包括调整自然环境对某些人类活动的制约，也包括调整人对自然环境的利用。

这里不妨多谈几句罗士培，因为他与中国学界有着密切的往来。罗士培进入英国牛津大学地理系读书那年，持地理环境决定论的麦金德辞职，他的助手赫伯森（A. J. Herbertson，1865—1915）继任。于是罗士培师从赫伯森。与老师们主张地理环境决定论不同，罗士培倡导人类对环境的“适应论”。大学毕业以后，他在英国利物浦大学地理系任教，后担任该系主任。中国多位著名地理学家曾经师从于他：张印堂、邹豹君、涂长望、林超、刘恩兰、侯仁之、吴传钧……这么多中国著名学者同出一个师门，还是比较少见的。

20 世纪初期，罗士培曾经三度来华，并对中国的地理、文化与哲学产生了浓厚的兴趣。他于 1944 年提前从利物浦大学地理系退休，以英国文化委员会驻中国代表的身份来华工作。罗士培在华工作三年后不幸在南京去世，为了纪念他对中国科学的贡献，1947 年，中英文化教育基金会设立罗士培教授奖学金，专门资助中国留学生赴英深造。

还是继续谈“人类生态学”的命运。在

小贴士

英国文化委员会

1934 年，英国政府为了推动海外友好关系和文化教育，成立了英国对外关系委员会，1940 年更名为英国文化委员会。英国著名学者李约瑟曾于 1943 年受该委员会派遣，来华筹设中英科学合作馆。这个机构在支持抗日战争时期中国的科学教育方面发挥了重要的作用。

巴罗斯时代，这个研究方向反对者众多，苏联学者就不赞成把地理学与人类生态学简单地画上等号。他们认为地理学研究的环境包括了生物系统、技术系统和社会系统，因此他们创建了生物地理生态学、工程地理生态学和社会地理生态学。强烈的应用性倾向，使苏联与西方的传统迥异，苏联学者更加重视经济地理学的进步。这种思想对1949年以后的中国产生了巨大的影响。直到20世纪80年代以后，中国学术界才重新关注西方学界的新思潮和新理论。

❁ “生态环境”

进入20世纪后半叶，人口、资源、环境问题愈发突出，这三大问题正是人类生态学的研究重点。面对复杂的环境问题，传统的线性思维和单学科的研究途径难以发挥作用。而生态学的非线性思维模式、系统性观点、整体性理论及多学科交叉的特色，为解决环境危机提供了理论基础与科学框架。于是地理学家、生态学家、农学家、经济学家、环境保护学者纷纷加入生态环境的研究当中。

自然资源的地域分布、可用程度和使用范围，开始影响和制约世界的经济、贸易，甚至政治。“生态系统”“生态平衡”“生态环境”“生态文明”等学术概念，也频繁出现于社会用语当中。自然环境的变化过程引起了全社会的重视，科学进入了公众的视野。科学家更是通过对这种过程的探索，解释现在、预测未来。

“生态环境”是中国学者创造、中国独有的词语。这个词语被普遍应用，始于20世纪80年代。但是它的出现，却与此前环境问题的日益严重密切相关。1979年联合国在维也纳召开的科学技术促进发展会议上，提出了人类面临的四大问题：能源、粮食、人口、环境。此时的中国，国内出现了煤、电、油、燃气等各种能源供应紧张的问题。改革开放初期经济的快速发展，也造成了越来越多的环境污染问题。伴随着西方生态学与环境科学理论传入中国，中国学界的环境和生态意识逐步加强。

1980年8月30日至9月10日，第五届全国人大第三次会议召开，会议上成立了宪法修改委员会。在讨论的过程中，地理学家黄秉维建议，把“保护生态平衡”改为“保护生态环境”。他认为平衡与不平衡，与对社会有利不利不一样，平衡可以是好的，也可以是坏的。而环境则不同，它是指围绕人类的自然界，比较中性。黄秉维是中国著名的地理学家，他的建议在政府工作报告和宪法中均被采用。1982年12月，第五届全国人大第五次会议通过了中华人民共和国历史上的第四部《中华人民共和国宪法》，其中第一章《总纲》第二十六条规定：国家保护和改善生活环境和生态环境，防治污染和其他公害……

此后“生态环境”作为政府用语和法定名词，频频出现于各种政府文件当中，1987年中国科学院环境科学委员会进一步提出了“生态环境建设”一词。进入20世纪90年代，这些说法的使用更加普遍，例如，1998年国务院发布了《全国生态环境建设规划》；2000年国务院又制定了《全国生态环境保护纲要》。2018年，在国务院机构改革的过程中成立了中华人民共和国生态环境部。

与“生态环境”在政治和社会中的普遍运用不同，学术界对于这个概念则持慎重态度。中国学者发现，这个词语在国际交往中很难让西方人理解。因为生态学与环境科学是两门不同的学科，它们既有联系又存在着差别。《中国大百科全书》中对“生态学”的定义是：研究生物与环境，及生物与生物之间相互关系的生物学分支学科；对“环境科学”的定义是：研究人类生存的环境质量及其保护与改善的科学。

科学家认为，“生态”是研究各种关系的总和，不是客体；而“环境”则是一个客体，把“生态”与“环境”叠加在一起不合适。中国学者认为生态学和环境科学均产生于西方，既然国外没有“生态环境”的提法，就应停止继续使用这个词语。

黄秉维本人也在后来修改了他的提法。1998年他提到，外国人不知道中国人所说的“生态环境”是什么，他们没用过这个名词。他发现中国学者对于“生态环境”也存在着两种认识，一种是认为不包括环境污染，另一种则认为包括了全部内容。黄秉维建议，生态环境就是环境，污染和其他的环境问题都应该包括在内，不应该分开。他认为，包括了环境污染，生态环境就等同于环境了，所以生态环境的提法是错误的。此后，许多学术论著没有沿用“生态环境”的提法，开始用“生态与环境”替代“生态环境”。

也有不少学者认为没有修改的必要。他们指出，“生态环境”就是“生态和环境”或者“生态或环境”的简称，就像“社会经济”“思想意识”“医疗保健”等提法一样，简化了中间的“和”“或”等词，这是中国语言的特点。也有学者指出，这个词属于政府用语，并非严格的科学术语，可以使用。学界的讨论，反映出学术思想与社会政策的不断交融。同时，也说明人文地球的很多理论，已经不再是纯粹而简单的学术问题，开始渗入人类生活的各个角落。在科学职业化一百多年后，公众开始参与到科学活动之中。

❀ 世界地球日

“世界地球日”的创建，是公众参与科学的典型案例之一。

地理学家尝试着对地球上所有的自然要素进行综合分析，不但系统地研究它们的空间分布、相互关系，而且更加关注地球上的人类与自然界之间的关系。“二战”结束以前，学界关于人地关系的论述，以地理环境决定论和地缘政治学理论占据主导地位。这些理论随着世界大战的结束而沉寂。世界大战结束后，全世界进入了相对和平的时期，各国经济都有不同程度的恢复和发展，人的力量又被夸大了。

“二战”以后“人定胜天”的思想开始抬头，“人类主宰自然”“控制自然”的狂热席卷欧洲。这种思想夸大了技术的力量，忽视了自然环境的脆弱性。进入 20 世纪 60 年代，环境问题愈加凸显。1962年，美国科普作家卡逊（Rachel Carson，1907—1964）在《寂静的春天》中，描写了过度使用化学药品和肥料导致的环境污染、生态破坏，引起了全世界对环境问题的重视。卡逊不幸因乳腺癌去世，她过世之后出现了大量环境保护的论著，如 1972 年出版的《只有一个地球》和《增长的极限》、1987 年出版的《我们共同的未来》等，都丰富和发展了卡逊的思想，并推动了 20 世纪 70 年代的生态运动。

人口爆炸、土地沙化、资源枯竭、能源危机、环境污染……这些问题使人类陷入了生存困境。从 20 世纪 30 年代开始，世界各地出现了许多重大的环境污染事件：1943 年美国洛杉矶光化学烟雾事件、1948 年美国宾夕法尼亚州多诺拉烟雾事件、1952 年英国伦敦烟雾事件、1953—1956 年日本的水俣病事件……

环境恶化引起了世界各国的广泛重视。1970 年，在美国哈佛大学法学和政治学院攻读博士学位的海斯（Denis Hayes，1944— ）在美国民主党参议员尼尔森（Gaylord Nelson，1916—2005）的支持下，于 4 月 22 日发起并组织了第一个地球日活动。这一天，包括美国国会议员和各界人士在内，两千万人参加了盛大的环保游行，这是人类有史以来第一次大规模的群众性环保活动，并最终演变为世界性的环境保护运动。

在随后的几年里，环境问题引起了全世界的广泛重视，各国纷纷出台保护环境的法案。首个地球日举办两年后，1972 年，联合国在瑞典首都斯德哥尔摩召开了首届人类与环境会议，次年在肯尼亚首都内罗毕成立了联合国环境规划署，这是第一个设在第三世界国家的联合国机构。1972 年，一个主要由科学家组成的非政府组织——罗马俱乐部发布了研究报告《增长的极限》，向全世界宣告了能源与环境问题对人类社会的制约，及其对各国的经济生产方式、社会生活模式乃至政治发展内涵的极大影响。此后，绿色和平组织、绿党等民间和官方组织也应运而生。

由于第一个地球日的出色组织工作，海斯被称为“地球日之父”。他长期从事环保活动，先后在史密森尼恩研究所和州政府任职，制定有关能源方面的政策。后又担任由美国能源部主办的太阳能研究所的所长。海斯也因此获得了很多奖项，并在 2000 年被《时代周刊》提名为 100 个“地球英雄”之一。同年，他接受中国的邀请来华访问，并参加了“2000 年‘地球日’中国行动”启动仪式。

保护环境需要全世界的共同努力。1990 年，在第 20 个地球日来临前，为了把保护地球的理念扩展到全世界，由世界著名人士和环境保护者共同成立了“地球日”协调委员会，并向全世界发出倡议。他们倡议在1990年4月22日发起一次全球性的宣传活动，呼吁各国领导达成合作协议，阻止全球环境的恶化。协调委员会的倡议得到了许多国家和众多国际性组织的响应。1990年4月22日，全世界有140多个国家的2亿多人参与了地球日的活动，中国也加入其中。

环境问题的日益严重，引起了联合国的关注。2005年，联合国决定把2008年作为“国际地球年”。2008年第63届联合国大会通过决议，认为地球母亲是一些国家对地球的常见表述，反映出人类、其他物种和我们共同居住的地球之间存在着相互依存的关系。联合国决定正式将每年的4月22日确定为“国际地球母亲日”，并倡导通过与自然和谐相处来庆祝这一国际日。由于约定俗成，现在大家还是习惯称这一天为“世界地球日”。

经过五十多年的发展，地球日已经成为全球性的活动，甚至一种地球文化。每年的4月22日，人们通过举办座谈会、游行、文化表演、清洁环境等活动来倡导地球日精神。倡导保护环境的著作、纪录片等更是不胜枚举，其中影响最大的当数1992年美国前任副总统戈尔（Albert Arnold Gore，1948—　）撰写的《濒临失衡的地球》。此外，围绕地球日创作的海报、纪念邮票等更是层出不穷。最早关注环境问题、以探究人与环境关系为核心的地理学，进入了公众的视野。

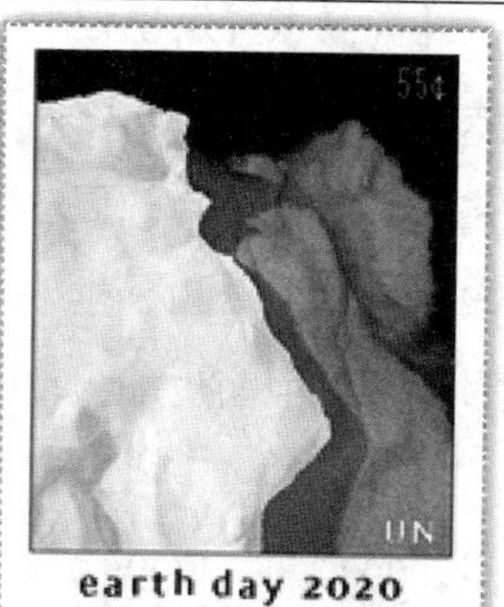

世界地球日纪念邮票

（上：2020 年联合国纪念邮票；左下：2005 年中国纪念邮票；

右下：1970 年美国纪念邮票）

/ 第九章 /

第四纪

地球46亿年的历史，从古到今被划分为太古代、元古代、古生代、中生代和新生代。新生代又被划分为古近纪、新近纪和第四纪。其中，距离现在最近的200多万年被称作“第四纪”。这个最新的地质历史时期，被称为地球的近代史。与46亿年相比，200多万年是非常短暂的，但它却是现今环境形成和现代人类出现的关键阶段。

第四纪时期环境发生了巨大的变化：山岳冰川和大陆冰盖的周期性进退，全球海面的大幅度升降，地震和火山活动频繁，全球大气环流和海洋环流的急剧重组，以及生物界的演化和大规模迁徙。在这个寒暖交替的时期，冰川、黄土广泛发育……更为重要的是，人类出现了。

第四纪研究承袭着人文地球的许多传统学科，又同许多现代科学的新领域密切相连，内容涉及气候变化、构造运动、岩浆活动、海平面变动，以及地形、沉积物、生物界的演化等。这些内容包含在人文地球的四大学科——地理学、地质学、大气科学和海洋科学当中，也主要是这些领域的科学家在研究第四纪问题，可见其涵盖内容的广泛性。第四纪研究的内容甚至超出了人文地球的科学领域，从无机界到了生物界。随着研究的不断深入，第四纪研究逐渐独立出来，并成为最活跃的领域之一。

进入20世纪，放射性碳测年等技术使人们得以了解古地理环境。第二次世界大战后大洋钻探技术的应用，促使第四纪研究从陆地转向海洋。古地磁、同位素测年、遥感和电子计算机技术的普及，使古气候变化、古生物和地球物理、地球化学信息更加丰富和精确，为研究第四纪提供了资料基础和技术支撑。这个时期的一切变化都与我们的生活密切相关，地下水的普查与勘探、石油资源的开发、水利工程和交通设施的建设需要第四纪研究成果的支撑。

“第四纪”这个概念，是19世纪初在欧洲形成的。到了20世纪初期，第四纪研究已经是一个综合性很强的领域了。这项工作涉及自然地理学、气象学、生物学（包括古生物学）、土壤学、地质年代学、水文学、地貌学、天文学、考古学、古人类学和地震地质学等众多领域。在这里我们选取冰川、黄土和古人类这三项代表性的内容，来看看人类探索自然界的历程。

第一节 冰 川

看过电影《冰川时代》的读者，会对影片中描述的冰河世纪的雪崩和危险的蛮荒时代记忆犹新。冰川是人类最晚认识的自然现象之一，它主要分布在地球两极和中低纬度的高山，都是人迹罕至的地方。而且在过去的历史时期，人们也没有注意到冰川对于生活的影响。所以在研究了高山、河流，甚至海洋之后，人们才开始关注冰川。其实，冰川对人类演化和当今的生产生活影响非常大，它为人类提供了淡水资源，在气候、水文和生态环境调节方面发挥了重要的作用，同时雪崩、冰川泥石流等自然灾害，也经常威胁着人类的生存。

冰川是古代降雪落到地面后无法融化、逐渐堆积压实形成的冰体。在蓬松的积雪转变为冰的过程中，一些空气、尘埃和积雪表面的各种物质也会冻结起来。冰层越积越厚，它便成为保存古代大气、冰面物质和环境等信息的重要载体。由于气温低，积雪不融化，年复一年的积雪形成层层沉积物。冬季气温低，雪粒细而紧密，夏季气温高，雪粒粗而疏松；因而，冬夏季积雪形成的冰层之间有显著的层理结构差异，宛如树木的年轮一样。

我们可以从很多介质中提取出过去的气候环境变化信息，如历史记录、树木年轮、湖泊沉积、珊瑚沉积、黄土、深海岩芯、孢粉、古土壤和沉积岩等。冰芯因低温环境而“保真性”强，且包含信息量大、分辨率高、时间尺度长，于是科学家称其为“时间胶囊”。

科学家经常钻取冰芯进行分析。因为这些冰芯不仅记录着冰川的“年龄”，而且还保存着过去气候环境自然变化的信息，甚至远古人类活动影响环境的痕迹。随着研究的不断深入，1972 年在瑞典首都斯德哥尔摩召开的联合国人类与环境会议上，世界气象组织首次将“冰冻圈”这一独特的自然环境综合体，与大气圈、水圈、生物圈和岩石圈并列，从此冰冻圈成为地球的五大圈层之一。冰冻圈科学作为一门自然和人文深度交叉的新兴学科，加入了人文地球的大家庭之中。

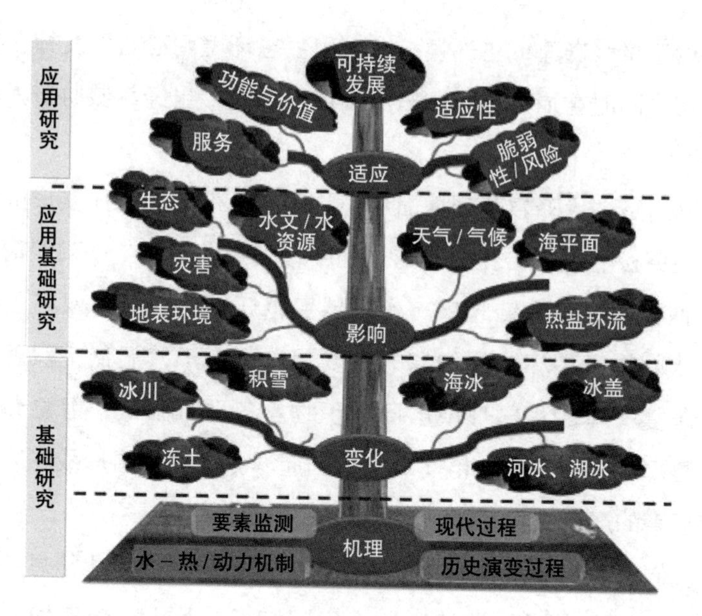

冰冻圈科学体系结构[①]

冰川对于大气、水资源和水循环、生态系统、陆地和海洋环境，以及社会经济可持续发展均有重要的影响。首先关注并对其成因作出解释的，以地质学家为多。世界各国学者都在研究冰川，但是各国情况并不相同。英美等国多是地球物理学家在进行研究，俄罗斯（苏联）则是地理学家。我们中国开始大规模冰川考察时，是在学习苏联的 20 世纪 50 年代，因此也是以地理学家为主。日本则主要是气象学家在从事冰川研究……

发现大冰期

全球气候变化以冷暖干湿波动为主要特征，并在中高纬度地区

① 秦大河、姚檀栋、丁永建等:《冰冻圈科学体系的建立及其意义》,《中国科学院院刊》2020 年第 4 期。

出现冰川增长和消融的交替过程。这些变化在欧美大陆尤为突出，并留下了许多遗迹。于是欧洲的第四纪研究，就是在探讨阿尔卑斯冰川和斯堪的纳维亚冰川的基础上发展起来的。从19世纪末期到20世纪初期，阿尔卑斯山区成为冰川研究的摇篮。

19世纪初期，阿尔卑斯一带的狩猎者和登山者看到了大量的冰碛物，并猜测那里在过去曾经被冰川覆盖，但是他们的想法没有引起欧洲人的重视。最早对冰川进行科学探索的，是瑞士桥梁与道路工程师维尼兹（Ignaz Venetz，1788—1859）。他发现北欧居民多用花岗岩盖房铺路，这些花岗岩来自散落在北欧平原和俄罗斯平原上的巨大砾石，有些比房子还大。这些岩石的成分与阿尔卑斯山中的花岗岩一模一样，它们是怎么从山中来到欧洲平原上的？维尼兹认为，只有一种可能，这是阿尔卑斯冰川作用的结果。就是说，过去冰川的分布范围更广，欧洲北部的巨大岩块是过去冰川遗留下来的。

小贴士

冰碛物

冰川在运动的过程中，挟带并搬运了大量的碎屑物。这些物质在冰川消融之后堆积下来，称为冰碛物，又称为冰川沉积物。

为了证明他的推测，维尼兹来到位于瑞士南部的本宁阿尔卑斯山脉（Pennine Alps）与勒蓬廷阿尔卑斯山脉（Lepontine Alps）之间的辛普朗山口考察，并绘制了那一带的冰川地图。他在1821年撰写了一本仅有38页的小书：《历史上阿尔卑斯山区的温度变化》。书中指出，过去的冰川要大得多，后来冰川融化退缩，冰水搬运的花岗岩就遗留在了北欧。维尼兹后来又收集了更多的野外考察资料，充实了他的书稿，该书于1833年正式出版。尽管时隔12年才正式出版，但这本关于冰川的小书，仍然比阿加西（Louis Agassiz，1807—1873）撰写的冰川学名著《冰川研究》早了七年。

维尼兹的朋友、毕业于德国弗莱堡矿业学校的沙平吉尔（J. de Charpentier，1786—1855）不赞同这个观点，他认为冰水搬运不动那么大的花岗岩。那么，花岗岩是怎么到达北欧平原的？沙平吉尔不相信是寒冷气候导致的冰川扩展，他根据地质学知识，认为应该是过去的阿尔卑斯山更加高大，后来山体下降导致部分巨石遗落在平原上。

维尼兹和沙平吉尔之间的争论，引起了一位年轻的瑞士学者的好奇，他就是被后人称为冰川学之父的阿加西。这位专门从事鱼类研究的年轻人，与地质学的渊源始于1830—1832年间。博士毕业以后，阿加西在法国给地质灾变说的提出者居维叶做助理，专门从事鱼化石的分析和编目，这使他进入了地质学领域。不幸的是，1832年居维叶去世，阿加西只好另谋他就。

在欧洲学者激烈争论花岗岩的来历时，阿加西正在瑞士浓霞台大学讲授生物学。于是他决定到阿尔卑斯山区看看。从1836年开始，他历时十年，系统钻研了阿尔卑斯冰川，并在那里建立起世界上第一个冰川研究站。

阿加西的探究，源于地质学家的启发，但是反对他的观点也主要来自地质学界。当时的科学发展水平还无法摆脱宗教的束缚，阿加西也一样。他忽略了气候因素，认为是上帝创造了冰川。对此，地质学家更是困惑不解，上帝创造了生物又创造了冰川，难道就是为了创造生物以后再把它们冻死？于是地质学家根据《圣经》上大洪水的记载，提出欧洲平原上巨大的漂砾是被冻结在冰山之中，再由大洪水带出阿尔卑斯山的。那些地质学家在冰川知识上的匮乏，而且不去实地考察就妄下反对结论的做法，令阿加西十分失望。因为只要到实地看看，阿加西提出的那些观点正确与否是显而易见的。但他并不气馁，决定再去寻找更多的证据。

阿加西在冰川上打下一排木桩，过一段时间再去查看，发现木桩已经移动成了U形。由此他断定冰川在移动，并准确测算出每年移动的距离：68米。通过在欧洲各地的考察，他发现巨大的花岗岩漂砾上都有划痕，这一定是在冰川移动过程中由摩擦造成的。1840年，阿加西发表了经典之作——《冰川研究》。书中提出了地球历史上存在着冰期的观点，并创立了“终碛”“侧碛”“中碛”等术语，这些术语一直沿用至今。通过长期的观察与实践，阿加西提出并证明了地质历史上存在着大冰期，从而确立了他在世界科学史上的地位。

阿加西的努力终于结束了反对的声音，但是另一个问题又来了。《冰川研究》的出版，引来了一些同道者的声讨，这些学者认为阿加西剽窃了他们的思想。凡是做过实地考察的人，都能察觉到冰川搬运的力量是巨大的。他们或在学术交流中、或在演讲中、或在发表的文章中，提到了与阿加西类似的观点。《冰川研究》的出版和广泛的影响令这些学者不满，一些人提出他们的成果被剽窃了。面对重重困难，阿加西没有选择加入优先权之争，而是继续深入山区，实地观测与研究。

为了深入分析冰川的结构和运动规律，1840—1847年间，阿加西组织不同专业的著名学者到阿尔卑斯山考察，并在那里建立起名为“浓霞台宾馆”的简陋营地。参加考察的成员有：德国动物学家费格特（Carl Vogt，1817—1895），瑞士植物学家尼考来特（Hercule Nicolet，1801—1872），英国物理学家福比斯（James David Forbes，1809—1868），瑞士裔美国地质学家、后来成为阿加西同事的盖约特（Arnold Henry Guyot，1807—1884）。他们利用各自的专业特长，对不同部分的冰川在不同季节温差和日夜温差下的运动状态、结构、微生物、堆碛物作了系统的观测。他们还通过钻孔了解冰川内部的结构，对于冰川漂砾作了系统的取样，获得了大量资料。另外，他们还获得了一份意外资料：1840年建立的“浓霞台宾馆”，两年以后向下游移动了146米。

1846年，阿加西赴美讲学。第二年瑞士浓霞台大学关闭，于是他接受了哈佛大学的邀请，到那里讲学并定居。在美国考察的过程中，阿加西发现了更多的冰川遗迹。在此基础上，他在《冰川体系》一书中系统总结了冰川的形态、运动、所需的气候条件和地质条件，并建立起全球冰川理论。长期对科学的坚守，最终使科学界看到了阿加西的斐然成绩，并接受了他的观点。他使人们相信，在地球的历史上曾经存在着一个大冰期，那时候陆地被冰盖覆盖着，这就很好理解为什么北欧平原和俄罗斯平原会有巨大的花岗岩漂砾了。

阿加西离开欧洲以后，那里的冰川研究一度沉寂。但是地质学家在地层古生物研究中，发现了越来越多的古代冰川的证据，开始相信过去确实存在着冷暖交替的现象。19世纪末期，德国学者彭克和瑞士学者布吕克纳（E. Bruckner，1862—1927）在对阿尔卑斯冰川研究的基础上，建立起四个冰期：恭兹（100万—110万年前）、民德（70万年前）、里斯（30万年前）和玉木（10万年前）。他们的观点发表于1901—1909年出版的三卷本《冰川时代的阿尔卑斯山》中，后来这四个冰期常被用来作为世界各地第四纪冰期的对比标准。

但是不同地区地理环境差异很大，比如玉木冰期在我国东部叫作大理冰期，在青藏高原叫作白玉冰期。李四光也认为中国东部晚新生代存在着四个冰期，但是由于观测地点在中国东部，这里因东亚季风气候的影响，冷暖干湿的变化有独特之处。因此，中国学者划分的方法和外国学者不同，李四光将中国东部的第四纪冰期划分为鄱阳、大姑、庐山和大理四个冰期。

上述的划分主要是在第四纪地质历史时期，如果纵观整个地球的历史，存在的冰期更多。目前多数学者公认的地质历史上的大冰期主要有三次：除了前面谈到的晚新生代冰期以外，早期还有晚古生代大冰期（2.5亿年前）和晚元古代大冰期（5亿—6亿年前）。但是早期的冰期由于后来冰川运动的影响和破坏，遗留的痕迹少，较难确定其发生发展的情况。目前，科学家把重点放在了第四纪冰川及其遗迹研究，以便更好地了解冰川的形成、发展和消亡的过程，推演历史上的变化。

对于第四纪冰期的研究引起了人们的担忧，有人会问：我们还会遇到大冰期吗？其实从更大的时间尺度上看，现在就处在一个大冰期之中——晚新生代大冰期。约6500万年前，随着恐龙的灭绝，地球的历史进入新生代。这个最新的地质时期被分为三个时段：古近纪、新近纪和第四纪。晚新生代大冰期主要发生于第四纪时期，也是地球历史上距今最近的一次大冰期。当然，我们现在生活在晚新生代大冰期中比较温暖的时期，科学家称这个时期为“间冰期”。

地球上为什么会出现温度的波动？为什么会形成冰期？其中的原因，学界还没有形成统一的认识。有学者认为是宇宙天文因素的影响，是太阳系运动到宇宙的某一个空间，那里微尘粒子较多，阻挡了太阳辐射的热量，造成地球温度下降；有学者认为地轴就像陀螺轴一样摇摆不定，这种周期性的变化导致地球

小贴士

冰期与间冰期

冰期又叫冰河期、冰川期，是地球表面覆盖有大规模冰川的地质时期。两次冰期之间唯一相对温暖的时期称为间冰期。地球历史上曾经出现过多次冰期。大冰期的时间尺度至少数百万年，此外还有数不胜数的小冰期。

上温度的变化；有学者通过大陆漂移、海陆变化来解释；也有学者通过大气层中二氧化碳的增减来说明……

中国东部是否存在第四纪冰川遗迹？

从19世纪中后期开始，来华考察的西方地质学家大多认为，华北地区在晚近地质时代气候寒冷干燥，温度低但降雨量小，不可能形成冰川。因此在他们的考察报告中，一直没有冰川的报道。英国地质学家盖基（A. Geikie，1835—1924）在《大冰期》一书中曾经指出，有旅行者在中国的山东北部和陕西潼关附近看到过大块漂砾，认为可能是冰川搬运的结果。但这本书国内知道的人很少，也没有对我国第四纪冰川研究产生实际的影响。

真正让这个问题引起学术界重视的，是李四光。1921年，刚从英国留学回国的李四光在河北省太行山麓发现了带有条痕的石块，他猜测这可能是由古代冰川造成的。此后，他在山西大同盆地附近看到一条U形谷地，并在谷地里找到了带有擦痕的石块。他断定是冰川的作用，并撰写了《华北晚近冰川作用的遗迹》一文。这篇文章首先发表在1922年的英国《地质学杂志》上，同年他又在中国地质学会第三次全体会员大会上作了题为“中国第四纪冰川作用的证据”的学术演讲，提出华北地区和欧美一样曾经发生过第四纪冰川，并展示了他采集的条痕石。当时多数学者并不接受他的观点。

1931年李四光带领学生到江西庐山野外实习时，看到山上的U形谷、漏斗形洼地和山麓地带泥砾混杂堆积物，他认为找到了第四纪冰川的有力证据。1933年，在北京举行的中国地质学会第十次年会上，他以理事长的身份作了题为“扬子江流域之第四纪冰期”的报告，第一次把中国第四纪冰期分为三个冰期：鄱阳期、大姑期和庐山期。1947 年，他又在《冰期之庐山》一书中将第四纪冰期划分为鄱阳、大姑、庐山、大理四个冰期。

中外地质学家对中国存在第四纪冰期大多持怀疑的态度。于是1934 年，李四光邀请了包括两位著名西方地质学家在内的四位学者到庐山考察。被邀请的学者中，来自冰川发育较好的瑞典的地质学家那林（E. Norin，1895—1982）说了些模棱两可的话，另外的三位都持反对意见。他们认为庐山地区的泥砾堆积是融冻泥流，而且在当地也没有发现冰期的生物化石，所以证据不足。他们提出要想搞清庐山冰期问题，必须着重分析长江流域同一时期、类似地区是否经历过相同的地质作用。

1935 年中国地质调查所组织了两个考察队，分别对长江流域和珠江流域进行考察。参加长江流域考察的有英国地质学家巴尔博（G. B. Barbour，1890—1977）、法国地质学家德日进（Pierre Teilhard de Chardin，1881—1955）和中国地质学家杨钟健（1897—1979）；参加珠江流域考察的有德日进、杨钟健、裴文中（1904—1982）、张席禔（1898—1966）。考察结束以后，多数学者仍然认为庐山的第四纪沉积物不是冰碛物，而是泥流或是洪积，进而否定了那里曾经存在过第四纪冰川。从此以后，中国东部中低山区是否存在过第四纪冰川，就成为中国地学界长期争论的问题。随着野外考察的深入和证据的增多，一些学者开始接受李四光的学说。这些学者继续搜集资料，逐渐形成了一个学派。

❁ 弯曲的砾石

20 世纪 40 年代，李四光带领学生在广西桂林一带野外考察。有位学生发现了一块形似马鞍的砾石。他拿着这块石头去请教老师，李四光推测应该是在地质历史时期，这块石头一端被紧紧夹在坚硬的石缝里，另一端被冰流长期地推压着，渐渐弯曲成了这个“马鞍”形状。他认为岩石并非只会碎裂，在一定条件下它也可以发生塑性变形。李四光把这块弯曲的小石头视为中国南方亚热带曾经出现冰川或气温变化的地质证据，特意请木匠做了一个精致的小木盒，将它存放起来作为科学研究的宝贵标本。从此之后，他经常随身携带这块弯曲的砾石，给人讲它的科学意义。

1941 年 7 月，李四光应邀参加广西大学的毕业典礼和新舍落成典礼，并作为特邀教授作了学术报告。据说在报告过程中他拿出这块砾石展示，然而在听众传阅时这块石头却不知下落。为此，李四光心急如焚，学校组织者更是不安，四处寻找，并告知大家那块石头只有科学意义，没有经济价值，最后终于找回了这块弯曲的砾石。至今，这块砾石仍然保存在李四光纪念馆内，并成为该馆的镇馆之宝。

李四光还专门撰写了一篇短文——《一块弯曲的砾石》，发表于 1946 年 5 月 4 日出版的《自然》期刊上。他在文中写道：“毫无疑问，这块砾石是在冰川的荷载下，以某种方式变形的。”质疑的声音随之而来。同年 6 月 15 日，《自然》上发表了英国新堡大学国王学院汤姆基夫（S. I. Tomkeieff，1892—1968）的争论文章。这是一位岩石学家，曾经获得过伦敦地质学会的莱伊尔奖章。他出生于俄国，第一次世界大战后移居英国。汤姆基夫不同意李四光的看法，认为弯曲是石头原生的特征，不是后来受力造成的。他还以在英格兰沿海地区所发现的同样的砾石举例，证明李四光的发现并非冰川作用形成。

现在看来，李四光对这块“弯曲砾石”的成因解释或许是错误的。因为大量的岩石流变学研究表明，由长石与石英组成的晶质岩石，在地表冰川存在的温度下是不可能发生塑性变形的。那是什么原因造成了这块石头的特殊形状呢？第一种可能，是那块砾石原先处于一个褶皱的转折端，在地下深处高温、高压等条件下慢慢弯曲，后来岩石慢慢抬升至地表。第二种可能，是“弯曲”只是一种假象，是岩石发生选择性风化、剥蚀或研磨造成的凹凸形态。

中国的第四纪冰川遗迹研究在中华人民共和国成立以后有了较大的进展。1960 年，中国第四纪冰川研究工作中心联络组成立了，有组织地推动了中国东部地区第四纪冰川研究。1964 年出版了《中国第四纪冰川遗迹研究文集》，苏联学者在书中支持李四光的观点。在时任地质部部长李四光的领导下，李四光学派有了很大的发展，并扩大了中国第四纪冰川的分布范围。到了 20 世纪 80 年代，该学派陆续报告了中国东部有一百二十个左右的地方发现了冰川遗迹。用李四光自己的话来说：从低地冰川所扩展的纬度而言，我们的亚洲大陆确是突破了地球上所有大陆的纪录。李四光崇高的声望和地位，使他的学说被多数学者接受，并在国内学术界占有统治地位。

中国东部会有那么多第四纪冰川遗迹吗？这个说法引起了很多人怀疑，但是公开反对的人很少。1949 年以后，中国专门从事东部第四纪冰川遗迹研究的人不多，即使是现代冰川，关注的人也很少，因为我国的现代冰川主要分布在西部的高原和高山地区。直到 20 世纪 50 年代末期，冰川学家施雅风（1919—2011）领导的祁连山冰雪利用研究队才正式拉开了中国人研究现代冰川的序幕。

随着西部高山地区现代冰川、第四纪沉积物和环境、山区泥石流灾害、孢粉–古生物和古土壤等相邻研究领域的进步，越来越多的人开始怀疑中国东部低山地区出现冰川的可能性。1980 年，兰州大学举办了冰川沉积训练班，请英国伦敦大学教授、第四纪研究的世界著名学者戴比雪（Edward Derbyshire）到兰州讲学。讨论到庐山冰川问题时，学员之间出现了争论，于是他们决定亲自去庐山看看。十几位学者用一周的时间考察了有争议的第四纪冰川遗迹，最终既有支持者，也有反对者，没有形成定论。

1981年，《自然辩证法通讯》第2期在《问题讨论》栏目中刊登了施雅风撰写的文章——《庐山真的有第四纪冰川吗？》。1989年，科学出版社出版了施雅风等人撰写的《中国东部第四纪冰川与环境问题》，书中主要结论是：中国东部除少数高山有确切的第四纪冰川遗迹外，李四光学派论述的中低山地冰川遗迹及冰期划分，属于系统的误解。尽管如此，直到今天，仍然有人坚持中国东部存在着第四纪冰川遗迹。如果读者有机会到庐山旅游，可以看到那里的文字介绍仍然持冰川遗迹说。

第二节　黄　土

中国学者曾经说过，地球上有三本书：南极的冰山、太平洋的深海和中国的黄土高原。黄土一古土壤序列与深海沉积记录、冰芯记录一起，成为研究第四纪环境演化的三大支柱。迄今为止，全世界的科学家还没能对南极冰芯按年份进行系统分析，但是我们中国的科学家已经完成了对黄土一古土壤序列的梳理，并成为地球历史、人类演化历史的重要证据。

黄土形成于第四纪，主要分布在北半球的中纬度干旱及半干旱地带，以黄河中下游地区发育得最好。中国黄土因分布范围广泛且连续、地层发育完整、厚度大而著称于世。黄土高原是中华民族的摇篮，这里孕育了仰韶文明和周秦汉唐时期的灿烂文化。

黄土中夹有多层第四纪环境下形成的古土壤。冰期时，中国西北地区温度降低，沙漠中大量粉尘物质被风力携带至黄土高原形成巨厚的土层；间冰期时，粉尘堆积速率降低，良好的水热条件导致物质风化，于是形成了古土壤。黄土一古土壤的重复交替出现，标志着第四纪时期全球气候系统的冷一暖波动。黄土一古土壤序列由于较完整地保存了古气候和古环境变迁的信息，因而成为当今研究全球变化的重要地质载体和重要资料。通过对古土壤的分析，科学家发现古气候有过多次干冷和暖湿的变化，掌握了土壤的成土环境和发生演变规律。

蜂拥而至的西方人

中国的黄土吸引了全世界的关注。早在19世纪60年代，美国地质学家庞佩利（Raphael Pumpelly，1837—1923）就来到中国。他在调查过程中发现中国黄土大多处于盆地之中，于是提出黄土是黄河携带的泥沙流入湖泊以后沉积形成的。随后德国地理学家李希霍芬在1868—1872年间也来到中国。我们都知道是他提出了“丝绸之路”，但是他在学术上更大的贡献是对中国黄土的研究。他认为黄土的粉尘物质是风成的，同时提出中国黄土是洪水携带山区风化物流入盆地并与风尘混合所致，因此他的理论被称作“风成洪积说”。他还认为中国的黄土高原并非只是地表土壤，这个巨厚的土层形成于古近纪、新近纪和第四纪，于是他最早对黄土进行了地层的划分。李希霍芬按照时代，把中国黄土粗略划分为六个部分。20世纪初期，美国地质学家威理士在华考察。在后来出版的《在中国的研究》一书中，他对于黄土成因的解释与李希霍芬相似。

西方学者对中国黄土的成因众说纷纭，甚至有学者提出了海成说。因为李希霍芬在西方学术界的影响力较大，他的“风成洪积说”得到了广泛认可。随后而来的苏联地质学家奥勃鲁契夫（V. A. Obruchev, 1863—1956）也认为中国黄土是风成的，并根据物质来源，提出原生、次生和退化黄土的概念。他认为原生黄土是由风蚀作用形成的，次生黄土是原生黄土经水流再次搬运的产物。

中国学者的研究起步较晚，因此早期受西方学者的影响很大。除了前面提到的学者外，在 20 世纪二三十年代来华的西方学者，大多与中国学界有交流，甚至有些学者直接与中国学者合作考察。瑞典地质学家安特生（Johan Gunnar Andersson，1874—1960）在 1934 年出版的《黄土地的儿女》一书中，也对华北地区黄土形态、成因有所介绍。他在 20 世纪 20 年代曾经与中国学者袁复礼（1893—1987）、卞美年（1908—2002）等人在京郊考察，并把原生黄土中富含三趾马动物群的红土独立出来。1930 年，法国地质学家德日进与中国学者杨钟健对山西、陕西一带的黄土进行了考察，将黄土高原的土壤分为上下两大部分，上部为黄色土，下部为红色土。红色土按照地质时代又分为三层，这一划分将黄土从其他地层中分离出来，“红色土”作为新的地层名称被学界广泛接受。

中国学者的独立研究始于 1920 年。在叶良辅（1894—1949）的《北京西山地质志》中，首次介绍了马兰黄土。这种黄土广泛分布于燕山南麓、太行山东麓，以及山东半岛等地。虽然直到 20 世纪 60 年代才有“马兰黄土”的命名，但是中国学者对它的研究却始于 20 世纪 20 年代。

马兰黄土命名于北京市门头沟区的斋堂，那里有一个被称为

“京西第一红村”的马兰村，村庄位于清水河南岸。斋堂是京郊黄土最为发育的地区之一。现在人们知道斋堂这个地方，是因为那里有很多远近闻名的旅游胜地，如爨底下村、平西抗日根据地等。实际上从19世纪中后期开始，这里就因优质的煤炭资源引起了西方人的注意，于是到斋堂一带从事煤炭考察的地质学家络绎不绝。他们在调查煤炭资源的同时，也顺便考察了那里的地质构造和地层情况，前文谈到的李希霍芬也曾经到过这里。1924年，北京地区第一条民办铁路——门头沟至斋堂的“门斋铁路”（即现在的“京门铁路”西段）开工，斋堂一带逐渐成为野外地质考察的理想区域。

伴随近现代科学的传入，越来越多的中国地理学家和地质学家开始了黄土研究。其中李学清（1892—1977）最早运用现代科学方法，对黄土的矿物及化学成分进行了初步分析。但是中国人大规模的黄土研究，是在20世纪50年代之后。

❁ 多学科、全方位

黄土土质疏松，并富含碳酸钙、垂直节理发育，这些特点决定了黄土高原抵御自然灾害的能力弱，水土流失十分严重。中国学者的工作，始于为农业解决水土保持和荒地开发等实际问题，以及为兴修水利设施解决水土流失问题等国家任务。因此与20世纪上半叶来华考察的西方学者不同，20世纪下半叶中国学者的研究，是基于对黄土高原多学科的、整体性的了解：土壤、肥力、地形地貌、土壤侵蚀、土地利用……

1953年，在农业合作化运动的带动下，山区水土保持逐步成为大规模的群众性生产运动。这一年4月，为了落实国家的任务，水利部、农业部、林业部、中国科学院等和部分高校共同组成了“西北水土保持考察团”。考察团的主要任务，是收集黄河上中游的自然和人文资料，作为水力发电、航运、灌溉、防洪、调节气候的参考。

考察团编制了治理水害和开发水利的规划，并为这一区域的全面开发提供了初步的资料。不久，黄河水利委员会又会同中国科学院土壤所、地理所、植物所和农业部、林业部等有关部门组成 10 个“黄河流域水土保持查勘队”，主要在黄土分布区考察。在为农业生产服务的同时，科学家也收集了大量科学资料。

中华人民共和国成立以后，为了解决黄河“三年两决口，百年一改道”的问题，国家决定在三门峡兴建一座以防洪为主的大型水利枢纽工程——三门峡水库。为了避免水库修建以后中上游的泥沙淤积问题，1955 年中国科学院组织了“黄河中游水土保持综合考察队”。考察队员的专业组成，包括第四纪地质、地貌、水文、气象、土壤、植物、农林、畜牧等。其中，地质组的主要任务，是绘制黄河中游二十万分之一的第四纪地质图，并对调查区内的第四纪沉积物（特别是黄土）成因、组成、地质剖面进行研究。他们还收集到大量的数据，分析了土层的厚度和生成原因。为了更好地探究黄土，土壤学家还在陕西武功建立了试验站。地质学家及土壤学家按照粒度的粗细对黄土进行了划分，为地质学古气候以及黄土湿陷性研究奠定了基础。

1958 年，中国学者再赴黄土高原开展调查，此次调查最突出的成就是开始了“古土壤”研究。他们还发现土壤颗粒自西北向东南逐渐变细，于是进一步把黄土划分为砂黄土、黄土、黏黄土，这一划分为黄土高原的水土保持工作以及黄河泥沙的治理提供了依据。

虽然在20世纪50年代，曾经有多个考察队在黄河中游从事以水土保持和水利建设为核心的综合调查，但那时候的工作重点多放在了自然条件、自然资源和生产力合理布局方面。进入20世纪80年代以后，黄土高原地区的研究内容有了根本性的变化。科学家开始把重点放在了国土整治，后来又扩大为“综合治理开发”。这些虽然都是围绕经济建设开展的任务性工作，却大大促进了黄土研究，尤其是考察队的多学科组成的优势，促使中国的黄土研究不断有新的突破。

❁ 走向世界

20世纪五六十年代，由于特殊的国际政治环境，西方学者很少有机会来华，更无法到黄土高原考察。当时来华的外国人主要是苏联和一些社会主义国家的学者，其中以苏联学者为主。1957年中苏两国科学院组织了联合考察队，第二年对黄土高原的地质地貌进行了综合调查。双方学者在黄土成因、土壤分类与命名、土壤区划等方面做了大量工作，当然也有着不同的认识。野外工作期间，双方经常讨论甚至是争论。比如对于一种黑色的土类，苏联学者认为是黑钙土，而中国学者则认为是黑垆土。

苏联从19世纪后期开始研究土壤，并形成了独立的理论体系，因此经常套用现成的分类原则判断中国的土壤。但是中国有着独特的地理环境，因此双方在合作交流中自然会产生不同的看法。实地考察与交流提升了双方的认识水平。

20世纪60年代，中苏关系破裂，西方学者更少有机会来华。那时候中国学者较少参加国际学术会议，世界并不了解中国人的工作。1961年，在波兰召开了国际第四纪研究联合会（INQUA）第六届会议。由于这次会议是在社会主义国家召开，中国决定派员参加。

国际第四纪会议始于 1928 年，当年在丹麦首都哥本哈根举行时，与会代表建议成立一个由欧洲各国参与的第四纪国际组织，即国际第四纪研究联合会。四年以后召开的第二次会议，与会代表建议把会议的范围扩大到全世界。

中国第四纪研究委员会成立于 1957 年，到 1961 年时已经组织了四年的学术活动。经过讨论，委员会决定在第四纪的三个重点领域——冰川、黄土和古人类各派一名代表参加国际第四纪研究联合会第六届会议。由于古人类专业的代表临时有事无法成行，最终只有地质学家刘东生（1917—2008）和孙殿卿（1910—2007）各自代表黄土、冰川领域的学者参加了会议。

会议地点之一，就安排在波兰黄土最为发育的东部地区卢布林。这个地区的黄土虽然分布广泛，但是厚度不大。由于这一带冰川发育，与会代表就认为黄土是由冰缘沉积作用形成的。刘东生在会上报告了他与张宗祜（1926—2014）联合撰写的文章——《中国的黄土》。报告的英文名称是 *HuangTu of China*，其中的“黄土”特地用了汉语拼音，而不是西方人熟悉的“Loess”。

这是继李希霍芬之后，在国际会议上再一次介绍中国的黄土。但是这一次，是由中国学者作报告。报告以山西午城柳树沟为例，用标本条拼贴出了一张黄土剖面图，这张半立体的剖面图引起了与会者的极大兴趣。中国学者对出露的 120 多米厚的黄土划分出了地层层序：马兰黄土、离石黄土、午城黄土。这个剖面所夹的古土壤有 17 层之多。报告还介绍了中国黄土的分布、地层、主要地貌形态及其物质成分，并认为黄河中游的黄土，特别是马兰黄土，其物质是由风力搬运的；黄土的形成代表干燥时期，剥蚀面则代表一个潮湿时期。这些观点引起了国际学者的关注。

会后考察过程中，欧洲学者在第四纪地质图制图方面的工作和实验室建设给中国学者留下了深刻的印象。他们回国以后大力推进实验室建设，强调地质理论与观察实验相结合的重要性。可见国际学术交流与合作，在推进科学进步方面具有重要的意义。

此时的中国，还不是 INQUA 的成员。会议期间，西方学者希望中国加入并主办下一届国际会议。遗憾的是，当时的中国还没有恢复联合国席位。经过多年的努力，1982 年，中国加入 INQUA；1991 年，终于在北京举办了第十三届 INQUA 会议。此时，中国老一代的第四纪研究者多已作古。当年参加波兰会议的孙殿卿已经 81 岁，74 岁的刘东生在这次会议上被推选为 INQUA 主席。

中国的黄土研究伴随着改革开放开始走向世界。中国一方面派遣代表团出访或参加国际会议，以扩大国际影响；另一方面也积极创造条件，在国内筹备召开大型国际会议，吸引国外学者来华交流。恰好此时，中国学者已经在青藏高原做了大量的野外工作。尤其是 1973 年组建的“中国科学院青藏高原综合科学考察队”，有 400 多位学者历时 7 年，完成了西藏自治区范围内的科学考察，其时间之长、规模之大、学科之多都是空前的。20 世纪 70 年代末期，青藏高原的研究开始进入成果产出阶段。中国学者希望向世界同行展示成果，于是纷纷要求中国科学院组织召开国际会议。

1980 年 5 月，在多方的共同努力下，中科院在北京主持召开了“青藏高原科学讨论会”。因为这是改革开放以后较早组织的大型国际学术会议之一，国外学者急于了解中方工作，中国学者也希望通过国际交流展示多年的成果，双方学者报名都十分踊跃。

这次会议促成了中外学者的沟通与合作。西方学者提出了很多合作项目，其中就包括黄土研究。在这次会议上刘东生接受邀请，于1981年赴瑞士苏黎世联邦理工学院访问半年。他与苏黎世联邦理工学院高等地球物理所的海勒（Friedrich Heller，1939— ）合作，利用该校地球物理系的超导磁力仪进行洛川黄土样品的磁性地层和岩石磁学研究。虽然那时候海勒还不是教授，但是这位德裔学者曾经在德国接受了数学、物理学和地质学的训练，具有扎实的学术功底和宽阔的视野。博士后期间，他专攻岩石磁学和古地磁学，擅长第四纪古土壤磁性问题研究。

任何物质在磁场的作用下都会被磁化，并显示出一定的磁性。磁化率是研究古气候的一个重要指标，各国学者纷纷带着样品到那里测量，法国人、德国人、美国人……因此超导磁力仪的使用日程经常被排满。刘东生就每天晚上12点到第二天早上6点在那里测量。刘东生与海勒利用测量的数据，通过计算机绘制曲线图，获得黄土底界年龄和剖面磁化率曲线等重要数据。海勒发现，黄土磁化率的变化与深海氧同位素的变化曲线非常相似，认识到黄土和古土壤中的磁化率是气候变化的重要指标。从此以后，黄土研究开始转向全球变化的新方向，中国的黄土研究开始走向世界。

风成？水成？

从19世纪后期开始的一百多年中，中外地质学家、地理学家和土壤学家根据野外收集的资料，对黄土的成因提出了多种假说：风成说、海成说、河成说、残积说、火山灰说、多种成因说……各种假说有几十种之多。20世纪50年代中苏合作考察期间，中苏学者还就成因问题进行过深入的讨论。苏联学者提出了坡积说、洪积说，也有学者仍然支持奥勃鲁契夫在20世纪初期提出的风成说；中国学者也提出了多种假说，影响较大的有风成说、水成说和多种成因说。黄土成因问题曾经吸引了大批中外学者进行研究，出版的论著也很多。

进入20世纪80年代中后期，黄土研究的重点转向古土壤、古气候等新领域，成因探究渐渐淡出了重点主题范围。然而发表在《光明日报》的一篇文章，再次引起人们关注成因问题。1989年2月22日，《光明日报》在头版刊发了《历尽艰辛二十余载，撰写鸿文十余万字》一文。文章报道了浙江浦江县的一位“连高等学府的门也未进过”的农民，在黄土高原修路期间，萌发了研究黄土高原形成原因的念头。后来他利用为社办企业跑供销的机会，先后在青海、西藏等地考察。最后干脆自费去青藏高原考察，并提出青藏高原和喜马拉雅山在隆升过程中，因能量释放而产生大量洪水沉积黄土，并形成了黄土高原。据报道，这个黄土高原“灾变水成”的新观点，得到了三位地质学领域学部委员（即现在的院士）的肯定。

这个报道也引起了土壤学家、黄土风成说的支持者朱显谟（1915—2017）的注意。他决定继续深入研究粉尘问题，给风成说更有力的证据。朱显谟通过雨量收集器中采集的降尘样本，对降尘进行了分类。他发现黄土的微形态具有空降特征，这些特征支持了风成说。

20世纪90年代以后，科学家将黄土沉积的主要原因归结为几个方面。首先是青藏高原隆升改变了北半球的气候环境，由此产生的气压差造成了大风。之后，大风把干旱和沙漠地带的粉尘携带到下风向沉积。另外，黄土高原严重的水土流失又加剧了泥沙在黄河下游的沉积。

❁ 古土壤

20世纪50年代末期，中国学者发现过去西方人划分出的红土层是在风成黄土为母质的基础上发育的古土壤，具有明显的土壤发育剖面，属于褐土或灰褐土类型。这些土层多达十几层，形成红黄相间的条带。对于古土壤的研究有助于解决黄土成因、来源和历史上的气候变化等许多科学问题。在风成说和水成说激烈争论的时期，双方学者多是从马兰黄土中寻找证据，忽视了对于红层古土壤的研究。

20世纪70—80年代，中国的第四纪研究引进了新技术、新方法和新理念。随着古地磁、热释光、孢粉分析、同位素测年等现代测年手段和地层划分方法的应用，黄土研究的时间尺度更加精确。土壤学家通过形态学观察、理化性质分析，借助孢子花粉与动物化石等资料，初步鉴定出古土壤层是在冷暖、干湿交替的气候环境中发育而成的。他们通过磁性地层和其他测年手段，获得了黄土—古土壤序列沉积的时间标尺，标志着中国第四纪地层的划分进入了半定量的编年阶段。

1958年，土壤学家朱显谟通过野外考察和严谨的论证，在《中国第四纪研究》杂志上发表论文，确认红层为古土壤。文章以甘肃、陕西、山西等地的红层为例，说明了古土壤剖面在分层、厚度、色泽、淋溶淀积现象和其他理化性质方面与现代土壤的差异。最后，文章指出了红层所反映的自然条件、分布变异及其与上层沉积物的关系，从而为风成说提供了有力的证据。

古土壤研究将黄土的沉积年代，从早期认为的距今约10万年延伸至距今约250万年的整个第四纪。1991年，中国学者确认黄土也是古土壤，认为黄土是在干冷气候下发育的古土壤，红土是在暖湿气候下发育的古土壤。

对黄土高原古土壤的研究，带动了第四纪古气候分析研究。土壤剖面中的黄土层和红土层交替出现，代表着第四纪时期气候的冷暖、干湿波动，完整的土壤序列连续记录了古气候的变迁。黄土的连续性为进一步探讨第四纪时期气候演化的特征、趋势、周期性等问题提供了重要的证据，为重建第四纪古气候旋回奠定了基础。

黄土—古土壤序列提供的气候变化信息，以及古环境地球化学、古气候学的发展，有助于破解北半球季风气候区第四纪环境的演变规律。古土壤和古生物学知识，在复原黄土形成时代的古气候和古环境方面发挥了重要的作用。黄土区哺乳类化石的不断丰富和新动物群的建立，地层划分和古气候分析，使中国黄土研究进入了多指标、多学科交叉的时代。

中国学者在国际上首次明确了黄土—古土壤演化序列，运用同位素年代学及古地磁地层学方法，建立了 250 万年以来黄土与古土壤的时间序列。特别是对 15 万年以来的气候变化周期和变化幅度，进行了高分辨率的研究。过去世界各国学者多认为，第四纪气候的冷暖、干湿交替一共有四次。但是中国学者在土层巨厚的宝鸡一带判断出有 37 层古土壤和 37 层黄土的演化序列，由此得出第四纪历史上气候环境变化有 74 个周期的结论。这个结论对认识气候变化规律极有意义。近年来，中国学者又把黄土与全球变化结合起来，通过将黄土气候变化周期与从大洋盆地岩芯获得的气候变化周期相对比，把过去一直分离的海、陆地质研究结合起来，对全球气候变化有了整体认识。

20 世纪 80 年代以后，大批外国科学家来到中国，对黄土开展大规模的合作研究。虽然外国学者取得了不少的成果，但是理论框架并没有超过中国科学家先前的建树。1985年出版的由刘东生等十几位作者撰写的《黄土与环境》，总结了过去二十多年中国学者在黄土研究领域的成果，在国际上被认为是这一领域最权威的著作。刘东生也因此获得了泰勒环境成就奖、洪堡奖章等国际大奖。在国内，中国的黄土研究也获得了自然科学奖、国家科技进步奖等多项国家级大奖。毫无疑问，中国科学家在黄土科学领域已经走在了世界的前列。

第三节 人 类

人类只是地球上大约200万种动物中的一个种。对于这个特殊生物种的研究，不但是科学界，也是全社会关注的热门话题。由于人是唯一具有高度社会化属性的生物，因此对此问题的探讨，不仅在自然科学界具有重大的学术价值，对社会科学甚至哲学来说，也有着重要的意义。人类起源问题，一直被认为同宇宙史、地球史和生物史一样，可以帮助人们树立正确的世界观。

最早的人类，可能出现于300万甚至400万年之前。但是目前科学家发现的古智人遗迹，主要出现在第四纪。因此，古人类与冰川、黄土一起，构成了第四纪研究的主要内容。古人类研究因涉及众多专业领域，逐渐成为一门独立的学科。目前有学者把它归入边缘学科，也有学者认为它是地质学与生物学的交叉学科。无论其归属，在古人类研究的早期阶段，地质学家作出了重要的贡献。至今，地质学家在这项研究中仍然发挥着重要作用。

人的出现是第四纪的重大事件。从19世纪末期开始，“人类由何而来”的问题吸引了很多学者的关注，他们开始在世界各地寻根问祖，搜寻人类祖先的遗迹。1856年尼安德特人的发现、1890年爪哇直立人的发现、1907年海德堡人的发现、1929年周口店北京猿人的发现……奠定了古人类学的基础。人究竟起源于何地？世界各国学者看法不一，有欧洲说、亚洲说和非洲说。为了证明各自的理论，科学家们都在努力开展田野调查，寻找古人类化石及其遗迹作为佐证。当然，也不乏急功近利之徒的弄虚作假，给这项研究蒙上了阴影。于是人类摇篮地的确定，随着世界各地古人类化石的不断出土以及技术手段的进步，摇摆于各大洲之间。

欧洲

达尔文在出版他的划时代巨著《物种起源》12年以后，于1871年又出版了《人类的由来及性选择》。此时他的进化论思想已经在欧洲广泛传播，时机成熟，达尔文便着手用进化论来确定人在生物界的位置。他收集的大量资料证明，人的身体构造、某些疾病、细胞组织、胚胎发育和猿类有相近的关系。达尔文定义人类的标准是：直立行走，具有制造工具的技能和脑容量扩大。

达尔文猜测人类诞生于非洲。他所在的时代，古人类化石的发现极其稀少，只有在欧洲发现了零星的尼安德特人化石；而且基于当时的科学水平和宗教信仰，多数欧洲学者并不承认那是早期的人类。即便相信达尔文关于人类进化观点的学者，也因为地域的优越感，多不

> **小贴士**
>
> **尼安德特人**
>
> 晚期智人的一个亚种，因化石出土于德国尼安德特山谷而得名。尼安德特人从12万年前开始在欧洲、西亚及北非活动，因冰期的兴盛，于2.4万年前消失。

接受高贵的智人起源于“黑暗”的非洲大陆这种说法。19世纪末期至20世纪初期，欧洲和亚洲发现了多处古人类化石遗址，人类起源于非洲的观点更加不被接受。

由于欧洲学者的努力，早期古人类遗址首先在欧洲被发现。而20世纪初期，“皮尔当人”的发现轰动一时，导致在将近半个世纪的时间里，很多人相信人类起源的中心是在西欧。1907年，德国学者发现了海德堡人的下颌骨化石，英国人也不甘落后，在英国境内寻找古人类化石。1912年，业余考古学家、英国律师道生（Charles Dawson，1864—1916）给英国伦敦自然博物馆写信，称他在英国萨塞克斯郡皮尔当村的砂石坑一带发现了很多颅骨碎片。经伦敦自然博物馆的古生物学家伍德沃德（Arthur Smith Woodward，1864—1944）鉴定，这些碎片属于50万年前的古人类头骨化石，这种人的脑容量是现代人脑容量的2/3，而且头骨中的臼齿又和现代的黑猩猩非常相像。伍德沃德认为这是一个重要的发现，它填补了猿猴到人之间失落的环节，并将此头骨定名为“道生曙人”。同年，伍德沃德在皇家地理学会的会议上宣布了这一发现。

皮尔当人的发现轰动了全世界，英国人更是为之振奋，专门成立了一个包括道生在内，由地质学家、解剖学家、牙科医师、造模技师等八人组成的“皮尔当人研究委员会”。尽管委员会中的牙科医师发现上下颌的牙齿形态和排列方式差异太大，怀疑头骨并非来自同一个个体，但在急功近利心态的驱动下，委员会最终认定皮尔当人是现代人类的祖先。

委员会中成员、解剖学家史密斯（G. E. Smith，1871—1937），在1930年应中国地质学会的邀请来到周口店。他在华期间曾经多次在中国地质学会作报告，把北京猿人和皮尔当人扯到了一起。对此，中国学者持怀疑的态度。1936年，裴文中到英国皮尔当地区考察，认为那里的地质年代并不古老，进而怀疑皮尔当人头骨的可信性。

欧洲也不乏怀疑者，只是在技术水平的制约下，还找不到反对的证据。此后的四十多年中，世界各地涌现了大量的古人类化石，

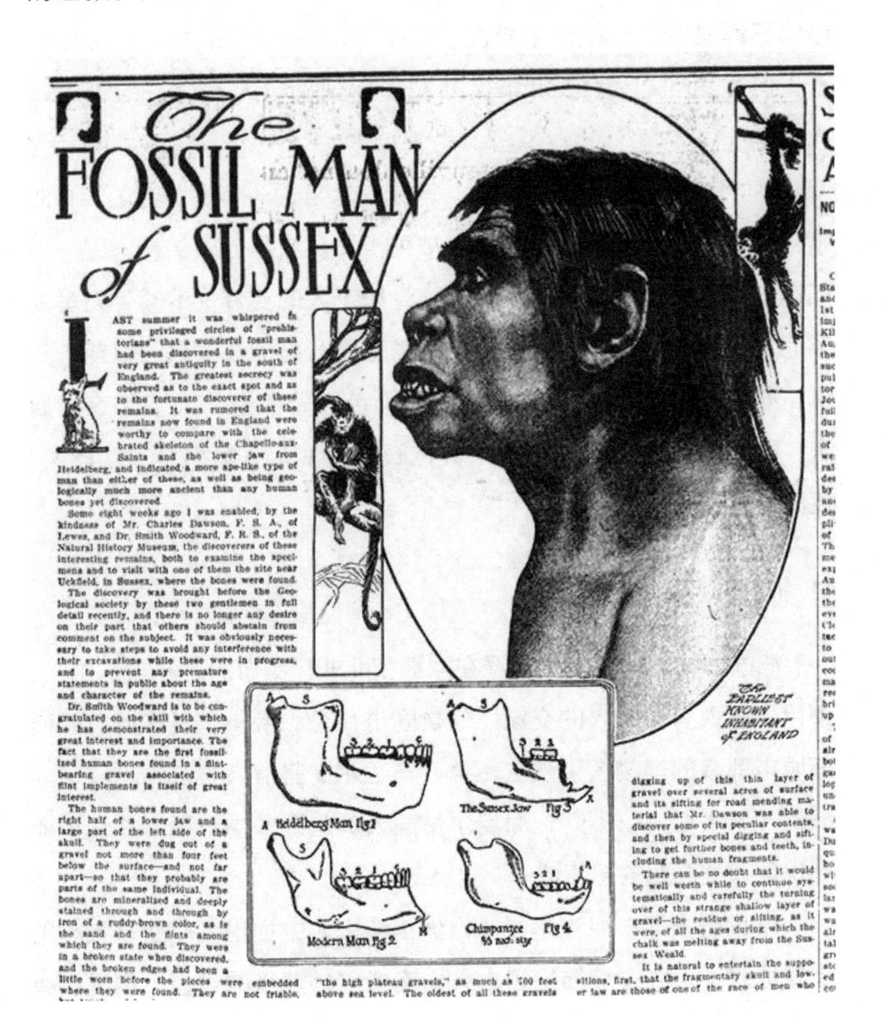

The FOSSIL MAN of SUSSEX

LAST summer it was whispered in some privileged circles of "prehistorians" that a wonderful fossil man had been discovered in a gravel of very great antiquity in the south of England. The greatest secrecy was observed as to the exact spot and as to the fortunate discoverer of these remains. It was rumored that the remains now found in England were worthy to compare with the celebrated skeleton of the Chapelle-aux-Saints and the lower jaw from Heidelberg, and indicated a more ape-like type of man than either of these, as well as being geologically much more ancient than any human bones yet discovered.

Some eight weeks ago I was enabled, by the kindness of Mr. Charles Dawson, F. S. A., of Lewes, and Dr. Smith Woodward, F. R. S., of the Natural History Museum, the discoverers of these interesting remains, both to examine the specimens and to visit with one of them the site near Uckfield, in Sussex, where the bones were found.

The discovery was brought before the Geological society by these two gentlemen in full detail recently, and there is no longer any desire on their part that others should abstain from comment on the subject. It was obviously necessary to take steps to avoid any interference with their excavations while these were in progress, and to prevent any premature statements in public about the age and character of the remains.

Dr. Smith Woodward is to be congratulated on the skill with which he has demonstrated their very great interest and importance. The fact that they are the first fossilized human bones found in a flint-bearing gravel associated with flint implements is itself of great interest.

The human bones found are the right half of a lower jaw and a large part of the left side of the skull. They were dug out of a gravel not more than four feet below the surface—and not far apart—so that they probably are parts of the same individual. The bones are mineralized and deeply stained through and through by iron of a ruddy-brown color, as is the sand and the flints among which they are found. They were in a broken state when discovered, and the broken edges had been a little worn before the pieces were embedded where they were found. They are not friable,

"the high plateau gravels," as much as 200 feet above sea level. The oldest of all these gravels

digging up of this thin layer of gravel over several acres of surface and its sifting for road mending material that Mr. Dawson was able to discover some of its peculiar contents, and then by special digging and sifting to get further bones and teeth, including the human fragments.

There can be no doubt that it would be well worth while to continue systematically and carefully the turning over of this strange shallow layer of gravel—the residue or sifting, as it were, of all the ages during which the chalk was melting away from the Sussex Weald.

It is natural to entertain the suppositions, first, that the fragmentary skull and lower jaw are those of one of the race of men who

1913年2月14日美国地方报纸对皮尔当人的报道

他们的脑容量都比皮尔当人小很多。50万年前的人脑不应该有皮尔当人那么大的容量，这使得人们开始重新审视皮尔当人。终于，新的确定年代的方法出现了。

人们发现，在地层所含的水分中有百万分之一的氟元素。埋在地下的骨骼化石浸泡在地下水中，逐渐形成了稳定的氟化物。骨骼化石埋藏越久，氟含量越高。这个方法在19世纪末期就被发现了，但是直到20世纪50年代才被应用到确定人类化石的相对年代上。

科学家根据骨骼的含氟量，确定皮尔当人头骨是伪造的。1959年，放射性元素含量分析方法也被用于测定皮尔当人头骨，进一步证实了这个头骨是伪造的。其中头骨属于人的头骨，下颌骨为类人猿的骨骼。最终，人们发现这是一场骗局，是伪造出来的早期人头骨。其中现代的骨骼经过了铬酸盐染色，牙齿也有人工打磨的痕迹。随着亚、非两大洲更多人类化石的发现，人类摇篮"欧洲说"逐渐退出了历史舞台。

亚洲

德国博物学家海克尔曾经在欧洲和北非广泛游历，并与达尔文、莱伊尔等人有过深入的交流。他赞同进化论，晚年曾经在德国西南部城市耶拿的博物馆讲授进化论。与达尔文坚信人类祖先均来自非洲的"单中心说"不同，海克尔赞同人类起源多中心说，并认为亚洲也是人类重要的起源地。

19世纪末期，海克尔在《自然创造史》中提出，南亚是人类的起源地之一，并详细描绘了古人由南亚向外迁移的途径。传说中有一块叫作"利莫里亚"（Lemuria）的大陆，后来沉入印度洋，他认为人类就起源于利莫里亚，并通过那里向外迁移，最终到达了亚欧大陆和非洲。

海克尔的理论后来演化为社会达尔文主义，他认为，德国人勇敢且人种纯正，必然会统治人类文明并控制其他国家。因此有人认为他的理论是德国纳粹兴起的原因之一。海克尔极富创造性，很多生物学术语都是由他创造的。他还在瑞典植物学家林奈划分的生物二界的基础上增加了原生生物，把生物划分为三界。1969 年，美国学者惠特克（R. H. Whittaker，1920—1980）在此基础上提出了生物五界系统。当然，随着科学的进步，五界说也受到了质疑。1979 年，中国生物学家陈世骧（1905—1988）提出了六界说。

海克尔的学生、荷兰解剖学家杜布瓦（E. Dubois，1858—1940）接受了人类起源于南亚的理论，也认为人的祖先逐渐褪掉身上的体毛，一定是居住在热带地区。1887 年，他抱着寻找早期人类化石的愿望来到印度尼西亚的爪哇岛，并于 1890 年在那里的梭罗河畔找到下颌残片，次年又发现一具头盖骨，这就是著名的“爪哇人”第一号头盖骨。随着发现越来越多，杜布瓦认为这些人骨化石属于同一个体，并根据进化论认为爪哇直立人是人和猿之间的一种中间类型，是人类的祖先。地质学家根据爪哇人化石层中的动物化石判断，其生存年代应该在第四纪初期。

杜布瓦的发现没有得到学术界的普遍认可，有些科学家不相信爪哇直立人属于人类，于是引起了一场争论。问题的焦点是那些头盖骨更像古猿，大腿骨接近现代人。于是有人怀疑这些化石并非来自同一个体。由于缺乏足够的证据，尤其缺乏爪哇人使用工具的佐证，后来杜布瓦本人也一度怀疑爪哇直立人并非属于古人类。

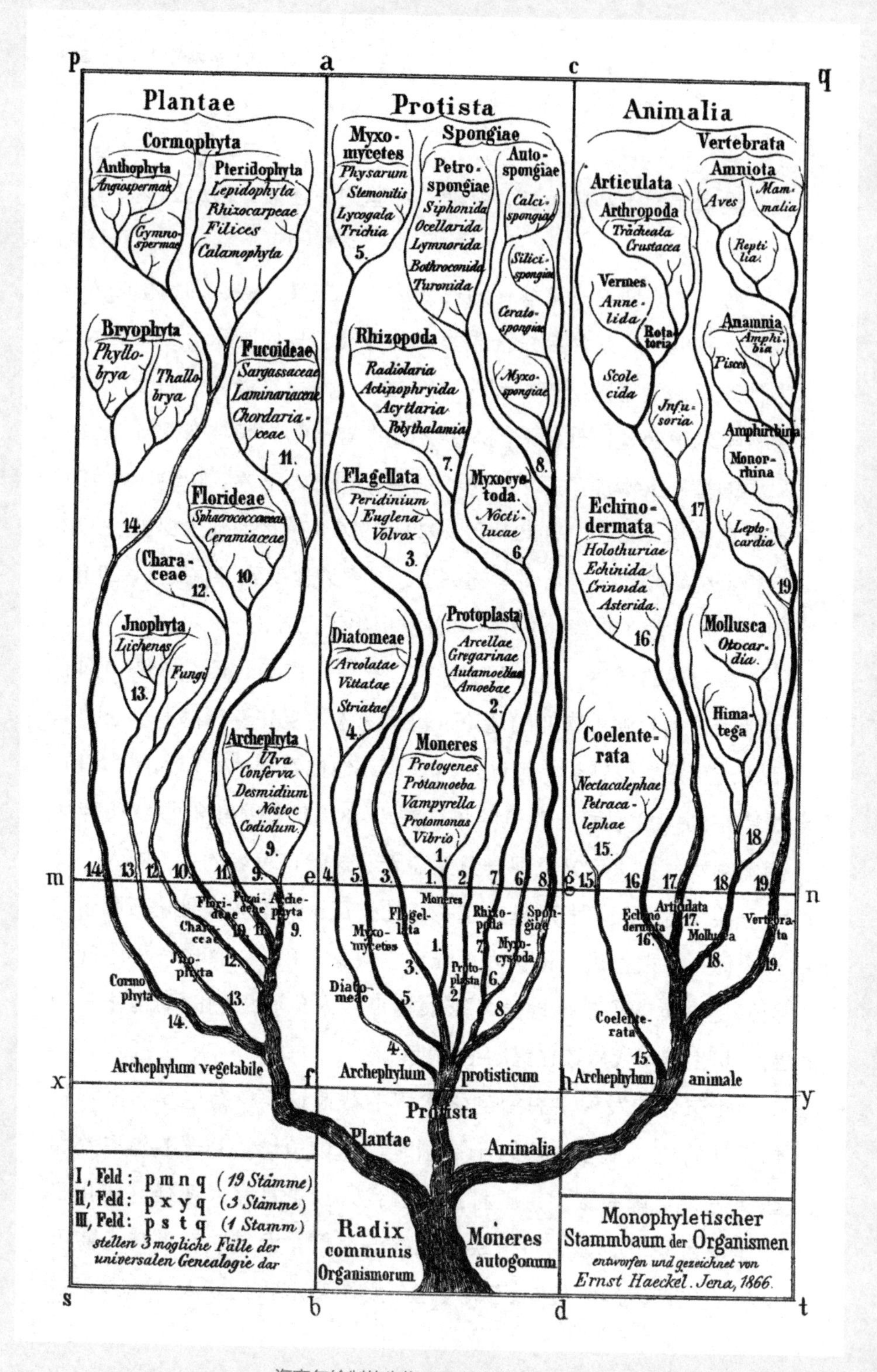

海克尔绘制的生物三界家族谱

爪哇直立人比尼安德特人古老，从而把人类的历史大大提前了。这一发现也使南亚起源说一度盛行。20 世纪 30 年代，古人类学家在印度尼西亚又先后发现了更多、也更为完整的古人类化石，却一直没有在同时代的地层中发现他们使用工具和用火的痕迹。直到北京周口店猿人遗址的发现，才解决了从猿到人过渡的缺环问题，也使人类中亚起源说风靡一时。

周口店“北京人”

中国的古人类研究起步晚于西方，直到 20 世纪初期这里的古人类遗址发现以后，才引起了国际社会的广泛重视。周口店北京猿人的发现，在人类起源研究领域具有划时代的意义，因为这里不但发现了古人猿的化石，还发现了他们的文化遗物：石器和火。从而使当时被称作“猿人”的直立人，明确地划归为“人类”。

周口店遗址的发现具有一定的偶然性。中国人把古代哺乳动物，如象、犀、三趾马、牛、鹿的骨骼化石都称为“龙骨”，并长期作为中药药材销售。1903 年，在北京行医的一位德国医生回国时，带了一箱从中药店买的“龙骨”和“龙齿”。经德国古脊椎动物学家施洛塞尔（M. Schlosser，1854—1932）研究后发现，其中有一颗类人猿的牙齿。这一发现引起了世界的重视，于是中外学者开始了在北京附近寻找人类遗址的工作。

首先推动中国的古人类研究和周口店发现的是一位瑞典学者，他就是曾经担任瑞典地质调查所所长的安特生。他于 1914—1924 年间任北洋政府农商部矿政司顾问，并带领助手丁格兰（F. R. Tegengren，1884—1980）从事矿产调查。调查矿产的同时，安特生十分注意中国北方各地发育完备的新生代地质，并将研究范围扩展至新生代地质分层、新生代古生物采集和远古人类的考古研究。1918 年春，他在北京西南考察时，发现周口店一带化石极其丰富。1921 年夏天，又同奥地利古生物学家师丹斯基（Otto Zdansky，1894—1988）和美国中亚科学考察团的首席古生物学家葛兰格（W.W. Granger，1872—1941）再到周口店。

安特生不但具有深厚的学术功底，而且擅长交往。为了能够收集到标本，他利用外国学者的身份，托请在中国各地的教会帮忙采集化石等史前遗物。他不但因此收集到大量的化石，而且还发现了一些重要的化石地点。这促使他的研究兴趣自 20 世纪 20 年代后期起转向古生物学。

中外学者十分重视周口店的发掘工作，但当时国内没有研究化石的起码条件和设备。于是早期的标本多运到瑞典，请西方学者修理并研究，但成果须列入中国出版的《中国古生物志》中。在安特生的努力下，中西方学者收集并发掘了大量古生物化石，仅在 1924—1925 年一年的时间中，运往瑞典的标本就有大约 800 箱。

安特生并不是古脊椎动物学专家，为了更好地研究在中国发现的标本，他联系了师丹斯基和瑞典古生物学家布林（B. Bohlin，1898—1990）来华工作。师丹斯基来华以后在周口店发现了许多化石，尤其是得到了两颗可能是人的牙齿化石。1926 年瑞典皇太子来华访问，师丹斯基和布林特地把这一发现选在中国学界欢迎瑞典皇太子的大会上宣布。会上安特生作了报告，指出在新近纪末或第四纪初，亚洲东部存在着人或与人类关系十分密切的类人猿。后来学者们把周口店发现的人种命名为“中国猿人北京种”，简称“中国猿人”或“北京猿人”，但是最广为人知的名字还是“北京人”。

“北京人”的发现震惊了世界，与其他古人类遗址发现类似，也引起了质疑和争论。要想回答这些疑问，还需要更多的证据。在中外学者的共同努力下，洛克菲勒基金会于1927年专门拨款资助，作为在周口店发掘和研究者的薪金和野外工作的费用。于是，中国地质调查所决定建立专门的研究室，从事古人类学研究。

1929年，中国地质调查所与北京协和医学院合作成立了新生代研究室，以周口店北京人为工作重点。新生代研究室的创办，直接推动了中国古脊椎动物学，尤其是古人类学的进步。研究室共有五处工作地点，包括中国地质调查所本部、协和医学院和周口店等处，修复化石的技工最多时有三四十人。随着工作的深入，化石发掘和采集的范围也不断扩大，由周口店扩大到陕西、山西、内蒙古、河南、河北和中国西南部地区。新生代研究室每年春、秋二季，均派人到周口店作大规模的挖掘，周口店采集的标本每年不下500箱，从1917年到1937年从未间断。

研究室成立以后，吸引了大量外国学者来这里工作。加拿大学者步达生（Davidson Black，1884—1934）、法国地质学家德日进、奥地利古生物学家师丹斯基、瑞典古生物学家布林等人，都参与了周口店遗址的研究。这项工作也培养起一批中国古生物学家，杨钟健、裴文中、贾兰坡（1908—2001）就是其中的佼佼者。

20世纪三十年代，周口店的工作“规模之大，世罕甚匹”[①]，中国的古人类学研究引起了世界的瞩目。西方学者中贡献最大者当数步达生。他于1919年应邀来华，后担任协和医学院解剖系的主任。1929年起担任中国地质调查所新生代研究室名誉主任，负责周

① 杨钟健：《中国新生代地质及脊椎古生物学之现在基础》，《地质论评》1942年第6期。

口店北京猿人化石的研究与鉴定。这位身材瘦小又有点驼背、总是笑容可掬的学者，努力争取洛克菲勒基金会的资助，并积极延聘国外学者来华。为了解决周口店北京猿人是否使用火与石器的问题，步达生于1935年邀请法国考古学家步日耶（A. Breuil，1877—1961）来华工作数月。步日耶回国以后，还推荐裴文中到法国学习史前考古。由于步达生的杰出贡献，中国地质学会曾经授予他葛氏奖章，中国科学社也授予他金质奖章，英国皇家学会接纳他为皇家学会会员。

步达生曾经计划在新生代研究的每一个方面都训练一些专业人才，不仅涉及古人类化石，而且计划关注所有的新生代问题，包括新生代的经济地质问题。他还计划把新生代研究室发展成为最完备的研究室，在协和医学院B楼的对面盖一座小楼，要在那里建起新生代、中生代、地层、古地磁、古地理、同位素测定等研究室，完完全全地建立一个中新生代研究机构。就在新生代研究室快速发展的时候，1934年，年仅50岁的步达生因心脏病发作，不幸病故于北京协和医学院解剖系的工作室里，他去世时，手里还捧着人头骨化石趴在桌子上。

步达生去世以后，德国学者魏敦瑞（Franz Weidenreich，1873—1948）于1935年应聘接任新生代研究室主任，并致力于北京猿人化石的分析。他来华不到一年，就在《中国地质学会志》上发表了一篇论文。这位六十多岁的老人对学术十分投入，来华之后对步达生未完成的事情以及新加材料加以彻底的整理，从而“驾步而上，获得了世界声誉”[①]。魏敦瑞在华工作六年，曾经参与古人类化石的

---

① 杨钟健：《杨钟健回忆录》，地质出版社，1983，第82页。

挖掘，并在《中国古生物志》《中国地质学会志》上相继发表了一系列有影响的论文。1941 年 4 月，由于日美关系趋于紧张，他离开北平，改去美国自然博物馆任职。

离华以后的魏敦瑞，继续在美国从事北京猿人的研究。他通过对周口店北京人的分析，提出北京猿人与现代蒙古人种在形态上十分相似，两者之间有遗传关系。他由此确定早期猿人阶段，人的形态已经具有区域性的表现，进而赞同人类起源的多中心说。后来魏敦瑞发表了一系列论著，其中 1946 年出版的《猿、巨人及人》综合其一生研究精华，提出创造性的理论学说，引起古生物学界、人类学界的重视和称赞。这部专著被誉为人类学、古人类学的经典文献。

抗日战争的爆发，使周口店的发掘陷入停顿。此前挖掘的化石下落不明，至今国内几个博物馆展览的北京猿人头盖骨都是复制品，原品已经不知所终。直到 1949 年以后，周口店才恢复工作，并在 20 世纪 50 年代进行了几次大规模的发掘。1953 年，在周口店龙骨山上建立了陈列室。1954、1959、1979 年多次召开第一头盖骨发现周年纪念会。

亚洲的直立人化石主要集中在中国。继周口店猿人之后，中国学者又发现了山顶洞人、马坝人、柳江人、丁村人、蓝田人、元谋人、大荔人遗迹等众多的古文化遗址，丰富了第四纪的研究内容。目前，中国已经发现的古人类遗址近 2000 处，是仅次于非洲的世界第二大古人类资料蕴藏地。全国范围内还有很多地方有待进一步的调查。在建设三峡工程和南水北调工程之前，科学家曾经对工程淹没地区进行了大规模的调查，仅这些地区发现的古人类遗址就有一百多处。

❁ 非洲

达尔文提出的人类起源"单中心说"，并没有因为亚洲不断发现的古人类遗址而销声匿迹。随着分子生物学和年代学等科学技术的进步，科学家通过基因检测等手段，部分证实了人类起源于同一群体，即东非的南方古猿，后来通过阿拉伯半岛分散到世界各地。"单中心说"最终被广泛接受。

进入20世纪之后，非洲古人类遗迹的发现接连不断。在南非盛产金刚石的小城金伯利附近，有个名为塔恩的地方，那里的采石场经常发现哺乳动物化石。1924年，在采石场的洞穴中发现了第一批早期人类化石。此时，澳大利亚人类学家达特（Raymond Dart，1893—1988）正在南非约翰内斯堡威特沃特斯兰德大学医学院任教，讲授解剖学。他通过对一副幼年猿类头骨的研究，认为其为可以直立行走、介于人和猿之间的物种，于是将其命名为"非洲南猿"。

具有讽刺意味的是，达特以"非洲南猿：南非的人猿"为题，把他的成果发表在1925年2月7日的英国《自然》期刊上。文章发表以后，达特的观点遭到一些英国学者的强烈反对，其中就包括"皮尔当人"骗局的参与者伍德沃德。他反对的理由竟然是，非洲南猿的脑容量比皮尔当人小了很多。伍德沃德的学术声望，导致"非洲南猿"这个"良币"，遭遇了"皮尔当人"这个"劣币"的驱逐。但是真理终究会战胜强权，只是需要时间而已。

20世纪30年代中后期，非洲南猿成年个体的头骨化石发现以后，其作为猿与人之间"缺环"的地位才最终确定。这一发现，有力地支持了达尔文的观点，即人类起源于非洲。随着新发现的不断涌现，非洲南猿逐渐引起了国际学术界的重视。但究竟它是"最接近猿的人”还是“最接近人的猿”，学术界一直存在争议。解决争议的关键是南猿能否制造工具，但科学家一直没有找到有力的证据。这是由于南猿化石是在洞穴中发现的，洞穴中的骨骼化石地层层位不清楚，进而造成其确切的生存年代一时无法搞清。随着第二次世界大战的爆发，这项研究被迫停止。

在古人类学家把目光聚焦在南非时，东非有了更多、也更重要的发现。1913 年，德国地质学家雷克（Hans G. Reck，1886—1937）在奥杜韦峡谷发现了古人类化石。这个位于坦桑尼亚北部、维多利亚湖东侧的地方，是东非大裂谷中一个东西走向的峡谷，因为发现了大量早期“能人”的遗迹、石器和化石而闻名于世。

1914 年雷克发表论文公布了他的考察成果，但多数欧洲人并不相信那是古人类的化石，认为是近期埋藏的人类骨骼。这一年的夏天，第一次世界大战爆发，雷克作为德国政府派出的地质学家再次来到东部非洲。第二年夏天，他发现了更多古人类化石地点并开始发掘，这项工作持续了半年多。1916 年初，英国军队向德国人发起了攻击。雷克只好停下工作参战，并成为一支德国小部队的指挥官。他委托一位瑞士的铁路工程师帮他把化石运回欧洲。1917 年雷克因战败被俘，“一战”结束后才被释放，得以继续工作。

小贴士

东非大裂谷

素有“地球伤疤”之称的东非大裂谷，是大陆上最大的断裂带。每年大裂谷仍以几毫米到几十毫米的速度在变宽。科学家预计在 2 亿年后，这里将形成一个新的海洋。裂谷集中了非洲大部分湖泊，总计 30 多个。这里也是人类文明最古老的发源地之一。

20 世纪 20 年代末期，英国古人类学家利基（Louis S. B. Leakey，1903—1972）关注到奥杜韦峡谷的人类化石。他出生于肯尼亚，在英国学习考古学和人类学。当时盛行人类起源于欧洲和亚洲的观点，但利基坚信达尔文的非洲说，并专门研究了雷克挖掘的古人类化石。他并不赞同雷克的判断，他认为那些化石没有雷克认为的那么古老。利基判断奥杜韦峡谷的化石应该属于石器时代，认为雷克发现的部分石头属于石器。他推测在那里还能发现更多的石器。雷克并不认可这种看法，觉得十多年前他已经在那里详细调查过，没有找到石器。

利基邀请雷克于1931年秋天再次到奥杜韦峡谷考察。很快，利基找到了一个用火成岩制成的手斧，而雷克因过去一直在坚硬的燧石中寻找古人类使用的工具，忽略了对火成岩的关注。随后的四天中，他们就发现了70多件手斧。利基实地考察了雷克当年的发掘现场，并最终接受了雷克对古人类存在时代的判断。此后，雷克一直在东非考察，搜寻古人类化石，直到1937年他在野外工作时死于心脏病。遗憾的是，他的大量资料和手稿在两次世界大战期间损失惨重。他采集的很多标本在第一次世界大战期间丢失了，已经保存在德国的标本和野外记录，又在第二次世界大战期间被损坏。

被称为“古人类研究第一家族”的利基夫妇和他们的儿子、儿媳，还有孙女，都在东非从事古人类调查。他们在奥杜韦建立起营地，长期坚持野外考察。同时，这个家族善于及时通过写作、演讲等形式宣传他们的发现，他们撰写的很多著作都成为古人类学的经典。

经过二十多年的艰苦努力，1959年，奥杜韦峡谷的“东非人”终于走进了人们的视野。1959年夏，在这里发现了距今200万年的人类头骨化石，科学家将其命名为“东非人”。除了大量古人类化石外，众多的石器也不断找到。20世纪60年代，古人类学家还在发掘现场发现了由玄武岩石块组成的不规则的圆形石圈，石圈内的地面较为平坦。他们推测这是建筑物的基址，当初可能在这里搭建过类似窝棚的建筑物。同年在苏联境内也发现了旧石器时代晚期的人类居住房屋的基址，从而把人类建筑的历史向前推进了几万年。

1969年，利基家族设立了利基基金以支持古人类学研究。此后，更多的古人类学者来到东非大裂谷，到20世纪80年代，这里发现了大量古人类骨骼化石。20世纪70年代，欧美学者在埃塞俄比亚中部的阿法地区发现了一具成年女性的骨化石，全部化石约占人体骨骼的百分之四十，他们将其命名为“南方古猿阿法种”。此后，古人类学家陆续在坦桑尼亚与肯尼亚交界处的裂谷地带，发现了距今350万年的“能人”遗骨。一系列考古发现，使昔日的“野蛮、贫穷、落后的非洲”，一跃成为人类文明的摇篮。随着早期人类化石和文化遗物的大量涌现，人类起源非洲说再度引起学界的重视。

是人还是猿？

第二次世界大战以后，古人类遗址的大规模发掘得以恢复，世界各地不断有新的发现。新材料的不断涌现，在解决过去各种疑问的同时，又导致了很多新问题产生。古人类研究至今还有很多未解之谜。因为材料来自地层中出土的化石，这些化石往往是破碎零散的，这就造成不同的学者根据不同的标本，会得出不同的结论。不同的学者根据相同的标本，但使用不同的方法，也会得出不同的结论。甚至同一位学者在不同的时间里，随着新材料的不断发现，认识有了改变，进而对于相同的标本，结论也会有变化。[①]

① 李天元：《古人类研究》，武汉大学出版社，1990，第57页。

随着新学科和新技术的不断出现，对人类化石的认识从形态结构的宏观考察，向骨骼牙齿的细微观察转变；从生态学、比较解剖学的认识，向生理生化遗传学深入；对古人类化石的年代问题，也由通过地层推断相对年代，转向通过放射性元素测定出绝对年代。

古人类研究在不断地深入，但是一个基本问题却迟迟得不到解决，这就是区分人和猿的标准。一种观点把直立行走、大脑容量、使用天然工具作为划分标准；而另一种观点则强调能够制造工具，是人和猿的根本区别。中国读者大多熟悉恩格斯的劳动创造了人的论断。恩格斯说："人类社会区别于猿群的特征又是什么呢？是劳动。""动物仅仅利用外部自然界，单纯地以自己的存在来使自然界改变；而人则通过他所作出的改变来使自然界为自己的目的服务，来支配自然界。这便是人同其他动物的最后的本质的区别，而造成这一区别的还是劳动。"①

随着古人类化石证据越来越丰富，考古学家开始把早期人类发展的过程划分为不同的阶段，提出"旧石器时代"的概念。20世纪60年代以前，人类学家把旧石器时代的人划分为三个阶段：猿人、古人和新人；20世纪60年代以后改为猿人、直立人和智人的三分法。后来又进一步细分为四个阶段：早期猿人、晚期猿人、早期智人和晚期智人。

小贴士

旧石器时代

考古学家提出的时间区段概念，是距今约1万年至距今300万年，以使用打制石器为标志的人类物质文明阶段。

早期猿人生活在距今150万—300万年左右的时间段。除能直立行走外，还能制造简单的砾石工具。非洲的"能人"和中国的元

① 恩格斯：《自然辩证法》，人民出版社，1971，第154、158页。

谋人属于这个阶段。晚期猿人生存于 20 万—150 万年前，两足能完全直立行走，脑容量更大，制造的工具也更进步，并会使用天然火。爪哇直立人、周口店北京人就属于这个阶段。早期智人也称为古人，约生存于 5 万—20 万年前，特点是脑容量较大，使用大量的石器并有伴生动物。欧洲的尼安德特人、中国山西的丁村人就属于这个阶段。晚期智人又称新人，出现于距今 5 万年以内。形态特征已很像近代人，属于古人的后裔。他们已经掌握了磨制石器和钻孔技术，如欧洲的克鲁马努人、中国的山顶洞人。

随着科学认识的不断深入，从古猿发展到人的路径也在不断演变。从 19 世纪末期开始，人类学家开始尝试绘制人类进化的谱系图，这些图谱可以反映出当时人们的认识水平。这里选取 20 世纪 50 年代和 70 年代两张具有代表性的、人类学家绘制的人类进化谱系图，以反映这种认识的进步。

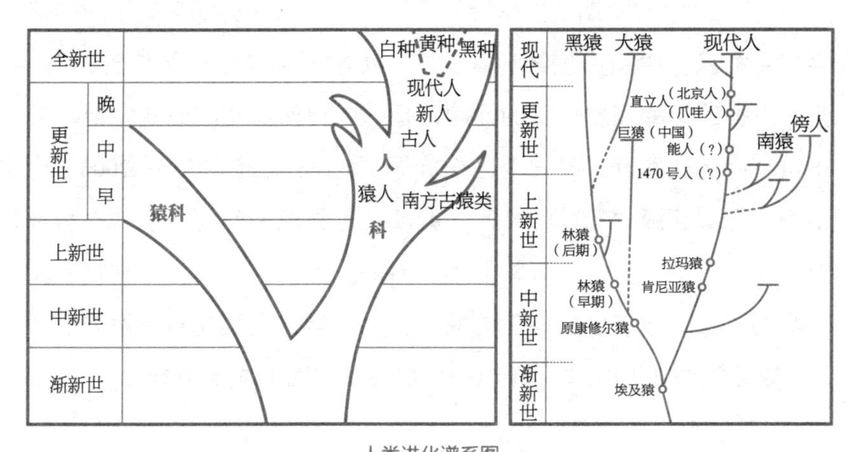

人类进化谱系图

（左：20 世纪 50 年代；右：20 世纪 70 年代）①

① 周国兴：《人怎样认识自己的起源（下册）》，中国青年出版社，1980，第 281、288 页。

人类起源问题是一个科学问题。但是从其认识过程中我们不难看出，古人类研究同社会文化和世界观密切关联，因此参与早期人类研究的不仅有地质学家和人类学家，还有考古学家、哲学家和民族学家。在欧洲，古人类研究也受到了人种优劣思想的干扰，进而发展成为种族不平等的观点。这些思想在“二战”期间被法西斯利用。而在苏联等社会主义国家，古人类学也成为唯物主义批判唯心主义的有力武器。

中国的古人类研究更是有着深刻的社会文化背景。20 世纪初期，中华民族处于深刻的危机之中。寻找中国文化的源头，成为中国学者报效祖国的途径之一。正如考古学家李济（1896—1979）在谈到他由社会心理学转向人类学和考古学研究时所说：他要把中国人的脑袋量清楚，来与世界人类的脑袋比较一下，寻出他所属的人种在进化路上的阶段来。

到了 20 世纪中期，中华民族站了起来。古人类学又有了新的社会文化需求。中国古生物学家、古人类学家裴文中曾经谈到：“关于‘人类的起源和发展’的问题，是一个自然科学的问题。但是关于这个问题的解释，是一个思想问题。”[①] 吴汝康（1916—2006）也谈到，人类起源“问题的解答，就涉及世界观的问题，也就是涉及对于我们周围世界一切事物的根本看法。因而，这一直是唯物主义与唯心主义进行着剧烈斗争的问题。而科学的人类起源和发展的理论，又是建立唯物主义世界观的自然科学方面的重要根据之一”[②]。

① 裴文中讲：《人类的起源和发展》，中国青年出版社，1956，第 1 页。
② 吴汝康：《人类的起源和发展》，科学普及出版社，1965，第 5 页。

/ 第十章 /

混乱中的秩序

我们日常接触的信息中，80% 与地理空间和位置分布有关，这些信息的获取有赖于由众多学科构建起来的网络，把不同地理空间联系起来。地球逐渐作为一个整体被观测与探究，人文地球进入了全球化时代。在这个时代，各学科的术语逐步规范，地球历史的时间标尺逐渐统一，大气环流、气候类型、土壤分类等观测逐步跨越了国家的界线，地图的绘制有了国际统一的标准 ……

从 20 世纪 40 年代开始，以“曼哈顿计划”为标志，学术研究进入了“大科学时代”。美国学者普赖斯（Derek J.de Solla Price，1922—1983）在 1962 年发表的题为“小科学，大科学”的演讲中提出，第二次世界大战以前的科学都属于小科学。从“二战”开始，科学进入了以投资强度大、学科交叉多、实验设备复杂且昂贵、目标宏大为特征的大科学时代。

随着观测资料的积累、技术手段的进步和认识水平的提高，建立在解决具体问题基础之上的人文地球的学科组成越分越细、越来越多，发展速度越来越快，组成结构也越来越复杂。在不断分化的同时，研究内容也逐渐集中于对社会有显著影响的重大问题之上。进入 20 世纪，人们逐渐发现单一学科无法解决的复杂问题不断出现，这些问题需要跨领域的合作。于是，学科之间的界限不断被打破。在解决问题的过程中，学科的边界重新划分，不断出现新兴和交叉领域。

全球化的视野伴随着大科学时代的脚步，促使人文地球的科学之树快速成长。20 世纪 60 年代末期有西方学者提出，各门学科以 25—30 年为周期，向心与离心倾向交互发生；还预计，进入 20 世纪 70 年代，人文地球将进入一个综合与统一的时期，而在 2000 年以前再开始新的分裂。[①] 实际上直到今天，学科分化、交叉与融合的潮流一直并存，学科之间的分分合合虽然存在着周期性震荡，但大的趋势仍然是不断地交叉与融合。有意思的是，人文地球的大科学时代，始于地球的南、北两极。

第一节　地球三极

位于地球南北两端的南极和北极，是世界上最寒冷的地方。同时，因其特殊的地理位置和极度脆弱的生态环境，南、北两极在 19 世纪以后，逐步进入人类的视野。地球的“第三极”是位于亚洲内陆的青藏高原，这里是世界上海拔最高、面积最大、最年轻的高原，又被誉为“世界屋脊”，世界第一、第二高峰均坐落在这里。

南极地区没有原住民，北极地区环绕的陆地上有原住民且分属八个国家，而青藏高原除了西南边缘分属印度、巴基斯坦、尼泊尔、不丹及缅甸等国外，绝大部分位于中国境内。与南、北极类似，青藏高原有些地区气候寒冷，没有人类生活的足迹。青藏高原

① ［美］普雷斯顿·詹姆斯、［美］杰弗雷·马丁：《地理学思想史（增订本）》，李旭旦译，商务印书馆，1989，第 289 页。

的大规模研究比南、北两极稍晚，始于 20 世纪中后期。因地缘优势，中国学者在青藏高原研究中发挥了重要作用。

作为人类扩展空间知识的最后地带，南极、北极和青藏高原成为国际科技合作的重要平台和展示各国科学水平的国际竞技场。尤其是南、北两极的研究，最早启动了全球范围的国际合作，是人文地球进入“大科学时代”的重要标志。

最后的大陆

人类探索南极大陆已有两百余年的历史。但是至今，我们对于南极洲的了解仍然是七大洲中最少的，因此南极大陆也被称为“最后的大陆”。这里的面积远远大于大洋洲或欧洲，但是与其他大洲不同，这里没有原住民，直到今天也没有人在这里定居。

早在古希腊时代，人们就猜想在地球的最南端存在着陆地，托勒密称其为“未知的南方大陆”。他们认为只有这样，地球才能保持平衡。在 15 至 18 世纪的欧洲世界地图上，一直绘有“南方大陆”，而且面积非常大。可是，南方大陆是否存在？究竟有多大？是什么形状？这些问题一直困扰着人类。18 世纪后期，著名的库克船长（James Cook，1728—1779）的太平洋航行也没有发现“南方大陆”，因此他认为那里根本不存在陆地。第一个对南极洲进行科学探险与考察并首先发现大陆的人，是居住于地球最北端的俄罗斯探险家。

1819 年，俄罗斯探险队在北半球的夏天乘坐两艘考察船出发了。经过五个多月的航行，他们来到了南极地区，此时正是南半球的夏天。但是到了 1820 年 3 月，南半球已经进入了寒季，俄罗斯探险队只好暂时到澳大利亚过冬，待 11 月以后再次开启探险航行。1821 年

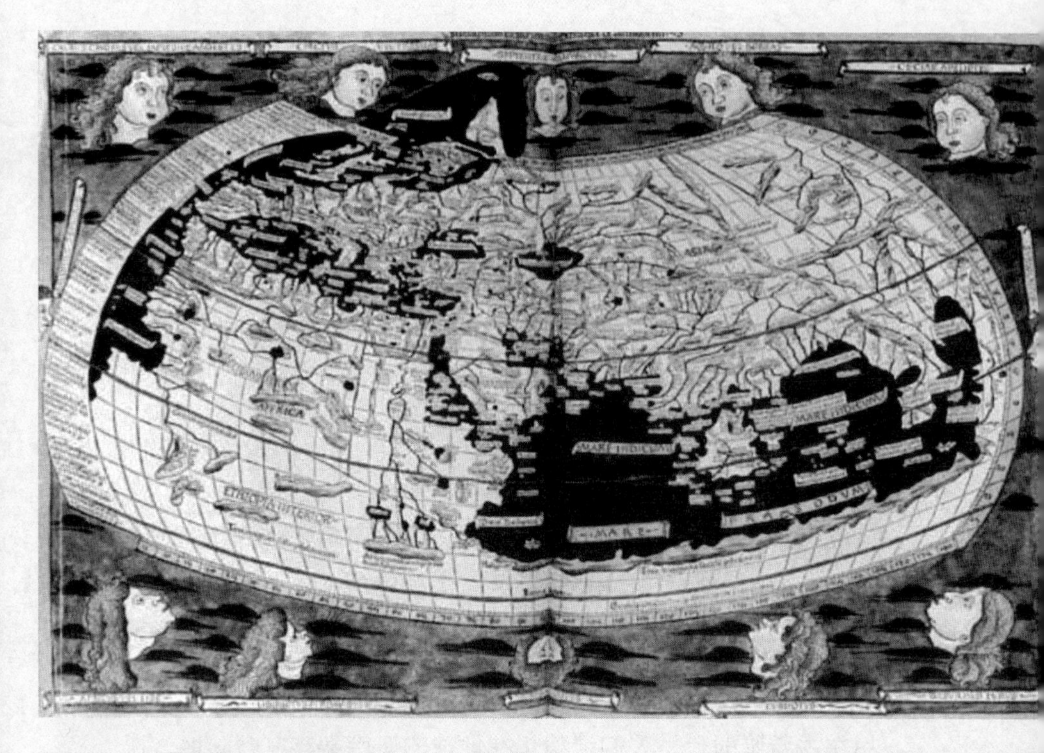

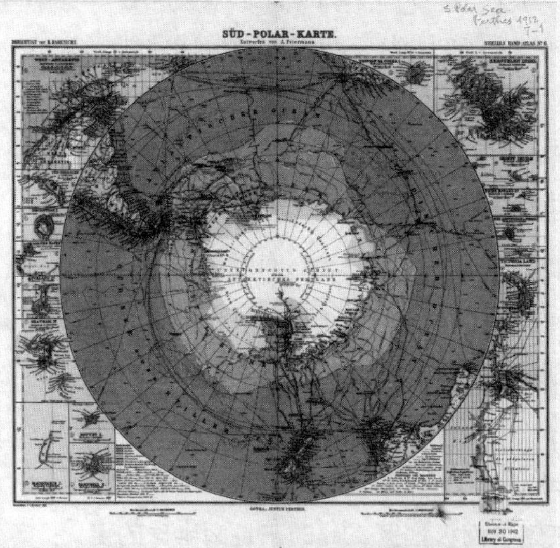

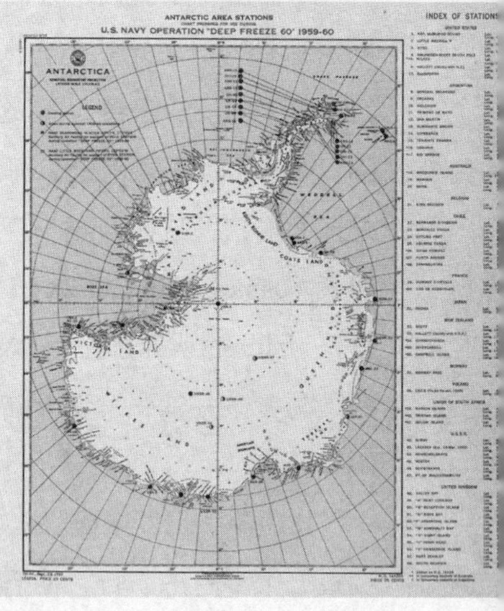

不同时代人们绘制的“南极大陆”的形状

（上：15 世纪；左下：19 世纪末期；右下：20 世纪中期）

1月，探险队终于看到了大陆海岸线，从而为南极大陆的发现奠定了基础。此后不断有捕鲸船报告在南极地区发现了陆地，并在20世纪30年代达到了高潮。在众多探险者的不断努力下，南极大陆的轮廓逐步展示在世人面前。

19世纪末至20世纪20年代，被称为南极探险的"英雄时代"。为了到达南极点，探险家冒着生命危险向极地进发，不少人为此献出了宝贵的生命。这些探险家的故事在当时就是世界各国新闻的热点和文学作品的重要题材。中国人虽然没有参与早期的南、北极探险考察，但是在中文的报刊新闻中，也不乏南、北极探险的新闻报道，一些极地探险游记也有了中文译本。

在众多的探险故事中，最悲壮的当数在1911年底和1912年初先后到达南极点的挪威探险家阿蒙森（Roald Amundsen，1872—1928）和英国探险家斯科特（Robert Falcon Scott，1868—1912）。阿蒙森是第一个打通北极地区西北航道的探险家。本来他的下一个目标是前往北极点，当他得知已经有人先期抵达后，决定冲刺南极点。经过艰苦的努力，阿蒙森领导的探险队于1911年12月14日到达目的地。他们在那里继续进行了三天观测之后，开始向下一个探险目标冲刺，这就是从空中探索北极地区。此后，阿蒙森一直在北极地区从事探险事业，直到他56岁那年在搜救失踪人员时遇难。

阿蒙森抵达南极点一个多月后，斯科特也到了那里，并发现了前者留下的旗帜和帐篷。在返回大陆边缘的路途上，斯科特和他的四位同伴遭遇了极强的低温。严酷的气候环境加上错失首先抵达南极点的心理打击，导致五名探险队员先后遇难，他们死时还携带着十多公斤的岩石标本。

第一次世界大战结束之后，南极考察进入了航空时代。1929年，美国海军航空兵中校伯德（Richard E. Byrd，1888—1957）率领的探险队第一次完成了到达南极的空中飞行。伯德自称也是第一个飞越北极的人，但此事一直存在着争议。

第一次飞越南极以后，伯德和他的队友通过飞行考察南极大陆，并拍摄了大面积的航空照片，用回声测深雷达探测了大陆冰盖的厚度，进行了航空磁力和重力测量。航空探测大大提高了考察的效率，并发现了横贯南极大陆的山脉，为绘制地形图和掌握冰盖结构提供了宝贵的资料。

在极地从事航空考察同样存在着危险，恶劣的天气、地磁暴导致的飞机磁罗盘失灵等意外情况，严重威胁着飞行员的生命安全。仅 1935—1959 年的二十多年中，美国就有 50 架飞机坠毁。因此，航空时代的考察也应该称为“英雄时代”的考察。

第二次世界大战以后，南极考察进入科学时代。科学考察替代了寻找新大陆的商业目的，以及成为第一个到达极地点的人的“英雄主义”的目标。“二战”以后，尤其是 1957—1958 年的国际地球物理年，极地考察事业有了极大的进展。在此期间，上千名科学家到达南极大陆。1957 年，美国在南极点建立了永久性科学考察站——阿蒙森－斯科特站，以纪念第一个到达极点的挪威探险家阿蒙森，和一个多月后到达并因此献身的英国探险家斯科特。

为了协调各国的工作，1958 年在国际科学理事会（ICSU）下成立了“南极研究科学委员会”（SCAR）。经过反复协商，1959 年 12 月 1 日，由第一批建立常年考察站的 12 个国家发起签署了《南极条约》。这个为期三十年的条约，宗旨就是“合作、和平与友谊”。条约规定南极洲仅用于和平目的，禁止军事设施，冻结各国对南极的领土要求，发展科学研究。《南极条约》的签订保证了在这一地区进行科学考察的自由，使这里成为没有国界、没有战争、科学高于一切的圣地。

南极大陆没有常住居民，从20世纪50年代开始，一些国家陆续建立起常年观测站。目前，南极洲建有150多个科学考察基地。每年夏天在那里工作的科学家有几千人，冬天也有数百人坚守。多年来，这里的各国科学家从深海到高空，在冰川学、生物学、医学、地质与地球物理学、大气科学、海洋科学等方面取得了重大的突破。

一个国家的经济实力和科技水平，在科学考察中也充分体现出来。南极地区不但是国际合作的重要平台，也是各国展示实力和水平的科学竞技场。中国在1981年成立了国家南极考察委员会，并派遣科学家到澳大利亚、新西兰、阿根廷、智利、日本等国设立的观测站参与考察。1984年，中国首次派出了由五百多人组成的考察队，并于1985年在乔治王岛上建立起中国第一个科学考察基地——南极长城站。

1989年7月，中国学者秦大河（1947—　）参加了徒步横穿南极大陆的科学考察，并在经过南极点和“不可接近地区”后，于1990年3月3日抵达苏联和平站，成为中国徒步横穿南极大陆的第一人。他在考察过程中采集了800多个雪样，成为世界上第一个拥有极地表面一米以下冰雪标本的科学家。

❁ 大国的扇形顶点

与南极的情况不同，北极是由一片厚度不大的冰层覆盖着的大洋盆地。这个盆地被周围的陆地环绕，这些陆地以及周围的岛屿很早就有人居住，并被北冰洋沿岸国家分占。北极地区是国际政治的焦点之一。世界的强国和大国主要在北半球，这些大国在地理位置上形成了一个扇形区域，北极就位于这个扇形的顶点上。

北极探险很早就开始了，欧洲人积累了这一带陆地边缘丰富的科学资料。目前，北冰洋中心区域不归属于任何国家，各国学者可以自由开展科学考察与研究。永久性的观测站还需要以陆地为根基，但是到了20世纪，北冰洋周边的陆地和多数岛屿已经有了国家归属，唯一的例外是位于北极圈内的斯瓦尔巴群岛。这里是最接近北极的可居住地区之一，直到20世纪初期还没有任何国家对其施行有效的行政管理。随着其地理位置的重要性逐渐凸显以及矿产资源开发逐步增温，多国政府开始了外交谈判与协商。1920年，英国、美国、丹麦、挪威、日本等18个国家在巴黎签订了《斯瓦尔巴条约》。条约承认挪威具有领土主权，但缔约国的公民也可以自由出入。1925年，中国等33个国家也加入其中，这为中国在北极建立科学考察站提供了便利。

由于穿越北冰洋的航线是联系亚洲、欧洲和北美洲的捷径，从16世纪到19世纪，数以千计的探险家用了大约四百年的时间，目的就是打通这一带的东北和西北航道。东北航道指西起欧洲西北部，经欧亚大陆和西伯利亚的北部沿岸，穿过白令海峡到达太平洋的航线；西北航道是从格陵兰岛，经加拿大北部到达阿拉斯加北岸，这是大西洋和太平洋之间最短的航线。欧洲人试图通过这些航道到达富庶的东方，而不必绕道非洲。但是最终人们意识到，穿越北冰洋的航行过于艰难，毫无商业价值。四百多年的探险活动，以五百多人的生命换取了地球最北端的知识。至今，这些英雄人物的名字仍然留在北极地区的很多岛屿、海峡和海湾名中。

在探寻通往东方的北极航线的众多故事中，最悲壮的当数1845年英国人富兰克林（John Franklin，1786—1847）率领的、拥有两艘航船和约 130 人的船队。富兰克林具有丰富的北极探险经验，船队又配备了足够三年的补给，却在出发两个月后就失去了音信。以当时的技术实力和规模，探险队的全军覆没是不可思议的。此事引起了全世界的关注，加上英国政府悬赏两万英镑寻找失踪的船队，因此在其后十余年的时间里，世界各国的数十艘船在加拿大北极地区开展了大范围的搜救。直到 20 世纪 80 年代，还有学者在查找富兰克林探险队全军覆没的原因。虽然在后来的搜救中有更多的人为此献出了生命，但这场行动推动了对美洲北部区域的详细考察，尤其是对加拿大一带的群岛，人们有了全面的认识。

在航海的过程中，探险家在使用指南针时必须学会区分地磁北极和地理北极。因为指南针指向地磁极，而人们的目标多是地理极。因此寻找地磁北极的具体地点，就成为重要目标之一。1829—1833 年，英国探险家罗斯（John Ross，1777—1856）发现了北磁极点的具体位置。

德国地理学家皮特曼（August Heinrich Petermann，1822—1878）曾经参与北极探险，并绘制了大量的南、北极地图。他猜想，从南部海岸过来的海洋暖流一直往北，可能会形成一条无冰的航道，沿这条航道能够到达北极点。他在 1865 年绘制了标有这条航线的地图，并在 1869 年根据新的资料，将其修正以后出了第二版。在这张地图上，既有过去几百年北极探险获得的资料，也有地理学家猜想的成分。如果按照这张地图的设想，北极点附近是能够通航的，那么欧洲到达太平洋的距离就会大大缩短。于是很多探险家开始寻找这条通往北极的“无冰之路”，尽管每一次尝试都以失败告终，却推动了北极探险的不断深入。

进入 19 世纪下半叶，探险活动的方式和内容逐步改变，科学观

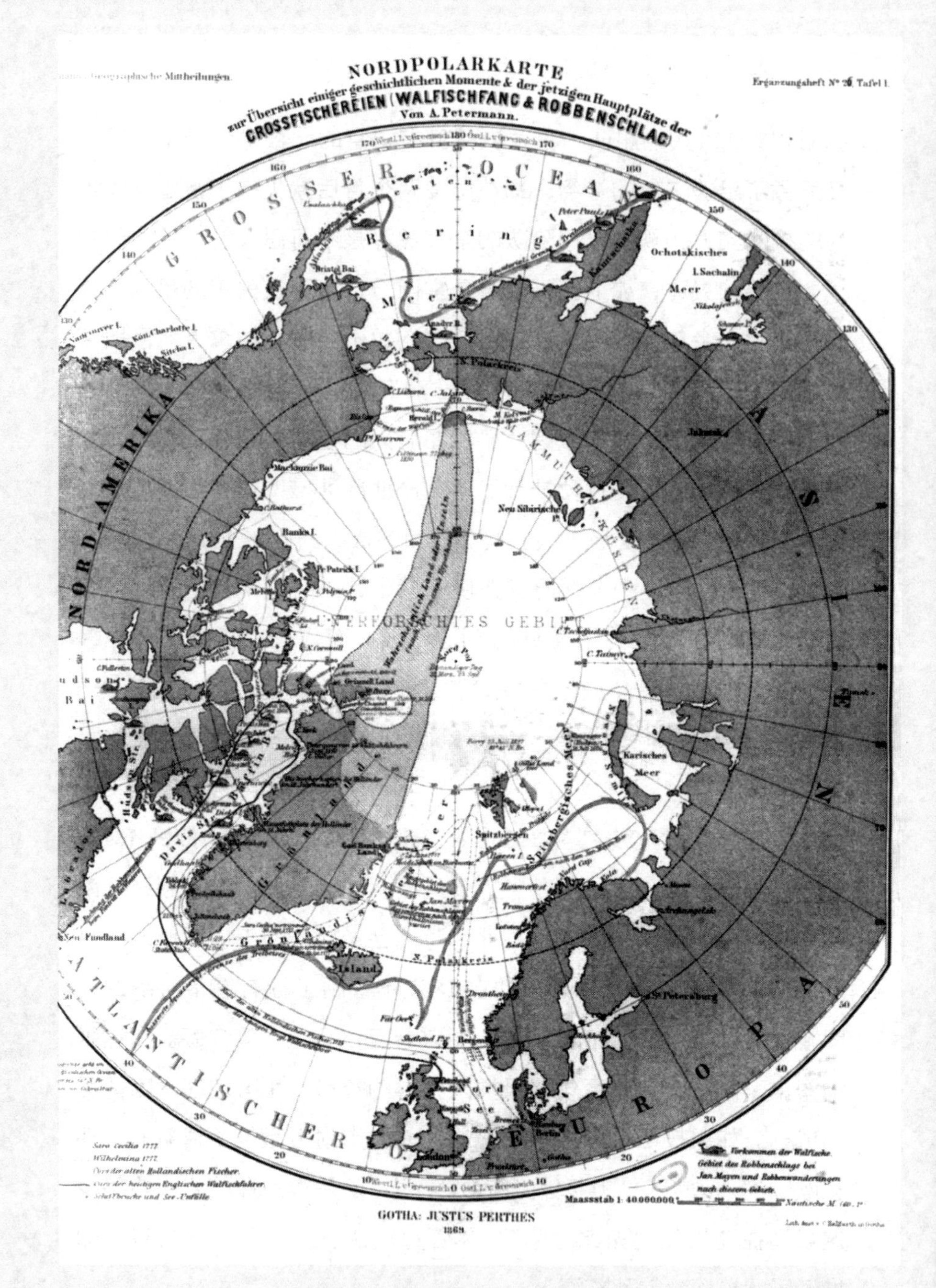

1869 年皮特曼绘制的可达北极的航线图

测成为重要内容。1875 年，奥地利探险家魏普瑞特（Carl Weyprecht，1838—1881）提出，科学考察应该代替地理发现。他建议在北极地区建立考察站，配备科学仪器，以进行长期、连续的观测。他的建议得到了国际社会的广泛支持，并推动了第一个国际极地年的诞生，而这次活动的重点就在北极地区。从此，这里由探险时代进入科学考察时代。

1867 年，美国用 720 万美元从俄罗斯手中购买了阿拉斯加，使其成为美国的第 49 个州，并开始了对北极一带的系统考察。从那时起至今，美国对白令海北部的海洋和气象观测从未中断。1879 年，美国探险队驾驶的“珍妮特号”在白令海峡附近失事。

“珍妮特号”被海冰裹挟向西北漂移，三年后船只碎片漂流到格陵兰岛西南海岸。这使挪威探险家南森（F. W. Nansen，1861—1930）意识到，北冰洋存在着源自西伯利亚，穿越北极，并最终到达格陵兰的海流。为了证实海流的存在，南森制造了“弗雷姆号”考察船。这艘船外壳呈碗形，可以在海冰冻结后升到冰面，以避免被冻结的冰块挤碎。“弗雷姆号”随冰漂流并穿越北极中心地带，从而证明了穿极洋流的存在。这艘船更像是一个漂移的观测站，这也是北极探险史上第一次纯粹的科学观测。

进入 20 世纪，各国开始在北极地区建立永久性科学观测站。在北极建立的陆基观测站和浮冰站多达几百个，观测内容主要涉及冰雪、海洋、环境、遥感遥测、生物生态等。距离北极最近的几个大国，在这里开展的科学研究最多。

利用飞机考察北极始于 1929 年，这一年苏联建立了极地飞机编队。1937 年，苏联的飞机在北极点着陆，并建立起北极浮冰站，详细观测了北冰洋海流和气象，还通过声探测技术初步掌握了北冰洋海底的地势情况。此后苏联组织了一系列科学考察，取得了大量的数据。但是这些数据直到第二次世界大战期间，因盟军作战的需要才对外公布。

美、苏两个世界强国本是战时的盟友，第二次世界大战结束以后却出现了裂痕，并把世界分成了两个对立的政治集团，从而导致在 1947 年至 1991 年之间，世界进入了持续四十多年的冷战时期。这个时期地区冲突不断，“冷战”随时有演变成“热战”的危险。北极正好处于以美、苏为首的两大敌对阵营的中间区域，因此两国纷纷开展服务于军事的科学观测。军事需求带动了科学考察，飞机与核动力潜艇开始发挥重要作用。20 世纪 50 年代气象卫星的应用，更是提供了大面积的观测数据。

1987年，美、苏两国的首脑会议提出开展北极合作考察。最终，国际协调组织——“国际北极科学委员会”于 1990 年诞生。这个组织以科学考察和环境保护为目的，除了拥有北极领土的八国外，德国、英国、日本等国也加入其中，中国取得了观察员的身份。1991 年苏联解体以后，紧张的军事对峙局面消失。以 1995 年第一次北极科学规划会议的召开为标志，北极地区研究进入了大规模国际合作的新时代。

北半球中纬度地带是人类的主要居住区，这里的气候也受到了极地的影响。同时，北极地区资源丰富并且难于开发，因此现在除了在此有领土的八国之外，其他国家也开始重视对北极的研究。1995 年，中国科学院组织了北极科学考察。1996 年，中国正式成为国际北极科学委员会的第 16 个成员国。在世纪之交的两次大规模考察之后，中国根据《斯瓦尔巴条约》，于 2004 年在斯瓦尔巴群岛建立了第一个科学考察站——黄河站。

❁ 世界屋脊

青藏高原是世界上海拔最高、形成时间最晚的高原，素有“世界屋脊”、世界第三极之称，被国际科学界誉为“打开地球动力学大门的金钥匙”。高原的隆起不但对其自身，而且对毗邻地区，特别是中国东部的自然环境和人类活动产生了巨大的影响。2009年，中国科学家发起了“第三极环境”（TPE）国际计划。该计划以“水—冰—气—生—人类活动”之间的相互作用为主题，准备通过开展国际合作来研究青藏高原和喜马拉雅山脉的环境变化，从而推动气候变化、冰川变化、冻土变化、水资源变化、生物多样性以及人类影响等方面的研究工作。

青藏地区的学术价值独一无二。这里拥有世界上除南、北极之外最大的冰储量，也被称为亚洲水塔。该地区的冰川孕育着亚洲几大河流，成为维系十几个国家、十几亿人生活的重要水源。这里自然条件独特，有许多世界罕见的自然现象与资源。因此，青藏高原在地学、生物学以及自然资源等诸多领域的科学价值巨大。

独特的地理环境，吸引着世界各国学者。早期西方人对于西藏的了解，源于马可·波罗等人记载的吐蕃王国。这是古代藏族在青藏高原建立的早期政权，延续了两百多年。从17世纪开始，就有来自欧洲的传教士和探险家进藏探险、绘制地图。西方人大批进入中国的西藏考察，是随着19世纪末期至20世纪初期兴起的中亚等地探险热潮，以及英国人两次武力入侵西藏而来。但是，在相当长的时期，人们对青藏地区的自然条件和资源情况缺乏全面、系统的认识。

国内学者关注西藏由来已久。早在20世纪20年代初期，地理学家竺可桢就提议“组织蒙藏探险团”。他感叹：“英俄日窥我蒙藏，探险之士，前后相望。夫以我国之土，彼却不惮险阻，卒能揭其真相以去。而我以主人翁之资格，反茫然无所知，宁非奇耻。”[①]但当时的中国，还没有能力在青藏高原组织科学考察。20世纪30年代初期，竺可桢作为中央研究院气象研究所所长，派遣地理学家徐近之（1908—1982）进藏筹建高原气象站。

国内关于青藏高原的大规模科学考察，始于20世纪50年代。1951年5月《中央人民政府和西藏地方政府关于和平解放西藏办法的协议》正式签署。中国科学院于同年组织了“西藏工作队”，分两批随军进藏。工作队的装备全部来自部队，50多名考察队员都是清一色的军人打扮。他们随身携带的工具只有计步器、气压表、罗盘和原来英国人手工测量的局部草图。

考察队进行了为期两年的野外工作。这是国内学者有史以来第一次在青藏地区开展的规模较大的科学活动。考察队员初步收集了沿线的地质、土壤、气象、农业、语言、历史等资料，绘制了路线图和重要矿区的详细地质图，并在20世纪50年代末期出版了《西藏农业考察报告》《西藏东部地质及矿产调查资料》。

在多种条件的制约下，20世纪五六十年代，国内学者还无法组织大规模的青藏高原综合考察，于是他们就结合登山运动开展工作。现代登山运动起源于欧洲的阿尔卑斯山，至今欧洲人还称登山运动为“阿尔卑斯运动”。19世纪，随着经济的发展，欧洲社会出现了经济富裕且有闲暇时间的新阶层，登山作为勇敢者的探险运动逐渐兴盛起来。但是阿尔卑斯山区缺少海拔5000米以上的高峰，为了寻找新的探险空间，19世纪末期至20世纪初期，欧洲人开始向

① 竺可桢：《竺可桢全集（第1卷）》，上海科技教育出版社，2004，第417页。

亚洲、非洲和美洲进军。

20世纪30年代至60年代初期，喜马拉雅山脉和喀喇昆仑山脉海拔8000米以上的十四座高峰相继被征服。最后一座尚未被人类征服的山峰是位于中国境内的希夏邦马峰，国际登山界对于这里的登山活动十分关注。1964年，中国登山运动员在登上珠穆朗玛峰以后，开始组织攀登希夏邦马峰。为此，中国科学院专门组织了科学考察队，随同登山队进行高山冰川、地质和古生物考察。通过这次考察，中国科学家对高山冰川有了深入的了解，并第一次对青藏高原的快速隆升有了定量的认识。

20世纪70年代，青藏高原开启了大规模科学考察的序幕。中国科学院组建了"青藏高原综合考察队"，考察队包括50多个专业的学者，于1973—1980年、1981—1983年和1988—1990年分三个阶段，先后对青藏高原主体地区开展了大规模的综合考察。到20世纪70年代末期，考察规模不断扩大，同期的野外工作人员已达200多人，将自然科学中的地学、宏观生物学领域许多学科都组织起来。组织这项工作的孙鸿烈（1932—　）形象地形容青藏高原综合考察"像梳头发似的，西藏的山山水水都被梳了一遍"[①]。这个阶段的考察，为中国的青藏高原科学研究奠定了坚实的基础，并在20世纪80年代获得了多项国家科技大奖。

改革开放以后，中国开启了大规模的国际科技交流与合作。1980年5月，在北京召开了青藏高原科学讨论会。这是改革开放以后在国内较早组织的大型国际学术会议，国外学者急于了解青藏高原的学术研究，报名十分踊跃。以这次会议为转折点，青藏高原的

① 《孙鸿烈访谈录》，《院史资料与研究》1996年第3期。

科学考察进入了国际合作的新阶段。

2017年，中国启动了“第二次青藏高原综合科学考察研究”。称其为“第二次”，是与20世纪70年代开始的大规模考察相对应。这次考察通过对水、生态、人类活动等环境问题的综合考察，揭示环境变化机理，为优化生态安全屏障体系、促进全球生态环境保护提供科学依据。持续了半个多世纪的科学考察仍然具有旺盛的生命力，中国学者称其为“青藏效应”，即探索自然奥秘的凝聚效应、不同学科的相互渗透效应、人才涌现的催化效应和不断扩展的社会效应。

第二节　大科学

大科学计划是人类开拓知识前沿和解决重大的、全球性问题的重要手段，是新时代国际合作的主要方式，也是一个国家综合实力、国际影响力和科技创新能力的体现。2018年国务院印发的《积极牵头组织国际大科学计划和大科学工程方案》，标志着中国的科技创新进入了新的历史阶段。

进入20世纪，随着科学研究不断深入以及在社会经济中发挥越来越重要的作用，人文地球面临的问题越来越复杂、规模越来越大，研究的成本和能力要求已经远远超出了一个国家的实力，需要各国学者的通力合作。为了解决全球性的科学问题，国际组织发起了各种大科学研究计划，这些计划得到了多国政府的积极响应，并成为进入国际科学前沿和提高本国实力的重要途径。

自从改革开放以后，中国开始大规模参与其中。中国参与了众多计划，多数涉及人文地球领域的内容。以中国科学院为例，20世纪 80 年代牵头的八个国际计划中，有五个属于地学领域；从 20 世纪 90 年代开始，50 余项国际研究计划，中国参与了其中的 20 余项，学术领域集中于全球变化、生态环境、生物与地球科学领域。

大科学计划能够具有强大的号召力，是因为它的目标是为全人类服务。人文地球领域的大科学计划，通常是围绕一个总体目标进行跨学科的大规模、大尺度的合作。而全球性、大尺度，正是人文地球各学科的共同特点。

国际上最早实施的大科学计划是“国际极地年”，这项活动被誉为科学界的“奥林匹克”盛会。该计划起初侧重于南、北极地区的考察，后来扩大到全球范围。国际极地年计划至今已经实施四次：第一次在 1882—1883 年；第二次在 1932—1933 年；第三次在 1957—1958 年；第四次在 2007—2009 年。我们不妨顺着国际极地年的历史脉络，回顾大科学计划的形成与发展历程。

❁ 第一次：国际极地年（IPY）

第一次国际极地年活动在 1882—1883 年间举办。此前世界上还没有大型国际科技合作的先例，各国学者或者独立、或者小规模联合开展野外考察与研究。16—19 世纪，距离北极较近的欧洲各国不断派遣探险队赴北极考察，其中就有奥匈帝国的探险队。对于 1867—1918 年间仅存在了半个多世纪的奥匈帝国，有些读者已经十分陌生了，但是这个位于欧洲东南部称霸一时的国家，曾经组织过多次世界探险。

1872—1877 年，魏普瑞特作为奥匈帝国的探险队队长，意识到面对全球性的地球物理现象，由一个国家成立的探险队无法在短期内独立完成观测任务，需要多国的参与甚至协作。在他的倡议下，国际气象组织发起并组织了第一个国际极地年。魏普瑞特积极参与了这项活动的早期筹备工作。不幸的是，在国际极地年正式开始前一年，他因肺结核病去世。

第一次国际极地年以南、北两极考察为主，以地球物理现象为重点，共有 11 个国家的 15 个考察队同时在北极（13 个）和南极（2 个）开展工作，全世界 35 个不在两极地区的地磁和气象台也参与了观测。由于是第一次大规模的国际科学合作，以及受到技术条件的限制，这次合作并不顺利。美国的一艘考察船，船上 25 名成员中有 19 人因饥饿致死，不得不终止考察。荷兰的一艘考察船在航行的途中被冰冻在海面，只好就地观测而没能到达预定的地点，最终考察船因漏水而沉没。其他国家的考察队也多多少少都有损失，有考察船搁浅的，有科学仪器丢失或损坏的，有人员伤亡的……最终的考察报告先由各国出版，因此一些国家的考察报告中包含了非极地地区的内容。报告的出版速度十分缓慢，直到 1910 年，第一次国际极地年的观测数据才全部汇总完成。尽管如此，第一次国际极地年还是让各国看到了合作的益处，进入 20 世纪以后，不断有学者倡议再次组织国际极地年活动。

第二次：“国际极地年”（IPY）VS“世界年”

进入 20 世纪，随着飞机和海洋交通工具的不断进步，人们需要北极地区更为准确的天气预报来保证航空和航海的安全。极区电磁过程对电报、电话和电力线的影响，也逐渐引起人们的重视。第一次国际极地年活动举办 25 年以后，就不断有学者提出应该举办第二次全球观测。但此时全世界笼罩在经济大萧条的阴影之中，企业大量破产，生产锐减，市场萧条，失业人数激增。同时，世界各地的军事冲突不断，导致无法举办全球性的活动。

第一次国际极地年活动举办50年以后，第二次国际极地年活动在洛克菲勒基金会的资助下，于1932—1933年间举行。由于世界经济的影响，考察主要集中于北极地区。南极地区只有美国组织了第二次南极考察，并建立起第一个南极内陆观测站。

第二次国际极地年增加了季风区域的高山观测和贸易风带的高空探测，超出了南、北极的区域范围，以至于有学者建议把这次活动改为“世界年”（World Year）。但是最终，人们还是沿用了国际极地年的名称。为了扩大范围，国际气象组织邀请各国气象台赴南、北极或者在高山地区设立观测台站。

此时中国已经有了中央研究院气象研究所和青岛观象台等机构，虽然还无力参与两极的考察，但应国际气象组织的邀请，在中华教育文化基金会的资助下，购买了气象设备，在泰山、峨眉山和崂山设立了三个高山测候所。此外，青岛观象台和上海佘山天文台也参与了第二次国际极地年的观测。

与50年前不同，这个时候各种仪器和设备的技术水平已经有了很大的进步。安装有无线电机具的气象气球、观测太阳黑子的磁电机等新的设备，大大提高了数据的精准度和效率。航空观测成为第二次国际极地年的重要手段，这是与第一次国际极地年的重大差别。第一次的永久观测站只能建立在北极地区的陆地或者岛屿之上，航空运输使在北极附近的浮冰上建立永久台站成为可能。

各国学者在不同地区的同时观测，利于获得更大范围内的精准数据。当然，50年的周期是人为的规定，因此各种地球物理数据不可能都是在最佳观测期。比如1932—1933年正是太阳黑子活动的平静期，因此并不是最佳的观测期。尽管如此，第二次国际极地年的活动仍然大力推动了气象、大气、地磁、极光、水文、无线电等学科的发展。

活动结束以后，第二次国际极地年的数据汇总仍然遇到了很大的困难，后续经费的不足拖慢了数据汇总的进度。1939年第二次世界大战全面爆发，更使这项工作雪上加霜。地磁观测资料的整理工作，直到1951年才完成。还有一些数据直到1957年第三次观测开始时，也没有整理完成。

第三次：国际地球物理年（IGY）

第二次国际极地年活动举办25年以后，鉴于第二次世界大战期间以及战后快速发展的火箭、雷达和卫星技术，各国学者决定把50年一次的“国际极地年”改为25年一次。这个提议得到国际科学理事会等国际性学术组织的支持，并在其下设立了国际特别委员会（CSAGI），负责全面规划项目、技术指导和出版资料等工作。为了组织并推进各国的分工与合作，许多国家成立了本国委员会。

从1957年7月1日到1958年12月31日，世界各国共同对南北两极、高纬度地区、赤道地带和中纬度地区进行了一次联合考察。为了观测太阳耀斑，一些工作提前一周就开始了。这次活动的目的，是研究地球的大气圈、岩石圈和水圈的各种物理现象及其变化规律，以解决社会经济与科学理论的重大问题，于是国际科学理事会将第三次国际极地年改名为“国际地球物理年”。

此时第二次世界大战已经结束十余年，各国经济得到恢复，科学也快速进步。于是国际地球物理年成为有史以来规模最大的国际科学观测活动。这项合作要求世界各国对地球物理现象进行同步观测、相互交换资料。与前两次活动相比，这一次在技术上有了更大的飞跃，火箭与人造卫星探测成为新的工具。

1954 年设计的国际地球物理年纪念章

南极地区成为国际地球物理年的重点考察区域，这次活动也成为南极研究的里程碑。对南极地区的重视，从 1954 年国际特别委员会设计的徽章图案中就可以反映出来。徽章展示了卫星的作用，并强调了对南极地区的重视。这次合作直接促成了《南极条约》的诞生，标志着和平利用南极时代的开启，也是人文地球进入大科学时代的重要标志。

除了继续对两极地区进行观测以外，这一次合作还扩展到中纬度和低纬度地区，甚至大洋深处。在观测区域不断扩大的同时，研究内容也扩充了不少，涉及气象学、地磁和地电、极光、气辉和夜光云、电离层、太阳活动、宇宙线与核子辐射、经纬度测定、冰川学、海洋学、天文学与重力测量、地震学等。这些研究的共同特点，就是需要在地球上的各个区域进行长时间的同步观测，才能获得可靠的数据。为了组织并推进工作，各国分别成立了本国委员会。国际组织按照地理区域定时召开会议，这些区域包括了北极区、西半球区、南极区、东欧区和南非区。

此时正处于冷战时期，以美、苏为首的两大阵营均对这次联合活动表示积极参与，从而使得国际地球物理年的活动既有合作，也存在着竞争。1955年，苏联给所有社会主义国家发函，告知苏联科学院已经组建了国家级委员会，并建议各国积极参与。国际特别委员会在促进各国合作的同时，也需要协调两大阵营之间的关系。

1957年10月，苏联发射了人类历史上第一颗人造地球卫星，引起世界各国的巨大反响。这让美国人第一次意识到，苏联的科学技术水平有可能超越美国。1958年2月，美国将第一颗科学卫星送入地球轨道。此后，不断升级的两国科技竞争，对双方的科技进步产生了深远的影响，并直接导致美国开启了长达十年的“科教兴国”改革运动和总统科学顾问委员会的建立。

国际地球物理年期间，全球范围内有2456个已有或新建的台站参与观测，其中22%属于美国，9%属于苏联。共有十万科学家和同等数量的辅助人员参与。从1958年到1970年，《国际地球物理年年报》出版了48卷，内容包括工作手册、会议报道、数据表格和学术论文等。

第四次：国际极地年（IPY）

大科学计划促进了国际同行的交流与合作，也加快了各学科之间的交融与渗透，随之而来的是新兴学科、交叉学科的不断涌现。许多观测、实验、测量、计算和模型的建立，都是多个学科共同参与的结果。在不断交融之中，学科之间的联系愈加紧密。例如在高等院校中，地质学和地球物理学这两门独立学科教学内容的差别，自20世纪六七十年代开始逐渐缩小。

国际极地年，尤其是国际地球物理年的成功合作模式，促使此后出台了多项国际合作计划，如20世纪60年代的国际宁静太阳年计划（IQSY）、国际地壳上地幔计划（IUMP）、国际磁层计划（IMS）、国际生物学计划（IBP）、全球大气研究计划（GARP），20世纪70年代的国际地球动力学计划（IGP）、深海钻探计划（DSDP）、国际大洋钻探计划（IPOD）、国际地质对比计划（IGCP）、世界气候研究计划（WCRP），20世纪80年代及以后的国际地圈生物圈计划（IGBP）、国际岩石圈计划（ILP）、国际日地物理计划（ISTP）、人与生物圈计划（MBA）、全球环境变化的人类影响国际研究计划（HDP）、地球系统科学观测计划（ESSOP）等。这些计划分别关注固体地球、大气圈和生物圈，研究时间也比国际极地年长。改革开放以后，中国参加了大部分国际计划，其中多数计划涉及人文地球科学领域。

1982年是一个特殊的年份：第一次极地年100周年、第二次极地年50周年、第三次极地年（国际地球物理年）25周年。此时极地研究有了重大进展，全球观测网逐步形成，仪器的自动化水平显著提高，关于两极的科学资料愈加丰富。在寻找石油资源和地缘政治等因素的推动下，北极地区的地质、地球物理和环境研究一直具有较高的水平；在南极地区，科学家发现了陆相哺乳动物化石和陨石，国际上关于南极的地球科学讨论会已经举行了四届。三次极地年为科学研究带来了持续的动力，不少学者呼吁举办第四次国际极地年活动。此时的中国开始改革开放，中国学者也跃跃欲试，打算加入这项国际合作之中。但是到了20世纪80年代，人文地球领域已经或正在实施的大科学计划已有很多，第四次国际极地年活动最终没能在1982年举办，而是在国际地球物理年50年以后，于2007—2009年间举办。

第四次国际极地年的工作重点是了解气候与环境、生态系统和社会的相互作用。整个活动耗资约 30 亿美元，涉及 200 多个科研项目。这次除了延续以往三次的科学目标外，还希望通过这次行动推动全球观测台站网络建设、造就新一代研究人才、普及科学知识。为了达成后两个目标，国际极地年组织还专门设计了教育计划的路线图。第四次国际极地年共设立了 170 个科学数据管理项目和 57 个教育扩展项目，以及一个综合数据服务计划。

第四次国际极地年计划实施时，不但已经有了前三次的工作经验，而且其在众多大科学计划兴起之后，也积累了丰富的组织管理经验。与以往几次一样，这次国际极地年开始之前的 2005 年 5 月，成立了由多国著名科学家组成的专门委员会。委员会负责制订计划、定期组织工作会议和学术交流，以及其他沟通与协调工作。国际地球物理年的五次会议全部在欧洲举行，而第四次国际极地年的八次会议是在欧洲和加拿大召开，并在北京和东京建立了办公室。

与前三次国际极地年不同，第四次国际极地年期间国际交流的途径和渠道已经多样化，一些国家开始建设独立的网站，及时公布研究动态和最新成果。虽然总体目标定于 2007 年 3 月开始、2009 年 2 月结束，但是各国开始有早有晚，观测数据最终于 2010 年汇总完成。

国际极地年与人文地球其他大科学计划稍有不同。由于其初衷就是获得全球同步观测数据，因此不像其他大科学计划，一开始就制定了详细的步骤，并有明确的科学目标和参数以衡量最终的成果。国际极地年委员会把各方面提出的 900 多个建议汇总为若干研究主题，如：利用极区独特的地理优势开展“日—地—宇宙”系统的观测；增强对极区与全球其他区域相互作用过程和调控机制在所有尺度的关联研究；定量了解极区自然和社会环境在过去、当前的变化以及未来的趋势等。

中国虽然是首次正式参与国际极地年活动，但是在此前已经参与了多个国际大科学计划，积累了丰富的国际合作经验。中国是第四次国际极地年的发起者之一，并专门成立了“国际极地年中国行动委员会”，其中在南极考察中牵头组织了极地年的 PANDA 计划。该计划全名为“南极普里兹湾—埃默里冰架—冰穹 A 的综合断面科学考察与研究计划”，英文缩写为 PANDA，所以又称为“熊猫计划”。在此次活动中，中国有上千名科学家参与了极地科学考察，并建立了我国在南极内陆的第一个考察站——昆仑站。与此同时还组织了两次北极考察。通过这些工作，中国拓展了南、北极考察的空间，深化了多学科研究，加强了国际合作。

第三节　全球变化

19 世纪的人文地球科学领域，形成了以关注地球某一部分为主的众多学科，如研究地球表层空间地理要素的地理学，研究大气圈层的气象学，研究岩石圈层的地质学，研究海洋自然现象、性质及其变化规律的海洋学等。在两百多年的实践中，科学家通过对地球各个组成部分的探索，逐渐发展并完善了各自的学科体系和理论方法。但是他们也逐渐发现，自然过程并不局限在地球的各个圈层内部，也会发生在圈层之间。进入 20 世纪后半叶，在关注地球各组成部分之间关联性的过程中，众多交叉性、综合性的大科学计划随之产生。

20世纪70年代，全球性的资源短缺、环境污染、土地退化、人口危机等问题日渐突出。社会经济的可持续发展，要求科学家能够帮助解决因环境恶化带来的一系列问题，诸如水资源短缺、粮食与食品供应紧张、生态系统恶化、生物多样性破坏，以及人类健康恶化等。于是科学家纷纷走出狭窄的领域，把地球作为一个整体来关注，即把地球的各个组成部分，包括大气圈、水圈、岩石圈、冰冻圈和生物圈之间的相互作用，地球上发生的物理、化学和生物基本过程及其相互作用，以及人类与地球的相互作用联系起来。

地球炎凉

1974年，美国加利福尼亚大学化学系教授罗兰（Frank Sherwood Rowland，1927—2012）和莫利纳（Mario J. Molina，1943—2020）在《自然》期刊上发表文章，分析了氯氟碳化合物等人造有机化合物的气体破坏臭氧层的机理，此文引起了公众的担忧。美国国家科学院为此进行了科学调查，科学家发现南极的臭氧层确实在变薄，世界各地陆地观测站的数据也显示出臭氧有逐渐减少的趋势。臭氧主要分布在高空的平流层中，并通过屏蔽紫外线保护着地球上的生命。臭氧层的破坏使过量的紫外辐射到达地面，危害生命健康。同时也造成平流层温度的变化，导致地球气候异常。科学家的发现引起了社会的恐慌，保护臭氧层的呼声日益高涨。

就在全世界关注臭氧保护的问题时，1975年，美国未来学家庞特（Lowell Ponte，1946—　）出版了《全球变冷：又一个冰川世纪已经来临？我们能够渡过这一难关吗？》。书中预测，又一个冰川世纪在不远的将来即将来临，温度的降低将导致粮食的大量减产。此书的出版，又将人们的关注点从紫外线对生物的影响转移到了粮食短缺导致的饥饿问题。

进入20世纪以后，气候变暖的趋势逐步明显，但这种变化并非直线上升，而是有起有伏。对此，科学界一直存在着全球“变暖—变冷”之争，变冷说在20世纪70年代初期一度占据了上风。天文学家根据地球运转轨道周期变化的分析，提出了全球变冷说。这个观点得到了冰川学家的支持，他们是从冰芯中分析出全球气温变化的周期性规律，并预测未来即将降温。此时，极寒天气的观测记录，为这种观点提供了数据支撑。

20世纪下半叶，全球气温上升的趋势逐渐明显。到20世纪80年代末至90年代初，“全球变暖”又成为主流声音。无论是变暖或者变冷，都会导致两极和赤道之间温差变小，而缺少了热动力的驱动，全球大气环流将受到严重影响。因此，这个问题已经不是简单的科学问题，它开始进入公众的视野。

科学家的响应

以全球变暖为主要特征的全球环境变化，成为全世界面临的巨大挑战，深刻地影响着人类社会的发展。全球变化研究计划应运而生，并很快成为迄今为止规模最大、范围最广、持续时间最长的国际合作研究计划。它超越了传统的学科界限，涵盖了以地球各要素为对象的多个学科领域，涉及地球科学、生物科学、环境科学、数学和物理学、天体科学、极地科学、社会科学、遥感与网络化技术应用以及数据库等众多的领域。“全球变化研究”被喻为可以与19世纪的“进化论”、20世纪的“板块构造学说”并称的地球科学的第三次革命。

全球气候变暖的趋势，引起了世界各国的普遍注意。根据气象学家的统计，自 1910 年到 1940 年，全球年平均气温升高 0.33 度；1931—1950 年间平均温度比 1901—1930 年间升高了约 0.4 度。全球变暖的认识不仅仅来自观测数据，人们在生活中也逐渐感受到了变化：霜期缩短导致农作物生长期延长，生活在格陵兰南部温暖海洋中的鲱鱼向北移动了几百千米…… 科学数据和生活经验都在提醒着人们，全球在变暖。但是这种变化是长期的大趋势，还是历史时期正常的气候波动？学者之间的观点并不一致。这种变化是否受到人类活动的影响？这个问题更加敏感，并且超越了学术领域。除了科学家，政治家、商人、普通社会人士也加入到争论之中。

全球气候与环境问题，首先引起了科学家的关注。早在 20 世纪六七十年代，一些学者就呼吁关注全球气候变化问题。但是，在开始的一二十年进展并不顺利，多数科学家还不认可人类活动对全球气候有影响，认为气候的变化源自自然的波动。但是仍然有一批学者为推动国际合作在不懈努力。美国方面的代表性人物，是美国气象学会和地球物理联盟主席、肯尼迪总统顾问马隆（Thomas F. Malone，1917—2013）。1961 年，他在联合国的演讲中提出了一项有关天气和气候的国际研究倡议。1970 年，他作为国际科学理事会环境问题科学委员会秘书长发表演讲时，谈到了全球变暖问题，敦促国际社会采取措施应对气候变化。

1977 年，由马隆担任主席的美国国家科学院地球物理委员会的报告，再次提出了警告：世界各国需要在气候发生不可逆转的变化之前，明智和一致地采取行动。1984 年，作为美国国家科学院大气科学和气候委员会主席，他在美国国会的听证会上就美国国家科学院的报告《气候变化》作了说明，并呼吁建立一个“国际科学家网络”，以便在全球环境问题方面达成广泛的国际共识。

此时的欧洲，科学家也在为解决全球环境问题而努力。瑞典气象学家伯林（Bert Bolin，1925—2007）是最早研究碳排放的学者。1959年4月28日，《纽约时报》的一篇报道中就提到：“斯德哥尔摩大学的博尔特·伯林教授认为，仅仅40年的时间，大气中二氧化碳的含量从化石能源使用初期水平的25%上升到30%，这一因素将会对气候产生根本性的影响。”[①]

20世纪70年代，人类排放大量二氧化硫等酸性物质导致雨雪或其他形式降水的pH值小于5.6，从而造成了环境污染。北欧首先发现了酸雨，于是伯林与其他一些欧洲学者开始关注这个问题，提出了酸化概念。这个观点遭到了一些科学家的质疑和反对，他们认为酸雨和二氧化碳等温室气体，不会影响气候变化和破坏环境，气候和环境的变化主要在于自然原因，与人类活动无关。于是伯林努力用观测数据来证明自己的观点。

伯林的观点得益于精准的测量数据。经过各国科学家的不断努力，环境问题逐渐引起国际社会的广泛关注，并成为全球性的共同话题。以崇高的声望和优秀的学术组织能力，伯林在1967年发起了全球大气研究计划（GARP），并担任该委员会的首届主席。这个计划为1979年启动的世界气候研究计划

> **小贴士**
>
> **全球大气研究计划（GARP）**
>
> 随着数值天气预报的发展和气象卫星的应用，为了更好地了解全球气象体系，1967—1979年间，世界气象组织和国际科学理事会共同发起了一项全球大气综合观测试验研究的长期计划，即“全球大气研究计划”（GARP）。

① 肖芳：《博尔特·伯林和他的科学事业》，《气象科技合作动态》2008年第6期。

（WCRP）奠定了基础。

四大科学计划

大科学研究计划是自然科学和社会科学的重要发展方向。进入20世纪80年代，建立和实施交叉学科的重大国际计划，已经成为推动科技进步的重要途径。这些计划因其在科学上的先进性和权威性，吸引世界各国科学家参与其中，从而促进了相应科学领域的快速发展。

全球变化研究计划是一个庞大的计划体系，主要由四个内容上密切联系又彼此相对独立的国际研究计划组成：世界气候研究计划（WCRP，1979—2018）、国际地圈生物圈计划（IGBP，1984—2015）、国际全球环境变化人文因素计划（IHDP，1990年开始）、国际生物多样性计划（DIVERSITAS，1991年开始）。每个计划又由若干研究目标、内容不同的核心计划、支撑计划和区域计划构成。国际科学理事会第24届全体会议上认定，这四个计划共同构成了“全球变化研究计划”。

随着全球气象灾害频发，全球变暖、大气酸雨、厄尔尼诺现象、西非干旱……这些问题仅从大气本身很难解释。20世纪70年代，短期数值天气预报取得了巨大进展，但如果想延长预报时效，原有的大气模式就必须考虑海洋、陆地、冰雪等因素。1972年，联合国在瑞典斯德哥尔摩召开了人类与环境会议。这是联合国第一次组织召开的关于环境问题的重要会议。会议促使世界各国关注人类对环境的影响，并直接促成联合国环境规划署的建立。会上来自14个国家的30多位科技界顶尖科学家撰写了报告《人类对气候的影响》（SMIC），并建议世界气象组织和国际科学理事会共同组织“世界气候研究计划”（WCRP）。

1979年世界气象组织在日内瓦召开了第一届世界气象大会，来自53个国家和地区的约350名学者与会。会议正式决定由世界气象组织、联合国环境规划署和国际科学理事会共同组织“世界气候研究计划”。经过五年的论证，于1984年提出了该计划的第一个实施方案。计划的总目标，是确定气候的可预报程度和人类活动对气候的影响程度。该计划首次提出了由大气圈、水圈、冰冻圈、岩石圈和生物圈构成的“气候系统”，从系统论观点出发探究气候变化的原因、过程、趋势和影响。“气候系统”概念的提出，被认为是气候学领域的一次革命。

在世界气候研究计划论证的过程中，“国际地圈生物圈计划”（IGBP）诞生了。这是在1982年举办的国际地球物理年25周年纪念会上，由美国学者提出来的。如何实施这项计划？大家有两种建议，一种就是仿照国际地球物理年的模式，通过全球大规模的同步观测推进地球系统的研究；还有一种建议是仿照全球大气研究计划的模式，从社会需求出发，围绕一个特定的目标进行探索。经过反复讨论，国际组织采纳了后一种建议，并计划用十年的时间，以“全球变化”为中心组织国际学术合作。

1984年，在国际科学理事会第20届大会上，正式启动了“国际地圈生物圈计划”。中国气象学家叶笃正和符淙斌（1939—　）在会上作了题为“气候变化——全球及多学科研究课题”的报告，提出了将气候变化作为全球变化的中心问题。国际科学理事会于1986年启动了对“国际地圈生物圈计划”为期两年的论证，并于1988年确立了研究大纲。自1982年计划提出，经历了八年时间和数以万计科学家的努力之后，1990年计划正式实施，它标志着全球变化这个全新领域的诞生。叶笃正作为该计划的发起者之一，担任 IGBP 特别委员会的第一届委员。

是否把人文因素作为全球变化的重要内容之一，并纳入“国际地圈生物圈计划”的研究框架？学者的认识并不一致。考虑到该计划涉及的内容已经十分广泛，最终多数人支持围绕人文因素单列一个科学计划，由国际社会科学理事会（ISSC）组织实施。1986 年 12 月，ISSC 组织了首个讨论社会科学家参与全球变化研究路径的国际会议。第二年，以美国密歇根大学政治系教授雅各布森（H. K. Jacobson，1929—2001）为首的一批学者参照“国际地圈生物圈计划”，提出了“国际全球环境变化人文因素计划”（IHDP）。

1988 年 5 月，中国国家教育委员会和美国国家科学基金会根据基础科学合作协议，共同支持在北京大学召开“人类活动影响与‘全球变化’中美研讨会”。雅各布森率领美国科学家来华讨论。与会专家有社会学家、人口学家、经济学家、法律学家、政治学家、心理学家、地理学家、气象学家和科技管理者。会议的中心议题是，社会科学家如何在全球变化研究中发挥作用。同年 9 月，国际社会科学理事会在日本东京举行了世界人类活动与全球变化讨论会，号召社会科学家参与到全球变化研究当中，并于 1990 年率先在西方发达国家实施了这个计划。

当代科学事业面临着很多的困境：一方面，人类对未知领域的探索和增强改造世界能力的渴望是无限的；另一方面，社会能够为科学发展提供的资源、每位学者所能掌握的知识领域又是有限的。有限的资源、无限的前沿；有限的知识基础、无尽的研究领域……解决这些矛盾的方法，是通过有效的管理，组织国际科技合作，联合多学科、多国科学家共同攻克难关。因此，有人说“管理也是生产力”。

针对全球变化如何在自然科学、社会科学方面组织、部署新的计划，成为摆在科学家面前的一个问题。大科学研究计划需要大量科研经费，包含众多机构、科研人员和实验室。大项目本身是有风险的，必须有细致的规划，并能正确评估是否有足够的训练有素的科研人员从事相关工作。更为重要的是，如何用成果服务于社会？需要在科学和政治之间架起一座桥梁。

IPCC：搭建科学与政治之间的桥梁

全球气候变化是地球本身的周期性波动，还是人类活动的影响？科学家之间的观点并不一致。随着研究的深入，人们逐渐取得了共识，即全球变化问题已经不是简单的科学问题，而是一个政治问题。1985 年，在奥地利菲拉赫召开的全球变化会议，被看作是全球变化问题政治化进程的开端。在这次会议上，各国科学家除了交流与探讨全球变化的研究成果外，特别提出未来应对气候变化需要对各种政策的选择进行经济、社会和技术方面的研究。

为了促进全球变化研究成果的实际应用，架设起科学与政治之间的桥梁，1988 年联合国授权世界气象组织和联合国环境规划署共同组建一个非常设的官方机构——政府间气候变化专门委员会（IPCC）。委员会建立的初衷，就是回应全球变暖，以及全球变暖是否受到人类影响等问题。具体任务，就是负责组织气候变化及有关问题的科学、技术、经济和政策评估，在全球范围内为决策层以及其他科研领域提供全面、客观、公开和透明的科学数据。瑞典气象学家伯林担任了该委员会的第一任主席（1988—1997）。

IPCC 并不进行科学观测和研究，它是通过查阅历年出版的、数以千计的气候变化的观测资料和科学文献，出版评估报告，总结气候变化的“现有知识”。这个组织希望通过借助有关大科学计划的数据总结规律，逐步减少对地球系统演变规律认识中的不确定性，对未来环境发展趋势提出科学预测，为全球环境问题决策提供科学依据，也为各国政府在资源开发利用、环境保护和治理等方面政策的制定提供咨询建议。全球变化四大科学计划就是 IPCC 的工作基础。

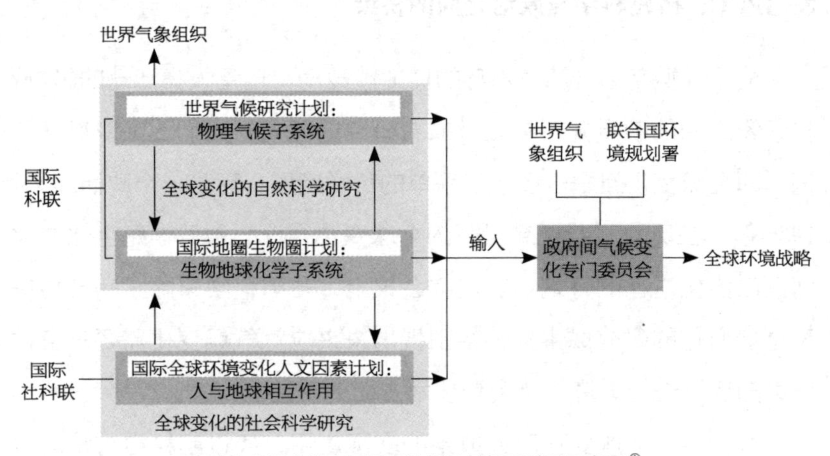

全球变化研究的主要国际计划及其相互关系示意图[①]

IPCC 相继在 1990、1995、2001、2007、2014、2021 年完成了六次评估报告。报告的撰写过程是严格且规范的，每一章都由相关领域的著名科学家担任主要协调者，他在确定了主要作者和辅助作者之后召集会议，共同讨论章节的结构、范围和需要解决的关键性问

① 叶笃正、符淙斌：《全球变化的主要科学问题》，《大气科学》1994 年第 4 期。笔者注：此图未涉及“国际生物多样性计划”。

题。然后 IPCC 会通过多次起草会议商定报告内容，并经过多轮同行专家评议、各国政府指派的专家审查。

1995 年推出的第二次评估报告，由全世界 2500 多名科学家合作完成。报告中首次提出了人类活动是气候变暖的可能原因。当时的科学界已经肯定了“燃烧化石燃料会增加温室气体，进而引起气候变化”这一结论。但是为了审慎起见，IPCC 小组经过反复讨论，最后使用了人类活动对气候具有一种“可识别（discernible）的影响”的表述。他们在“明显的影响”等 28 个不同词语中，最终选择了“可识别的影响”这种保守的词语。尽管如此，这一结论不但遭到了一些石油生产国的反对，而且一些西方国家，尤其是美国的反对者，还借助公共媒体对 IPCC 的工作发起攻击。公共媒体的介入，使“人类活动是气候变暖的可能原因”这个学术界的共识，受到了政治与经济等外部因素的严重干扰，并引发了公众性的大辩论，以至于学者们感叹：在科学上，全球变暖是一个既定的事实；在政治上，全球变暖的确已经死掉了。[1]

尽管困难重重，IPCC 历年的报告还是作出了重大的贡献。第一次报告是 1992 年《联合国气候变化框架公约》达成的关键因素，第二次评估报告的出版，促成了 1997 年《联合国气候变化框架公约》第三次缔约方大会通过了限制二氧化碳排放的《京都议定书》。尤其是 2007 年，IPCC 与美国前副总统戈尔分享了诺贝尔和平奖以后，它的工作得到了全世界的认可，权威性进一步加强。

---

① ［美］内奥米・奥利斯克斯、［美］埃里克・康韦：《贩卖怀疑的商人》，于海生译，华夏出版社，2013，第 231 页。

小贴士

《联合国气候变化框架公约》和《京都议定书》

《联合国气候变化框架公约》是联合国大会于1992年5月9日通过的一项公约。1994年3月21日，公约生效。公约具有法律约束力，是国际社会在应对全球气候变化方面进行合作的基本框架。其终极目标是通过全世界的通力协作，将大气温室气体浓度维持在一个稳定的、不会干扰和破坏气候系统的水平。公约缔约方每年召开会议，评估应对气候变化的进展。

《京都议定书》是人类第一部限制各国温室气体排放的国际法案，全称是“联合国气候变化框架公约的京都议定书”。1997年在日本东京达成。

IPCC的评估报告力求确保全面地反映各种观点，并使之具有政策相关性，为政治决策人提供气候变化的相关资料。中国学者参与了历次评估报告的撰写。这些报告在对未来的气候变动作出预测的同时，也对环境进行了评估，并提出了应对全球变暖的措施建议。目前，这些报告已经成为国际社会认识和了解气候变化问题的主要科学依据。

在IPCC的努力下，全球变化研究通过描述、理解、预测和控制，实现科研成果向社会应用的转变。前两项是科学家关注的基本问题，后两项是政府和社会希望解决的问题。围绕全球变化研究的大型组织与计划是非政治性的，却与政治密切相关。IPCC在科学界与政府之间找到了结合点。在全球一体化趋势下，任何政治决策都需要具备有关的科学知识，需要把科学建议融入决策议程中。

“以中国所长取胜”

中国是全球变化研究的倡导者和积极参与者。中国学者对“大科学”的组织方式并不陌生。从中华人民共和国成立后的社会主义大协作、科学技术长远规划的制定，到改革开放后的各种大型科技攻关项目，这种组织方式正好符合“由上而下”的科研规划和运行机制。在新中国科学发展史上，更不乏大科学组织方式下的成功案例："两弹一星""黄淮海战役"、人工合成牛胰岛素、自然资源综合考察……这些工作为中国学者参与组织大型科学计划积累了经验，因此，对于全球变化国际研究计划这种大型科研活动组织方式，中国学者有着丰富的实践经验和地域优势。

早在参与全球变化研究之前，中国学者也在探究资源与环境的发展问题，尤其是地学领域的学者，比较多地关注了全球变化。1961年，气象学家涂长望（1906—1962）在《人民日报》上发表了《关于二十世纪气候变暖的问题》一文，与当时世界上多数气象学家一样，他把气候变化的原因归纳为太阳辐射的影响、大气和地面吸收太阳辐射的能力、火山爆发和大气环流等，并没有考虑人类活动的影响。虽然文章中也提到了氢弹爆炸，但作者认为，由于氢弹的能量比太阳辐射、火山爆发和大气环流的能量小很多，它对气候影响不大。

20世纪70年代前后，气温上升的速度变缓，在个别地区甚至出现了寒冬天气。于是，在西方学术界出现了全球气候变暖、变冷两种截然不同的观点。面对西方学术界的争论，竺可桢充分利用中国历史上丰富的文献资料，试图探讨历史气候变化规律，并最终写成了《中国近五千年来气候变迁的初步研究》一文。文章认为全球气候变化的宏观因素，是受太阳辐射的控制，微观原因是与大气环流活动有关。为什么要从古代气候资料入手？他的回答是：关于气象记录，仪器记录我们远不及西洋，但是16世纪以前历史时代的气候文献，恰恰远胜于西洋，我们应该利用我们的所长方能取胜于人。

竺可桢的文章完成于1966年，但是直到1972年才正式发表。此时全球的平均气温再度回升。到了20世纪80年代中期，气候变暖的趋势明显，全球变化研究就是在这个时期正式启动的。竺可桢的文章，引起了西方世界的重视。

20世纪80年代初期，中国大规模参与到国际合作之中，中国科学技术协会加入了国际科学理事会。美国学者马隆借来华与中国科学技术协会交流之际，提出了国际地圈生物圈计划的设想。于是中国科学技术协会邀请中国科学院副院长叶笃正、地质与地球物理所的叶连俊（1913—2007）、植物所的徐仁（1910—1992），以及水利部的几位水利专家，与马隆共同讨论中国参与国际地圈生物圈计划。此后，马隆与叶笃正多次通信，并于1984年夏天专程到北京与叶笃正商谈，两人联合提出了“全球变化和人类活动”的新课题。

马隆的来访，使叶笃正意识到全球气候变化问题的重要性。此时中国学者仍多关注本土亟待解决的问题，很少从全球的角度提出、讨论和研究问题，这在一定程度上影响了理论水平的提高。叶笃正于20世纪80年代初期参与了世界气候研究计划，知道这类大科学研究计划的重要性。他一方面积极参与国际合作，一方面积极推动中国开展大科学研究计划。与马隆交流以后，叶笃正组织了研究小组，在中国首先开展全球气候变化预研究。他希望通过努力，“让外国人来同我们接轨”。

1985年，叶笃正出席了在奥地利菲拉赫召开的全球变化会议，并在会后给主管科技工作的国务院副总理方毅和国家科委主任宋健写信，提出在中国开展全球变化研究的建议。此后，中国学者逐渐参与到全球资源、环境与发展问题的探究当中。1985—1994年的十年间，中国正式立项研究全球变化的课题共有240个，参与的科学家有5700多人。为了应对全球环境变化的影响，中国学者结合中国特殊的自然、社会、经济条件开展研究，并为国家的决策和政策制定提供咨询意见和建议。

中国学者参与的众多大科学计划中，规模较大的是国际地圈生物圈计划。1988 年，国际地圈生物圈计划中国全国委员会（CNC-IGBP）在北京成立，并以国际地圈生物圈计划中国全国委员会的名义加入国际组织。中国参与该计划以后，不断加强与国际同行的合作与交往。20 世纪 90 年代以前，中国学者主要围绕重点科学问题，如古环境、气候和海平面变化以及地气相互作用等专题开展工作。20 世纪 90 年代前期，中国全球变化研究有了较大发展，探讨的范围扩展到陆地生态系统，全球气候变化预测、影响和对策，中国生存环境变化以及生物多样性保护和持续利用等领域；20 世纪 90 年代中期以后，研究进一步与社会可持续发展相结合，成功实施了一批由中国科学家领衔的国际计划。

改革开放后，中国快速参与到国际全球变化研究之中，先后成立了全球变化四大科学计划的国家委员会。在经历了多个“五年计划”之后，形成了相当大规模的科研队伍。到了 21 世纪初期，中国有 1 万名左右科教人员参与到全球变化研究中，有大约一半的全球变化项目由中国科学院院士担任首席科学家或负责人。可以说全球变化项目聚集了中国地学界的绝大部分科学精英。

1985—1998 年，科技部、中国科学院、国家自然科学基金委员会等部门设立的各类全球变化重大项目共 91 项，总投资达 3.2 亿元。在全球变化研究的 19 个核心计划中，中国参加了 16 个，占总数的 84%。

全球变化四大科学计划的中国委员会，经常各自召开学术会议。后来考虑到各委员会中大约 70% 的人员是重合的，从 2007 年开始，四大科学计划的中国委员会共同主办“联合学术大会”。从此以后，四大科学计划在中国开始走向联合。这种联合更好地促进了多学科交叉，推动地球系统科学的进步，同时也节省了人力、物力、财力，提高了效率。

在深入探索的基础之上，中国学者提出了与全球变化研究相关的多个大科学概念：从“可持续发展”到“有序人类活动”和“有序适应”。这些概念倡导采取合理的安排和组织，使自然环境能够在长时期、大范围不发生明显退化，甚至能持续好转，同时又能满足社会经济发展对自然资源和环境的需求。

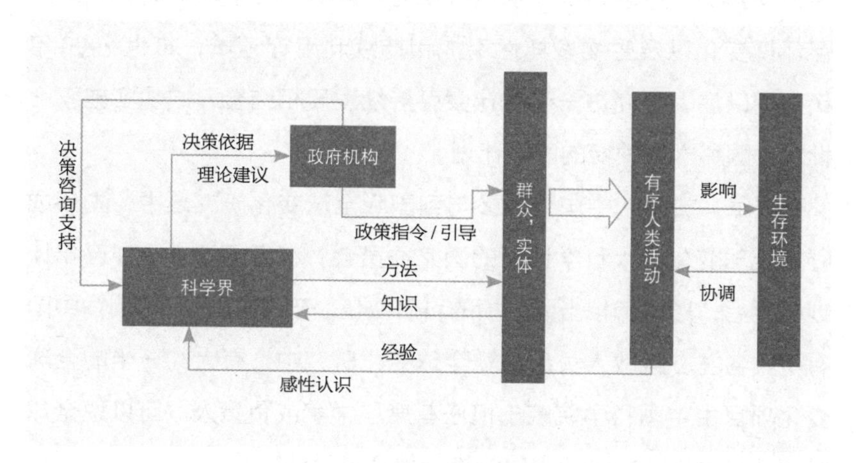

有序人类活动结构功能图①

任重道远

大科学计划的实施是一项系统工程。首先，主持重大国际科学计划，需要建立国际项目处（IPO）。在 21 世纪初期，一个项目处

① 叶笃正、符淙斌、季劲钧等：《有序人类活动与生存环境》，《地球科学进展》2001 年第 4 期。

每年需约 30 万美元的运行经费，这些经费和工作条件一般由其所在国提供。伴随世界范围研究预算的日益增长，一些组织在维持其收支平衡上日渐困难，不得不通过寻求资助、减少支出等方法摆脱困境。但是多数学者仍然承认，大科学计划的运作方式是解决全球问题的有效途径，并代表着未来科学的发展趋势。项目处所在国也可以通过该机构对有关的科学计划施加影响，吸引国际优秀人才，并促进科学的快速进步。

全球变化研究计划能否成功，还取决于世界各国的参与程度，其中，发展中国家参加与否至关重要。为此，几个科学计划联合建立了全球变化分析、研究和培训系统（START），它将全球分为 14 个区，每个区建立一个研究中心，这些中心设在发展中国家，以便组织协调相关区域的观测、分析和新技术培训。

全球性、跨学科的研究，需要在更大的组织结构内开展工作。科学组织之间、科学组织与各国政府之间的交流与合作十分重要。有许多紧迫的地球系统科学问题，已经超越了大科学计划或者机构的审议事项，因此需要更为广泛的联合。2001 年 7 月，在阿姆斯特丹召开了全球变化开放科学会议——“不断变化的地球给人类的挑战”。这次会议公布的《阿姆斯特丹宣言》指出：“各国政府、公共和私营机构以及世界人民，迫切需要一个全球管理和地球系统管理战略的框架。”在这次会议之后，全球变化四大科学计划组织建立了地球系统科学联盟（ESSP），其职能就是为全球变化四大科学计划提供研究框架，旨在更好地协调并推动全球变化研究的综合集成，以促进地球科学和可持续发展研究。

全球变化研究是复杂的、开放的。它需要跨越自然科学和社会科学的界限，需要多学科、多团体、多国家的参与。人们更希望全球变化研究可以为全世界带来可观的效益，希望得到地球环境的自然波动和人类活动对环境影响的科学数据，以指导人们合理利用自然资源，并为人们提供生态环境和人类健康方面的决策依据。

经过多年的发展，全球变化研究面临着诸多的机遇与挑战。这项工作有着丰富的内涵，同时也带有众多不确定性。它是跨学科合作的大规模、大尺度的前沿性科学研究项目，通常是围绕一个总体目标，由众多科学家有组织、有分工、有协作、相对分散地开展工作。因此它属于一种“分布式”的大科学模式。在综合集成的过程之中，学科之间的边界虽然日渐模糊，但核心部分却日益明确。因此在具体实践过程中，各项计划都不断调整内容，试图突出核心问题。

目前，全世界对于全球变化问题的关注度逐渐提高，但是这项工作的成果在国家政策制定方面的影响力仍然有限。在决策者越来越需要关于全球变化和环境问题的建议时，大科学计划的许多内容尚在探索阶段，对全球变化的模拟结果与实际变化还有差距。因此，有人抱怨这种工作不能解决实际问题，有人诘难这种研究范围过大：整个计划像个筐，什么都能往里装。因此研究体系的建设、组织运行机制的调整、研究领域的界定等问题的解决已经迫在眉睫。

2014年，国际科学理事会和国际社会科学理事会共同发起，联合国教科文组织和联合国环境规划署等组织共同牵头组建了“未来地球计划”（2014—2023）。这是一个为期十年的大型科学计划，目的是应对全球环境变化给各区域、国家和社会带来的挑战，加强自然科学与社会科学的沟通与合作，为全球可持续发展提供必要的理论知识、工作手段和方法。

在全球变化研究的实践中，组织结构、学术方向、工作重心、研究手段一直在不断调整。这些变化不但对计划本身，而且对人类社会发展中与之相关的若干重大问题都产生了影响。目前，科学家正在寻求跨越国家界线所需具备的框架和共同的科学问题，探讨大科学时代综合性研究的途径，考察超越学科界限的研究方法……科学研究在不断探索之中努力前行。

小 结

从 19 世纪末期至今的一百多年，是人文地球的第三个时段，也是其历史长河中最短的一个时期。但是在此期间人文地球快速进步，不但内容丰富多彩，新的研究范式也不断涌现。经过第一个时段两千多年的缓慢知识积累，以及第二个时段两百多年的专业分化，地球科学的知识树在第三个时段已经枝繁叶茂。伴随科学进步和观测技术的发展，人文地球开启了由分化转向学科交叉融合的新征程，历史进入了大科学时代。

学科交叉与融合，促进了人文地球向大科学时代进发。与传统研究范式不同，大科学研究往往直接针对问题。为了将复杂的问题划分为简单的部分，同时又不影响它们之间的联系性，大科学时代的研究方法和组织形式都发生了巨大的改变。例如，全球变化已经不是一个新学科，而是一个新问题、新领域。

传统科学方法有一个简单性原则，即把复杂事物及其之间的关系还原为简单事物和简单关系。形成于 18—19 世纪的科学方法，就是把问题拆分成尽可能小的部分，并把这些细小的部分从周围的环境中独立出来。但是方法论的简单原则，不能等同于对自然界的简单化理解，面对复杂的地球系统，再复杂的方程也不是自然现象的等价反映。研究范式的革新，势在必行。

观测，仍然是人文地球进入大科学时代的主要方法。即使是大科学计划，也是以对地球各组成部分长期的观测数据为基础的。目前，全球已经建立起大气、海洋和生态系统的三维空间地球监测网络。与此同时，观测技术的进步和数据库的建设也为科学研究奠定了基础。科学家用这些数据来发展和检验理论，然后用理论去预测未来的变化。

人文地球发展到今天，逐步形成了现代科学的研究范式，即通过观测收集证据、通过数据分析自然现象的发生机制和因果关系，通过定量研究概括自然界存在的普遍规律和人地关系。这些在过去两三百年内逐步形成的现代科学范式，进入 21 世纪后面临着巨大的挑战。挑战与转变，多发生在学科的边缘和学科的交叉地带。为了从总体上研究地球系统的行为，需要突破传统的学科界限。

大科学时代的人地关系研究，不仅包括人与环境的相互作用，还包括地球系统中的三大基本过程——物理过程、化学过程和生物过程之间的相互作用。虽然它们之间的量化关系目前还在探讨阶段，但是三者之间相互影响是显而易见的。

从 20 世纪 80 年代开始，对于地球整体和动态的研究成为认识的新视角，并构成了全球变化的出发点。综合研究、学科交叉与系统方法，逐渐成为主流趋势。全球变化成为人类对地球知识关注的焦点，并逐步发展成为一个跨越众多学科界限的领域。

人们逐渐意识到地球系统中的物理、生物和社会因素是相互关联的，人类在这个系统中发挥着影响力。人文地球所有专业领域的学者都面对并且必须回答两个问题：地球将会发生什么变化？人类应该如何应对？

系统方法作为一种框架，为科学家普遍接受，由此引发了跨学科的问题。从自然现象的各种基本问题出发，把大气圈、水圈、岩石圈、冰冻圈、生物圈作为一个整体，研究其中各种过程的相互作用，已经成为人文地球的核心内容。

在大科学时代，科学本身已经不是一个“独立变量”，它镶嵌在开放的社会系统之中，受到外部环境的影响。科学活动不但是科学家或科技团体的组织行为，也是经济发展、社会进步、人民生活改善的客观需求。目前，人文地球已经发展到了高度复杂、高度专业化的阶段，有组织的、由国家支持的大科学成为主流，并占据着越来越多的份额。国家往哪些方向投入资金，是根据国家的发展战略、社会需求，还有科学家对未来科学发展的判断决定的。人文地球的研究现状，反映了当代国际环境关系的复杂性和特殊性，也带来了很多新的问题，如全球变化问题，它从科学问题演变为国际政治问题，社会公众也由科学的“局外人”转变为“参与者”。

对于地球的系统研究，是因人类面临的根本生存环境危机——全球变化的严峻挑战而兴起，在观测分析手段不断进步的基础上发展，它反映了人地关系的新理念。概念已经提出，践行新理念还有很长的路要走。面对地球这个复杂的、开放的巨系统，如何能适时地、周期性地获取海量数据，如何对海量数据进行整合、集成，如何选取合适的参数进行数学建模，如何对全世界成千上万的地学实验室、科研机构、大专院校的科学研究及其获取的宝贵数据实行共享、交换……这些问题均有待解决。人文地球因高新技术的参与和支持，将出现一场革命。数字地球就是这场技术革命的集中体现，它有望带来研究方法和技术手段的革命性变化。

延伸阅读建议

A. 拓展阅读

[1] [比]伊·普里戈金、[法]伊·斯唐热：《从混沌到有序：人与自然的新对话》，曾庆宏、沈小峰译，上海译文出版社，2005。

[2] 庄国泰、王耀先等编著：《地球的呼唤：纪念"地球日"20周年》，中国环境科学出版社，1990。

[3] [美]斯蒂芬·施奈德：《地球：我们输不起的实验室》，诸大建、周祖翼译，上海科学技术出版社，2008。

[4] [法]帕特里克·德韦弗著、[法]让–弗朗索瓦·布翁克里斯蒂亚尼绘：《地球之美》，秦淑娟、张琦译，新星出版社，2017。

[5] 吴汝康：《人类的起源和发展》，科学普及出版社，1965。

[6] 周国兴：《人类怎样认识自己的起源（下册）》，中国青年出版社，1980。

[7] [英]理查德·利基：《人类的起源》，吴汝康、吴新智、林圣龙译，上海科学技术出版社，2007。

[8] [美]卡尔·奇默：《演化：跨越40亿年的生命记录》，唐嘉慧译，上海人民出版社，2011。

[9] [美]J. 唐纳德·休斯：《世界环境史：人类在地球生命中的角色转变》，赵长凤、王宁、张爱萍译，电子工业出版社，2014。

[10] [美]约翰·R. 麦克尼尔、[美]彼得·恩格尔克：《大加速：1945年以来人类世的环境史》，施雱译，中信出版社，2021。

[11] 费金深：《冰川的故事》，科学普及出版社，1979。

[12] [美] 乔治·夏勒：《第三极的馈赠：一位博物学家的荒野手记》，黄悦译，生活·读书·新知三联书店，2017。

[13] 丑纪范、许以平：《天气预报》，气象出版社，1985。

[14] 叶笃正、张丕远、周家斌：《需要精心呵护的气候》，清华大学出版社，2004。

[15] [美] 凯瑟林·库伦：《气象学：站在科学前沿的人》，刘彭译，上海科学技术文献出版社，2011。

[16] [美] S. 弗雷德·辛格、[美] 丹尼斯·T. 艾沃利：《全球变暖：毫无来由的恐慌》，上海科学技术文献出版社，2008。

[17] [美] 内奥米·奥利斯克斯、[美] 埃里克、康韦：《贩卖怀疑的商人》，于海生译，华夏出版社，2013。

[18] [英] 詹姆斯·费尔格里夫：《地理与世界霸权》，胡坚译，浙江人民出版社，2016。

[19] [英] 尼古拉斯·克兰：《地理的时空》，王静译，中信出版社，2019。

[20] [美] 寇特·史塔格：《十万年后的地球》，王家轩译，北京大学出版社，2020。

[21] [瑞士] 许靖华：《搏击沧海：地学革命风云录（第二版）》，何起祥译，地质出版社，2006。

B. 深度阅读

[1] [美] 玛丽·A. 麦克惠妮编：《南北极研究的现状与未来》，高玉香、郭家梁、桉楠等译，海洋出版社，1981。

[2] 张青松：《南极考察与探索》，科学出版社，1987。

[3] [英] R. 法菲尔德著:《南极的国际研究》，国家海洋环境预报中心南极研究组译，海洋出版社，1989。

[4] 北极问题研究编写组编:《北极问题研究》，海洋出版社，2011。

[5] [日] 田家康:《气候文明史》，范春飚译，东方出版社，2012。

[6] 国家自然科学基金委员会:《全球变化：中国面临的机遇和挑战》，高等教育出版社、施普林格出版社，1998。

[7] [美] 斯潘塞 · R. 沃特:《全球变暖的发现》，宫照丽译，外语教学与研究出版社，2008。

[8] [美] P.J. 怀利:《地球是怎样活动的：新全球地质学导论及其变革性的发展》，张崇寿等译，地质出版社，1980。

[9] 谢仁海编:《大地构造学派概观》，中国矿业大学出版社，1989。

[10] 吴凤鸣汇编:《大地构造学发展简史史料汇编》，石油工业出版社，2011。

[11] [英] 杰弗里 · 帕克:《地缘政治学：过去、现在和未来》，刘从德译，新华出版社，2003。

[12] 美国国家研究院地学、环境与资源委员会地球科学与资源局重新发现地理学委员会编:《重新发现地理学：与科学和社会的新关联》，黄润华译，学苑出版社，2002。

[13] 涂光炽主编:《地学思想史》，湖南教育出版社，2007。

[14] [法] 保罗 · 克拉瓦尔:《地理学思想史（第 4 版）》，郑胜华等译，北京大学出版社，2015。

[15] 美国国家科学院国家研究理事会:《理解正在变化的星球：地理科学的战略方向》，刘毅、刘卫东等译，科学出版社，2011。

[16] 蔡运龙、[美] Bill Wyckoff 主编:《地理学思想经典解读》，商务印书馆，2011。

[17] [英] 迪金森、[美] 霍华士:《地理学发达史》，楚图南译，安徽人民出版社，2013。

[18] 王爱民编著:《地理学思想史》，科学出版社，2010。

[19] 中国科学院南京地质古生物研究所主编:《中国“金钉子”：全球标准层型剖面和点位研究》，浙江大学出版社，2013。

结语：“人类世”——地球不再是自然体

如果把地球四十六亿年的历史比作一天，那么人类的历史仅仅是这一天中的最后几分钟。然而就是最后这几分钟才出现的人类，确定了地球的年龄，探索着大千世界的运行法则，分辨出复杂多样的自然现象。人类长期追求着对复杂现象的简单概括，这让我们又想起了林奈的那句名言：“上帝创造，林奈整理。”

在探索自然规律的过程中，人文地球的知识之树逐渐长成，并且枝繁叶茂。本书中多次展示了不同历史时期的人文地球树状图，但是随着信息的积累和认知的深入，树状图已经无法囊括所有的内容，甚至某一个领域的专门知识。前文讲述的达尔文创造的“生命树”就是其中一例。虽经后人不断增添新的枝蔓、精心补充与修整，但是最终这棵“生命树”已经无法承载全部的生命科学，于是有学者建议把“生命树”改为“生命网”。进入21世纪，新知识、新理论进一步对传统的学科体系和思维模式提出了挑战。人文地球开始从以学科为基础的知识体系，转向以问题为导向的综合交叉学术网络。

人文地球的成长过程，就是人类发现问题、分析问题、解决问题，并促使认知不断深化的过程。核能利用、太空探索、人工智能，大大增强了人类改造自然的能力，与此同时，极端天气频发、自然环境破坏等也时刻提醒着人类，需要以敬畏之心去认识自然、利用资源。

随着科学技术的不断进步，人类对于周围环境的影响与改变逐渐显露出来。科学家把这些改变归纳为几类：地质沉积率改变，碳循环波动和气候变化，生物多样性迅速下降，海平面逐步上升……地球上留下了越来越多的人为痕迹。

❁ “第三驱动因素”

1983年，NASA顾问委员会成立了地球系统科学委员会（ESSC），并于1988年出版了专题报告《地球系统科学》。该报告首次提出，将人类活动作为与太阳和地核并列的、能引发地球系统变化的驱动力——“第三驱动因素”。从此，人类对于自然环境的作用力，正式进入了学术视野。21世纪初期，世界自然基金会（WWF）出版的《地球生命力报告》强调，人类对于地球系统的影响已经超出了其承载力，如果不加控制，地球生态系统将面临崩溃的危险。在这个过程中，一个新的概念——“人类世”横空出世。

“人类世”的概念，目前公认是由荷兰籍德裔大气科学家克鲁岑（Paul Jozef Crutzen，1933—2021）和美国生态学家斯托莫（Eugene F. Stoermer，1934—2012）于2000年正式提出的。他们在“国际地圈生物圈计划”出版的《通讯》第41期上，发表了题为“人类世”的文章。文章认为，作为地质年代的“全新世”已经结束，当今地球进入了一个新的地质年代。

其实早在19世纪末期，科学家就意识到了人类自身对于环境的影响，并提出了很多类似的概念。从1873年意大利地质学家安斯托帕尼（Antonio Stoppani，1824—1891）的“Anthropozoic era”，到 1879 年美国地质学家勒孔特（Joseph LeConte，1823—1901）的“Psychozoic”，再到 1922 年俄国地质学家巴甫洛夫（A. P. Pavlov，1854—1929）的“Anthropogene”，直至 1926 年苏联地球化学家维尔纳茨基的“noosphere”……“人类世”的相关概念逐渐出现在科学术语当中。由于语言的差异，这些概念也有多种中文译法：灵生代、人类圈、智慧圈、人类纪、人类世……科学家们用词虽有差异，却共同意识到人类对于自然环境的影响。除了科学家之外，不同地区、不同专业领域的学者也在使用这个术语。1992 年，美国资深环境科学杂志记者瑞弗金（Andrew Revkin，1956— ）就使用并推广过这个术语。

“人类世”为世人熟知，首先应该归功于克鲁岑。他因为阐明臭氧的形成和分解机制，于 1995 年获得诺贝尔化学奖。其诺贝尔奖得主的身份，加上他撰写的文章和发表的大量演讲，使这个术语在学界、政界和社会逐步推广。2002 年，克鲁岑在《自然》期刊上发表了题为“人类地质学”的文章，系统阐释了“人类世”的概念：“自瓦特发明蒸汽机以来，人类的作用越来越成为一个重要的地质营力；全新世已经结束，当今的地球已进入一个由人类主导的新的地球地质年代——人类世。”他认为人类通过土地使用、河流改道、土壤成分改变、水资源利用等方式使地球环境大为改观，并在工业化进程中排放温室气体，影响了大气成分，引发了全球气候变化。文章的核心思想是，人类活动对地球的影响已经远远超过自然变化的影响。

“人类世”在 21 世纪很快成为流行术语。英国地质学家扎拉斯维奇（Jan Zalasiewicz，1954— ）在美国地质学会会刊 *GSA Today*

GSA Today 的封面照片与封面文章

2008 年第 2 期上发文——《我们正处于人类世吗？》，正式建议国际地层委员会把“人类世”引入地质学领域。这篇封面文章所配的图片，正好是中国上海的摩天大楼。

2009 年，国际地层委员会成立了由 34 名科学家组成的“人类世工作组”，由扎拉斯维奇担任主席，负责考察这个术语是否满足新地质年代的标准，对其进行界定。小组成员通过发表论文和参加会议推广“人类世”概念，并在地球科学、环境科学、考古学、生物学和人类学等研究领域寻找更多的证据。

2011 年 5 月 18 日，在瑞典首都斯德哥尔摩召开的第三届诺贝尔奖获得者全球可持续发展研讨会上，约 20 名诺贝尔奖得主向联合国提交了《斯德哥尔摩备忘录》，建议将现在所处地质年代改名为“人类世”。2016 年，在南非开普敦召开的国际地质学大会上举行了一次非正式投票，赞同提出这一概念，并提议向第四纪地层学分会提出正式命名建议。

据《自然》期刊报道，2019 年 5 月 21 日“人类世工作组”启动投票，29 人投票支持使用这个术语，赞同以 20 世纪中期作为“人类世”的起点，并于 2021 年向国际地层委员会提交确立“人类世”的正式提案。

❁ “金钉子”在哪儿?

把“人类世”作为一个新的地质年代，得到了来自各个领域的专家学者的支持。但是确定一个地质年代并非易事，而“人类世”与其他地质年代差异又太大。读者或许还记得本书第六章展示的“地质年代（地层）简表”。从该表最上层可以看出，目前我们所处的地质年代是“第四纪”，具体而言，是“第四纪”的“全新世”。如果将“人类世”列为新的地质年代，那么它是与“第四纪”并列称为“人类纪”，还是列在“全新世”之后，作为“第四纪”下最新的“人类世”？目前学界多赞成使用后者。

那么，把什么作为“人类世”的地质标志呢？过去地质学家大多依据地质、岩石、古生物和古地磁等来确定地层的先后顺序，将地质历史划分为若干阶段或时期。“人类世”的确定，需要找到它的时间边界或者标志物——“全球年代地层单位界线层型剖面和点位”（GSSP）。这个拗口且深奥难懂的地质概念，其实有个动听的名字——“金钉子”。在目前划分的地质年代中，“显生宙”所有的时代，除了最年轻的地质年代“全新世”以外，时间下限都是用“金钉子”确定的。

“金钉子”一词源于美国修建的铁路。1869 年 5 月，首条横穿美洲大陆的铁路建设完工，人们钉下了用 18K 金制成的最后一颗钉子，宣告铁路胜利竣工。于是国际地层委员会和国际地质科学联合会将“全球年代地层单位界线层型剖面和点位”命名为“金钉子”，以示其重要性。在没有人类出现的地质历史时期，该如何判断地质年代呢？这就需要地层古生物学家建立一个时间系统，而“金钉子”就是这个时间系统中最为重要的标志，它是以某种生物化石在地球上的首次出现来区分不同的地质年代。

地层记录着地球的历史。由于各国科学家研究地层的地点不同，就需要统一的国际标准以便于全球对比。这个标准就是地质学意义的“金钉子”，是定义和区别不同年代地层的全球唯一标准或样板，也是探索全球地质发展历史和生物演化历史的共同科学语言。作为确定和识别两个地质年代地层之间界线的标志，“金钉子”是全世界科学家公认的、全球某一特定地质年代划分对比的标准。

1965年成立的国际地层委员会，其工作目标就是定义全球地层单元，推动在世界范围内确定“金钉子”。它的确定，依赖于地层学、古生物学、地球化学等多门学科长达数年、甚至数十年的深入研究，需要选定地层记录最完备、研究水平最高的地层剖面作为全球对比和参考的国际标准。为此，“金钉子”的研究成果需要发表在国际地质科学联合会的会刊 *Episodes* 或者国际地层委员会的会刊 *Lethaia* 上，并要经过国际地层委员会多次考察、反复协商和多个国际组织的投票表决。一枚“金钉子”的正式确立，需要有60%的赞成票，并通过有关部门多轮严格的审核、表决和批准。所以成功获取“金钉子”，往往标志着一个国家在这一领域的研究实力和水平，是科学界的国家荣誉，有人形容它是地学界的奥运金牌。

在全球地层年表中共有一百多枚“金钉子”。1972年，世界上第一枚“金钉子”在捷克确立。中国从20世纪70年代后期开始参与到这项国际竞争当中，经过艰苦的努力，直到1997年中国的第一枚“金钉子”才在浙江省的常山确立，实现了零的突破。目前全世界已经确定了72枚，中国拥有11枚，是确定下来“金钉子”最多的国家之一。

现在“金钉子”的确定，已经有了明确的标准，而这些标准大多无法应用于确定“人类世”的“金钉子”。即便赞成“人类世”概念的学者，对其划定标准也存在着不同的看法：美国古气候学家拉迪曼（William Ruddiman，1943— ）认为应以八千年前农业文明的出现为标志；克鲁岑建议以瓦特发明蒸汽机为“人类世”起点；中国地质学家刘东生等人建议直接用“人类世”替代“全新世”；美国天体生物学家格林斯彭（David Grinspoon，1959— ）认为应以1945年美国进行的首次核试验为起点，他认为这标志着人类掌握了可怕的普罗米修斯之火。此外，还有以工业革命、物种灭绝、城市化、海洋酸化、合成化学等作为标志的建议。这些标准的选取要么过于宽泛，无法确定具体的地点，要么带有西方的视角，遭到了东方学者的反对。比如工业革命、核爆炸，都是首先发生于西方世界，忽视了其他地区的情况。

地层证据非常明确地表明，“人类世”是跨时代的，存在多个、而非单一的起始点。大气科学家和生态学家多赞成“人类世”的划分，因为他们大多着眼于全球变化的宏观生态效应，但是在地质学家那里则遇到了具体的困难。

把“人类世”引入“地质年代表”会带来很多问题，因为它改变了过去定义地质年代的标准。过去的地质年代都有相对应的生物灭绝或爆发事件，但是进入“全新世”以后，虽然人类活动的影响导致大量物种灭绝，但并没有出现新的生物种群。建立新地质年代的条件不够充分。此外，地质时期一般持续两百万年以上，如果建立“人类世”，那么我们现在所在的“全新世”仅持续了一万多年就过早夭折了。

2020年12月，《自然》期刊发表了以色列植物与环境科学家米洛（Ron Milo，1975— ）及其团队的文章——《地球人造物质量超越了自然生物量》。文章基于量化对比，认为2020年是人造物质量超越自然生物量的转折点，为“人类世”的确立提供了有力依据。“人类世”是否被正式采用，并作为“地质年代表”的一部分，也许还需要讨论很长的时间，但是人类活动作为一种重要的地质营力，对地球五大圈层产生了巨大影响，已是不争的事实。

“人类世”概念的流行，意味着人们已经把自己作为地球地质历史的一部分，必将影响着人文地球各门学科的研究方向甚至研究方法。人文地球的知识之树是更加枝繁叶茂，还是演变为一片森林，还是最终编织成一个学术网络？虽然现在还无法给出明确的答案，但是在更加宏大的全球视野之下，科学与人文之间，开始从遥相呼应走向了交叉融合。

大数据时代

“金钉子”的认定，已经建立起了严格的遴选标准：连续的地层沉积、足够的沉积厚度、丰富的化石储藏，此外还要有远距离生物地层对比的岩石类型，同时它所在的地理位置也要易于到达。按照这些标准，“人类世”的“金钉子”难以找到，并列入地质年代表。但“人类世”作为一个时代概念，又是那样显而易见，并为社会公众广泛接纳。

任何科学新知，必须经过实验或观察，且能够重复检验。实验方法几乎是现代科学的主要标志。然而，地球是一个复杂的巨系统，与物理学和化学等实验科学不同，围绕地球的科学实验需要满足的条件太多，无法符合通行的实验要求。因此长期以来，地球科学研究主要依靠观测，及对获得的数据进行的分析。数据分析方法，是人们在认识自然界方面获得巨大进展的基本条件。这种方法早期着眼于局部，把互相联系的事物割裂开来分析，因此只能得到局部的知识。“人类世”的提出，要求科学家从整体上去认识复杂的地球。

“人类世”的确立，需要基于海量数据的综合分析与科学研究。电子计算机的出现和观测数据的大量积累，使“数值模拟”成为可能。因此，人们把“数值模拟”看作是继“理论科学”和“实验科学”之外的第三种科学研究方法。它通过建立数学模型，及利用电子计算机来验证新的理论。目前，科学家通过地球系统数值模拟装置建立起“地球实验室”，这种实验室是在超级计算机上运行地球系统模型，分析并寻找大气圈、水圈、生物圈、岩石圈、冰冻圈的运动变化规律。科学家把这些数据“耦合”起来进行求解，以掌握地球的现状并对未来进行预测。

“耦合”这个概念最早出现于物理学中，指两个或两个以上的体系或两种运动形式之间，通过相互作用而彼此影响、以至联合起来的现象，后来这个概念被广泛应用于工程科学当中。在地球科学领域，科学家借用这个概念和方法，把不同圈层要素结合在一起，研究系统之间的交流与关联性，及其相互作用、相互影响和相互依赖，进而综合分析地球整体系统。

在 1959 年英国剑桥大学的一次讲座上，斯诺（C. P. Snow，1905—1980）提出整个社会存在着两种文化：人文文化和科学文化。知识的分化不利于问题的解决。此后的半个多世纪，学科交融、大数据应用正在逐步拉近科学与人文之间的距离。科学研究与人文社会的联系愈加紧密。

进入 21 世纪，众多环境科学概念逐渐向社会普及，“碳中和”就是其中之一。它指通过植树造林等方式把人为排放的二氧化碳吸收掉，以达到保护地球的目的。2021年作为中国的“碳中和”元年，“碳达峰”“碳中和”被首次写入政府工作报告之中。人类由索取资源、破坏环境，向积极保护自然环境的方向转变。

“人类世”概念的出现，预示着人们更加迫切地希望读懂地球、更加精准地研究地球、更加全面地认识地球，以便寻找全球变化的原因并预知未来，采取措施保护环境。大数据时代会给人文地球带来什么样的机遇和挑战？科学家在尝试，世界在关注，社会在推动。随着科技的进步，“人类世”的“金钉子”一定会找到它应有的位置。

后 记

不知不觉中，我从事科学史研究已有三十年。白驹过隙，倏忽而已。转眼已过知命之年，耳顺之年近在咫尺。三十年中无论是学术还是生活，我一直在各种张力之间寻求着平衡点：事业与家庭、专家与通人、宏观与微观、综合与碎片、古代与现代……行至今日，并非每一次都能作出准确的抉择、寻找到两种张力之间的平衡点。值得欣慰的是，三十年的不断前行，最终留下了一条清晰的学术轨迹。也正是这三十年的积累，造就了这本《人文地球》。

不经意间，本书成为我从业三十年的纪念。梳理三千年人文地球的历史，也是在梳理我三十年的学术轨迹。这本书全面、系统地梳理了三十年间我的主要研究领域——地球科学史。从硕士期间师从宋正海老师研究、写成《古希腊与春秋战国时期地理学思想的比较研究》，到博士期间师从汪前进老师研究、写成《中国科学院组织实施的自然资源综合考察》，这些经历为我从事地学史研究奠定了坚实的基础。二十多年前，王鸿祯院士和澳大利亚的 David Oldroyd 教授引领我加入国际地质科学史委员会（INHIGEO），从此打开了我的国际学术视野。仅以此书，感谢导师的引领，纪念两位仙逝的前辈！

与四十六亿年的地球演化史、三千年的人类文明史相比，三十年的时间只是一瞬间。但是对我而言，这几乎是事业的全部黄金时期。2018年，在中国科学院的资助下，我有幸在英国剑桥大学李约瑟研究所访问三个月，有机会实地感受“地质学的英雄时代”。回首过去，所有的努力都是值得的，所有的遇见都是生命的赐予。

每次写作杀青之际，我的心里总是充满了感激。在梳理三千年人文地球重大事件的过程中，我的脑海中不断浮现出三十年中我遇到的每一个人、每一件事：导师、同事、朋友、学生……我遇到过很多同行，从他们身上学到了很多。读书、工作、研究、教学……随着写作的进展，也涌现在我的脑海之中。行走于图书馆、档案馆、资料中心、博物馆之间，看书、思考、写作，这些就是我三十年的工作场景和生活方式。三十年中，有太多的人需要感谢、感恩！由于篇幅的限制，恕不一一列举，但我永远铭记！

本书得以完成，非常感谢丹曾文化黄怒波先生的策划与支持。我的学生张井飞在查阅文献方面给予我很大的支持，他对于网络文献的熟悉程度远远在我这个导师之上，我要向他学习。

地学界的很多专家和朋友，经常为我答疑解惑、指点迷津。俄罗斯科学院科学史所圣彼得堡分所的Tatiana Feklowa副研究员和中科院自然科学史研究所的文恒博士，在外文文献方面给予我很多帮助；自然科学史研究所孙承晟研究员提出了很多宝贵的意见。没有众多同事、朋友的襄助，本书的写作是无法完成的。书中一定有一些不足之处，欢迎读者批评指正。

张九辰

2021年9月27日于北京清河